모바일 지도

여행 가이드북 〈지금, 시리즈〉에 수록된 관광 명소들이
구글 맵 속으로 쏙 들어갔다.

http://map.nexusbook.com/now/

**"지금 QR 코드를 스캔하면
여행이 훨씬 더 가벼워진다."**

플래닝북스에서 제공하는 모바일 지도 서비스는
구글 맵을 연동하여 서비스를 제공합니다.
구글을 서비스하지 않는 지역에서는 사용이 제한될 수 있습니다.

지도 서비스 사용 방법

QR 코드를 스캔 후
정보가 필요한
지역을 클릭!

지금, 치앙마이
1 지역 목록 보기
2 관광 명소 목록 보기
3 친구와 지도 공유하기
올드 시티
4 지도 전체 화면
구글 지도앱 보기
5 구글 지도 앱으로 연동하여 지도 서비스 이용하기

지금, 치앙마이

치앙라이 • 빠이

지금, 치앙마이 치앙라이 · 빠이

지은이 오상용·성경민
펴낸이 임상진
펴낸곳 (주)넥서스

초판 1쇄 발행 2018년 4월 5일
초판 2쇄 발행 2018년 4월 10일

2판 1쇄 발행 2018년 11월 15일
2판 2쇄 발행 2019년 4월 5일

3판 1쇄 발행 2020년 2월 28일

4판 1쇄 발행 2023년 6월 5일
4판 3쇄 발행 2024년 2월 15일

출판신고 1992년 4월 3일 제311-2002-2호
주소 10880 경기도 파주시 지목로 5(신촌동)
전화 (02)330-5500 팩스 (02)330-5555

ISBN 979-11-6683-562-9 13980

www.nexusbook.com

Explore the City

지금, 치앙마이

Travel guide

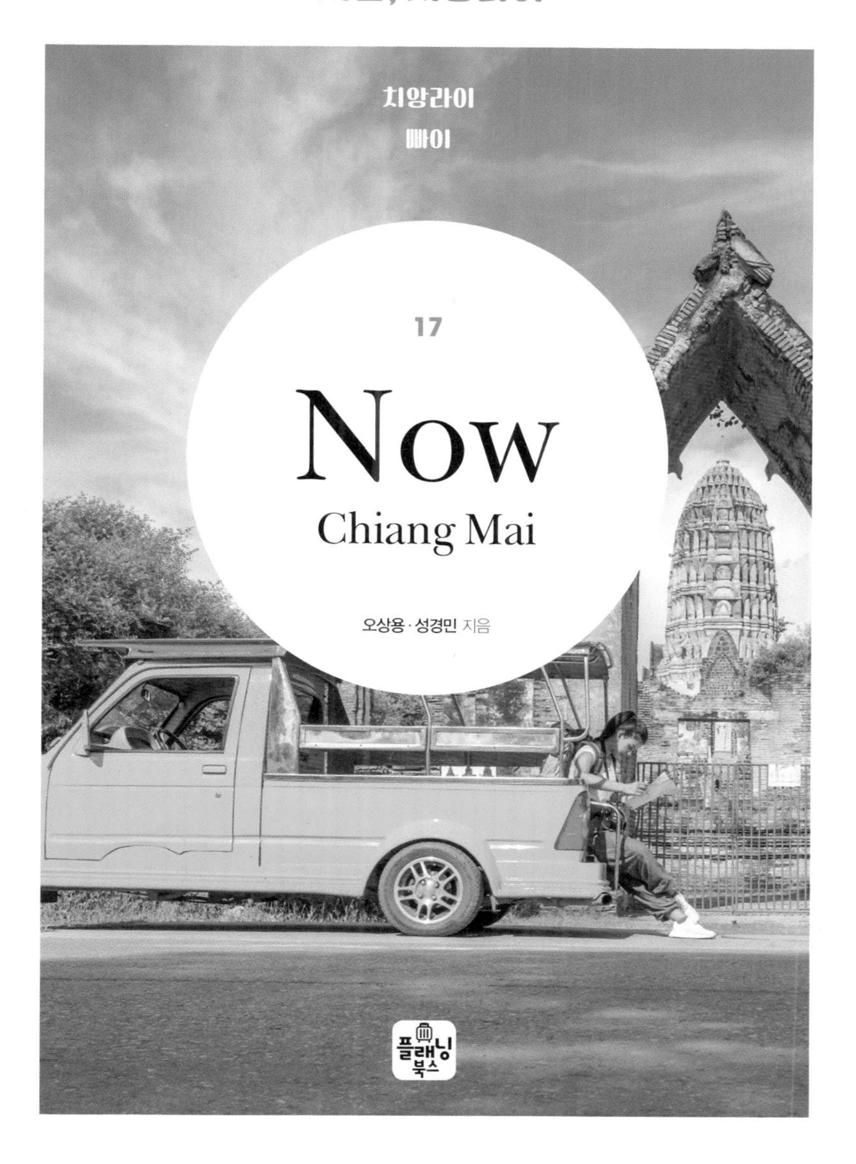

prologue 1

정말 오랜만에 이 책의 개정 작업을 한 것 같습니다. 코로나19로 모든 것이 멈춰 버렸던 지난 3년 동안, 되돌아볼 때마다 너무나 그리웠고 가고 싶었던 곳이었기에 개정 소식만으로도 설레었던 지역이 아닐 수 없습니다.

치앙마이를 한 번이라도 가 본 경험이 있는 분은 공감하시겠지만, 치앙마이는 좋은 치안, 호텔과 식당 등의 여행 인프라, 거기에 합리적인 물가까지 갖추고 있는 곳입니다. 그렇기에 동남아 여행지 중에서 꼭 가 봐야 할 지역으로 추천하곤 합니다. 코로나19로 많은 변화가 있었지만 예나 지금이나 전 세계 여행자들을 위한 많은 준비가 되어 있으니 마음껏 치앙마이의 매력에 빠져 보시길 추천합니다.

코로나19와 같은 팬데믹 상황이 두 번 다시 일어나지 않기를 기원하며, 넥서스 권근희 이사님과 디자인팀, 그리고 오랜 파트너인 성경민 작가에게 감사 인사를 전합니다.

오상용

prologue 2

치앙마이라는 단어가 누군가에게는 그저 동남아 어딘가에 있는 도시 이름으로 들릴 수 있겠지만, 저에게는 항상 그리움과 기대감이 가득 찬 단어로 들려왔습니다. 치앙마이에서의 하루하루는 '취재'가 아닌 '여행'이었고, '기록'이 아닌 '경험'이었습니다.

이번 치앙마이 개정판 작업은 그 이전 여행보다 더 많은 의미로 다가옵니다. 처음으로 제가 사랑하는 사람과 함께 사랑하는 도시를 방문했고, 코로나19를 겪고 난 후 다시 기지개를 켜는 치앙마이의 모습을 함께 담을 수 있었습니다. 이 자리를 빌어 현나에게 고맙고 사랑한다는 말을 전하고 싶습니다.

이 책이 나올 수 있게 많은 도움을 주신 넥서스 권근희 이사님과 디자인팀에게도 감사 인사를 전합니다. 자신의 꿈을 향해 달려가고 있는 저의 오랜 여행 파트너 오상용 형에게도 감사와 응원의 인사를 보냅니다.

최근 한국 여행자들에게도 '한 달 살기'로 유명해진 이 태국 북부의 작은 도시는 문명과 물가의 밸런스가 가장 이상적인 도시입니다. 저렴한 물가와 적당한 문명, 그리고 가성비 넘치는 숙소 컨디션과 자유롭고 붐비지 않은 분위기는 한국과는 정반대라고 해도 과언이 아닐 정도로 많은 이들에게 파라다이스가 될 수 있는 도시라고 확신합니다.

이런 멋진 도시의 안내자가 된다는 사실에 늘 책임감을 가지고 많은 고민 끝에 이 책을 개정하였습니다. 부디 이 책이 여러분의 앞으로의 여행에 조금이라도 보탬이 되었으면 좋겠습니다.

성경민

미리 떠나는 여행 **1부. 프리뷰 치앙마이**

여행을 떠나기 전에 그곳이 어떤 곳인지 살펴보면 더 많은 것을 경험할 수 있다. 치앙마이 여행을 더욱 알차게 준비할 수 있도록 필요한 기본 정보를 전달한다.

01. 인포그래픽에서는 한눈에 치앙마이의 기본 정보를 익힐 수 있도록 그림으로 정리했다. 언어, 시차 등 알면 여행에 도움이 될 간단한 정보들을 담았다.

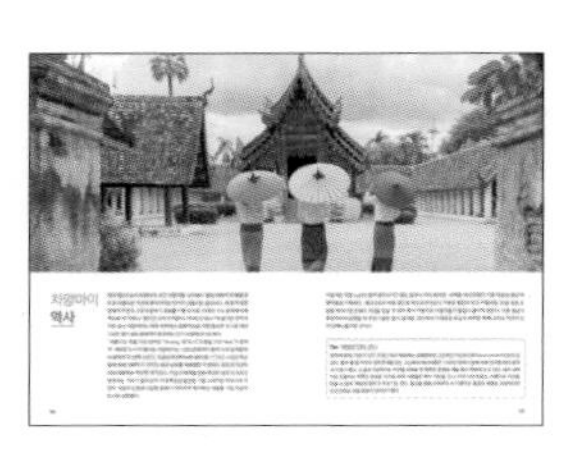

02. 기본 정보에서는 여행을 떠나기 전 치앙마이에 대한 기본 공부를 할 수 있다. 알아 두면 여행이 더욱 재미있어지는 치앙마이의 역사와 문화, 휴일, 축제, 날씨 등 흥미로운 읽을거리를 담았다.

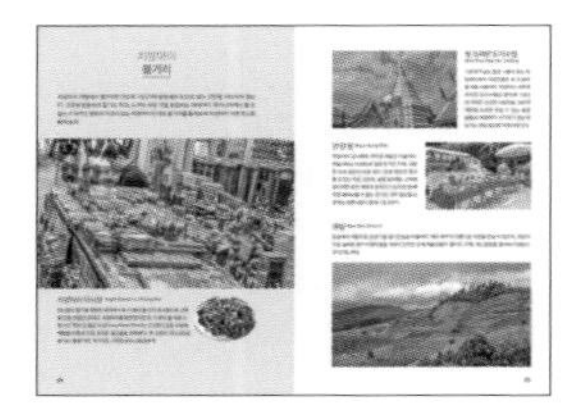

03. 트래블 버킷 리스트에서는 후회 없는 치앙마이 여행을 위한 핵심을 분야별로 선별해 소개한다. 먹고 즐기고 쇼핑하기에 좋은 다양한 버킷 리스트를 제시해 더욱 현명한 여행이 될 수 있도록 안내한다.

지도에서 사용된 아이콘

관광 명소	쇼핑	식당	카페	요가
클럽 & 바	호텔	공원	박물관	스파 & 마사지 숍
공공 건물	은행	마켓	쿠킹 클래스	코워킹 스페이스

알고 떠나는 여행 **2부. 사와디 치앙마이**

여행 준비부터 구체적인 여행지 정보까지 본격적으로 여행을 떠나기 위해 필요한 정보들을 담았다. 자신의 스타일에 맞는 여행을 계획할 수 있다.

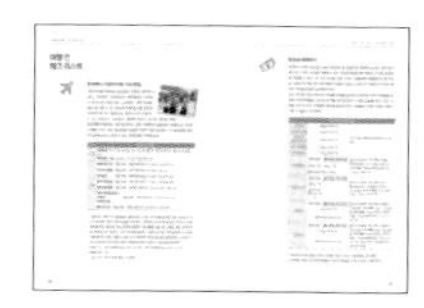

01. HOW TO GO 치앙마이에서는 여행 전에 마지막으로 체크해야 할 리스트를 제시하여 완벽한 여행 준비를 도와준다. 인천 국제공항에서 치앙마이 국제공항까지의 출입국 과정과 주의해야 할 사항, 치앙마이의 교통 정보까지 제공하고 있다. 알고 있으면 여행이 편해지는 베테랑 여행가의 팁도 알차게 담았다.

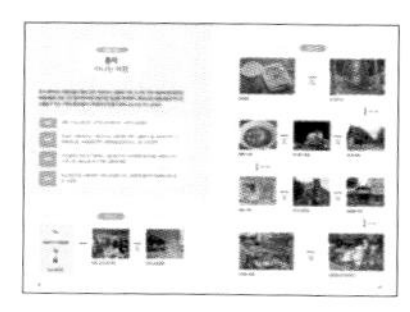

02. 추천 코스에서는 몸과 마음이 가벼운 여행이 될 수 있도록 최적의 치앙마이 여행 코스를 소개한다. 치앙마이 여행 전문가가 동행과 여행 스타일을 고려한 다양한 코스를 짰다. 한 권의 책으로 열 명의 가이드 부럽지 않은, 만족도 높은 여행이 될 것이다.

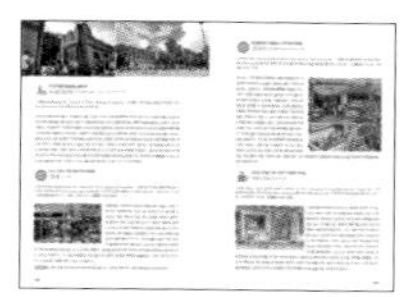

03. 지역 여행에서는 본격적인 치앙마이 여행이 시작된다. 지역별로 관광, 쇼핑, 식당, 카페, 스파, 요가 등 놓쳐서는 안 될 포인트들을 최신 정보로 자세하게 설명하고 있어 여행 시 찾아보기 유용하다. 아무런 계획이 없어도 〈지금, 치앙마이〉만 있다면 지금 당장 떠나도 문제없다.

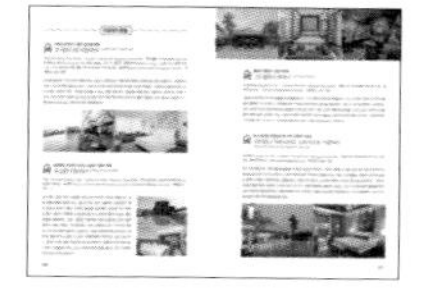

04. 추천 숙소에서는 최고의 서비스를 자랑하는 4~5성급 호텔부터 옛 모습을 그대로 갖추고 있으면서 가성비도 좋은 부티크 호텔까지 자연 친화적인 치앙마이의 다양한 숙소를 소개한다. 또한 숙소를 잡을 때 필요한 팁까지 알려줘 후회 없는 숙소 선택을 도와준다.

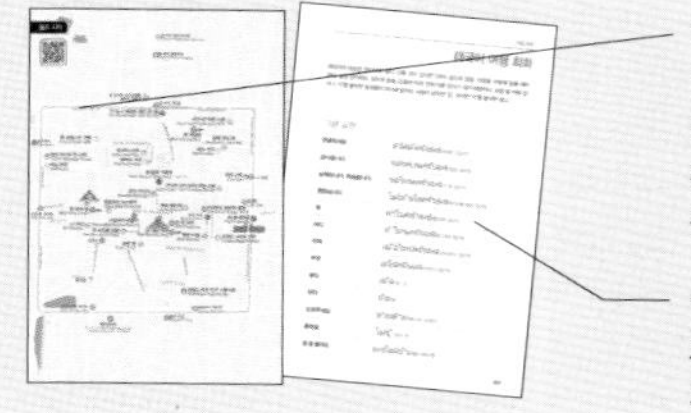

지도 보기 각 지역의 주요 관광지와 맛집, 상점 등을 표시해 두었다. 또한 종이 지도의 한계를 넘어서, 디지털의 편리함을 이용하고자 하는 사람은 해당 지도 옆 QR코드를 활용해 보자. 구글맵 어플로 연동되어 스마트하게 여행을 즐길 수 있다.

여행 회화 활용하기 여행을 하면서 그 지역의 언어를 해보는 것도 색다른 경험이다. 여행지에서 최소한 필요한 회화들을 모았다.

contents

프리뷰 치앙마이

사와디 치앙마이

01. HOW TO GO 치앙마이

02. 추천 코스

03. 지역 여행

04. 추천 숙소

부록

프 리 뷰

PREVIEW

치앙마이

01. 인포그래픽

02. 기본 정보

치앙마이 역사
치앙마이 날씨
치앙마이 휴일
치앙마이 여행 포인트

03. 트래블 버킷 리스트

치앙마이 볼거리
치앙마이 즐길 거리
치앙마이 먹거리
치앙마이 쇼핑 리스트
미리 체험하는 치앙마이의 명소들

Sawadee [사와디]

CHIANG MAI

위치

태국 북부

면적 서울 강남구와 비슷함

약 40.2km²

인구

약 20만 명

종교

불교(94%) 외

통화

밧(THB)

언어

태국어(공용어)

시차 한국이 오후 3시일 때 치앙마이는 오후 1시

한국보다 2시간 느림

비행 시간(직항 기준)

인천-치앙마이 5시간 40분

전압 컨버터(돼지코) 필요 없음

220V, 50Hz

비자

90일까지 무비자

국제전화 심(SIM)카드로 전화 시 +66-53 없이 로컬 번호로만

국가번호 66, 지역번호 53

Thailand

- 국호 태국(타이 왕국)
- 수도 방콕 Bangkok
- 면적 51만 4천 km^2
- 인구 7,180만 명(2023년 기준)
- 종교 불교(94%) 외
- 정치 입헌군주제, 의원내각제
- 언어 태국어

CHIANG MAI
기 본 정 보

여행지에 대해 알고 떠나면 여행이 더 알차고 즐거워진다. 역사, 날씨, 휴일, 여행 포인트 등 치앙마이에 대해 알아본다.

치앙마이 **역사**

태국 제2의 도시 치앙마이. 최근 여행자들 사이에서 '힐링 여행지'라 불릴 정도로 아름다운 자연과 휴식이라는 단어가 어울리는 공간이다. 때 묻지 않은 천혜의 자연과 고유의 문화가 조화를 이룬 도시로, 태국의 수도 방콕에서 북쪽으로 약 700km 떨어진 곳에 위치한다. 약 40.216km²에 불과한 면적의 작은 도시 치앙마이는 태국 북부에서 문화적으로 가장 중요한 도시로 매년 100만 명이 넘는 관광객이 방문하는 인기 여행지이기도 하다.

'새롭다'는 뜻을 가진 단어인 'Chiang'과 '도시'의 뜻을 가진 'Mai'가 합쳐져 '새로운 도시'라 불리는 치앙마이는 1292년 망라이 왕에 의해 건국된 란나 왕국의 두 번째 수도다. 지금의 미얀마(버마 왕국)와 1774년 시아의 딱신 왕에 의해 사라지기 전까지 태국 남부를 지배했던 수코타이 왕조와 아유타야와 대항하는 막강한 국가였다. 지금의 태국을 만든 짜끄리 왕조의 수도인 방콕과는 거리가 멀고 산악 지대 특성상 발전은 가장 느리지만 라오스와 미얀마 국경과 인접해 다양한 문화가 어우러져 독자적인 색깔을 가진 지금의 도시로 성장했다.

아쉽게도 직항 노선이 많지 않아 6시간 정도 걸려서 가야 하지만, 사계절 내내 온화한 기후 덕분에 항상 여행자들로 가득하다. 게다가 도시 바로 옆으로 짜오프라야강의 지류인 삥강이 있고 자동차로 30분 정도 도심을 벗어나면 천혜의 자연을 만날 수 있어 휴식 여행지로 여행객들의 발길이 끊이지 않는다. 다른 동남아 휴양지와 비교했을 때 휴양 시설은 많지 않지만, 고산족의 다채로운 모습과 화려한 축제 그리고 자연이 있어 언제나 즐거운 곳이다.

Tip. 북방의 장미, 란나

면적의 80% 이상이 산악 지대인 태국 북부에는 오래전부터 고산족인 타이유안족Taiyuan people이 모여 살았다. 물과 풀 등 자연의 영적 존재를 믿는 고산족의 애니미즘은 1292년 망라이 왕에 의해 건국된 란나 왕국의 기초가 됐고 그 결과 지금까지도 자연을 모태로 한 독특한 문화와 예술 등이 전해져 오고 있다. 태국 내에서도 손꼽히는 독특한 문화로, 아직도 태국 사람들은 북부 지방을 '란나 지역'이라 부르고, 아름다운 자연을 만날 수 있어 '북방의 장미'라 부르기도 한다. 참고로 영화 〈아바타〉 속 아름다운 절경의 배경도 치앙마이의 도이 인타논 국립 공원이 모티브가 됐다.

치앙마이 **날씨**

1년 내내 여름 날씨를 만끽할 수 있는 치앙마이는 평균 기온 24.6℃로 더운 날씨를 유지한다. 우리와는 다르게 우기와 건기 2개의 계절로 나뉘는데, 5월부터 10월까지인 우기는 많게는 하루에 몇 번씩 소나기성 비를 동반하고 건기인 11월부터 4월까지는 비가 많이 내리지는 않지만 산악 지형 특성상 낮에는 덥고, 아침과 저녁 시간에는 10℃ 이하로 떨어지는 높은 일교차가 발생해 주의해야 한다. 건기가 시작되는 11월 중순부터 1월 중순 그리고 건기가 끝나 가는 2월 중순부터 3월 초까지가 치앙마이 여행의 최적기며, 그 기간 외에도 언제 방문해도 괜찮은 지역이다. 모든 건물에는 1년 내내 에어컨이 빵빵하게 돌아가고 있으니 가볍게 걸칠 수 있는 카디건이나 긴팔, 바람막이를 챙겨 가도록 하자. 특히 트레킹을 목적으로 하는 여행자라면 모기, 일교차 등에 노출돼 있으니 긴팔 옷은 물론 두꺼운 옷과 상비약도 챙겨 가길 추천한다.

비수기(우기, 5~7월)

하루에도 몇 차례 비가 내리는 우기 시즌이다. 이 기간에는 평균 온도가 29℃ 아래로 크게 덥진 않지만, 오전 12시부터 오후 4시까지는 30℃ 이상 무더운 날씨가 이어진다. 이 기간에 방문하면 되도록 오전 12시에서 오후 4시 사이는 야외 활동을 피하자. 태국 최고의 축제인 송끄란 축제 기간에 여행한다면 옷이 젖을 것을 대비해 여분의 옷과 속옷을 더 챙겨 가자.

준성수기(우기, 8~10월)

비수기 시즌인 5~7월과 비슷한 기온이지만 이 기간에는 강수량이 가장 많은 시즌으로, 하루에도 몇 차례씩 소나기가 내린다. 물론 무더위를 식혀 주는 단비같은 존재지만 비로 인해 약간의 기온 차가 발생해 주의가 필요하다. 특히 강수량이 절정에 이르는 9월 초에 치앙마이를 방문한다면 긴팔 옷과 우비를 챙기길 추천한다.

성수기(건기, 11월 중순~3월 초)

명실상부한 치앙마이의 성수기로, 본격적인 성수기는 11월 중순에 시작되지만 11월 초 날씨도 견딜 만한 수준이다. 1년 중 맑은 날씨가 가장 많은 시즌으로 치앙마이를 즐기기에는 제격이지만 일교차가 제법 심한 기간이니 감기 등 질병에 주의해야 한다.

월별 포인트											
1월	2월	3월	4월	5월	6월	7월	8월	9월	10월	11월	12월
성수기			건기	우기(비수기)			우기(준성수기)			성수기	극성수기

Tip. 추천 여행 스타일

오전: 야외 활동(반나절 투어, 시내 걷기 여행 등)　**낮**: 실내 활동(호텔 휴식, 마사지, 쇼핑)

저녁: 야시장, 카페, 레스토랑 등

※ 우천 시에는 근처 쇼핑몰에서 쇼핑과 휴식, 마사지, 식사를 즐겨 보자. 조용한 시간을 보내고 싶다면 골목 카페에서 시간을 보내도 운치 있고 괜찮다.

치앙마이 **휴일**

다른 아시아 국가들과 마찬가지로 태국 역시 음력과 양력 공휴일이 있다. 다만, 우리나라와는 다르게 태국은 태국만의 음력을 가지고 있고, 불력까지 가지고 있어 우리나라 달력으로 태국의 공휴일을 맞추는 것은 힘들다. 토요일이나 일요일과 겹칠 경우 다음 날 쉴 수 있는 대체 공휴일이 존재한다. 특히 몇몇 공휴일은 왕궁 입장이 불가능하거나 오전만 가능하고 주류 판매가 금지돼 소중한 휴가 스케줄을 버릴 수 있으니 일정 계획에 참고하자.

날짜	명칭	설명
1월 1일	신정 New Year's Day	새해를 기념하는 날
3월 1일 (음력으로 매년 달라짐)	만불절 Makha Bucha	석가가 가르침을 시작한 지 7개월 후, 그의 설법을 듣기 위해 자발적으로 모인 1,250명의 제자를 기념하기 위한 날
4월 6일	짜끄리 왕조 기념일 Chakri Memorial Day	지금의 태국 왕조인 짜끄리 왕조 기념일
4월 13~16일	정월대보름(송끄란) Songkran	태국 전통 새해(물 축제로 전 세계에 널리 알려져 있다)
5월 1일	노동절 National Labour Day	근로자의 날
5월 29일 (음력으로 매년 달라짐)	석가탄신일 Visakha Bucha Day	부처의 탄생, 깨달음, 열반을 기념하는 날
7월 27일 (음력으로 매년 달라짐)	아사라하부차(삼보절) Asalha Bucha Day	첫 설법을 전한 것을 기념하는 날이자 불, 법, 승 삼보의 성립을 축원하는 날
아사라하부차 다음 날	카오 판싸 Khao Phan Day	스님들이 10월까지 이어지는 3개월 간의 우기 동안 절에 머물며 수도 정진을 시작하는 날
7월 28일	라마 10세 국왕 생일 His Majesty The King's Birthday (RAMA 10th)	새로 즉위한 라마 10세 국왕의 생일
8월 12일	어머니의 날 Her Majesty the Queen's Birthday	왕비 탄신일
10월 13일	라마 9세 서거일 Anniversary of the Death of King Rama 9th	라마 9세 서거일
10월 23일	쭐랄롱꼰 대왕 기념일 Chulalongkorn Day	태국인들에게 가장 존경받는 라마 5세 서거일
11월 15일	로이 끄라통 Loy Krathong	공휴일은 아니지만 송끄란과 더불어 태국의 2대 명절 중 하나(작은 배를 물에 띄우며 소원을 빈다)
12월 5일	아버지의 날 His Majesty The King's Birthday	서거한 푸미폰 국왕의 탄생일
12월 10일	제헌절 Constitution Day	1932년 최초로 헌법을 제정한 날
12월 31일(양력)	송년일 New Year's eve	한 해의 가장 마지막 날

치앙마이
여행 포인트

치앙마이는 일반적으로 도시 한쪽에 위치한 성곽(해자)을 중심으로 올드 시티와 신시가지 그리고 삥강 주변과 외곽으로 구별된다. 먼저 성곽 안쪽인 올드 시티는 오래전부터 주거 지역으로 사용돼 역사적 유물을 비롯해 야시장 등 역사와 문화(생활) 풍습을 볼 수 있는 곳이 가득하고, 조용한 골목길 속 오래된 건물이 빼곡히 들어서 있다. 성곽 서쪽에는 최근 가장 핫한 지역으로 불리는 치앙마이의 중심 거리인 님만해민이 있다. 치앙마이 대학과 이어지는 도로 곳곳에는 쇼핑을 위한 편집 숍들과 가성비 좋은 숙소, 맛집이 즐비해 현지인은 물론 여행자들이 가득한 공간이다. 성곽 동쪽 나이트 바자와 삥강 주변에는 치앙마이에서 가장 크고 유명한 상권인 나이트 바자가 열리고 골목 사이로 여행자들을 위한 게스트 하우스, 여행사 등 편의 시설이 밀집해 있다. 성곽에서 자동차로 30분 내외로 이동할 수 있는 외곽 지역에는 국립 공원을 비롯해 당일치기로 다녀올 수 있는 스폿이 가득하다. 또한 자동차로 3시간 거리에 있는 치앙라이와 빠이에는 힐링이라는 단어가 어울리는 휴식 공간이 가득 준비돼 있다. 구분해 놓은 6개의 지역은 기본적인 맛집을 제외하고 각자만의 색깔과 콘셉트를 가지고 있다. 치앙마이를 찾아온 여행의 이유가 모두 다르듯 본인에게 맞는 지역과 여행 일정을 짜는 것이 중요하다.

올드 시티

성곽 안쪽에 위치한 오래된 주거 지역이다. 우리나라로 치면 사대문 안쪽에 해당하며, 란나 왕국의 유물과 유적이 즐비해서 거대한 박물관 같은 지역이다. 성곽을 둘러싼 해자 주변으로는 산책로와 분수가 조성돼 밤이면 로맨틱한 분위기를 연출한다. 유적들이 많기 때문에 공사가 제한돼 있어 높은 건물이 거의 없고, 건물도 오래돼 숙소를 잡는다면 호불호가 갈릴 수 있다. 주로 서양 여행자들이 많이 머무는 편이다. 사원 주변에는 오래전부터 사용했던 주거 공간이 밀집해 있어 야시장, 식당, 노점이 가득하다.

님만해민

우리나라 여행자들이 가장 선호하는 지역이다. 가성비 좋은 숙박 시설을 비롯해 트렌디한 카페와 레스토랑으로 특히 유명하다. 주변에 편집 숍이나 소규모 갤러리가 많아 힐링을 위해 치앙마이를 찾은 여행자라면 이곳으로 가 보자. 치앙마이에서 가장 핫한 지역답게 많은 건물이 세워지고 있어 공사 또한 잦은 편이다. 문화보다는 맛집 투어, 카페 탐방, 휴식 등에 적당한 지역으로, 치앙마이에서 유명하다는 카페와 레스토랑은 여기에 다 모여 있다.

나이트바자 & 삥강

올드 시티의 5개 성문 중 하나인 타 패 게이트Thaphae Gate를 지나 삥강까지 이어지는 지역이다. 수상 무역의 중심지였던 삥강 지역은 상인과 여행자를 위한 인프라가 많아 지금도 치앙마이 관광의 큰 부분을 차지하고 있다. 치앙마이에서 가장 큰 시장인 나이트 바자를 비롯해 골목 사이로 여행사, 게스트 하우스 등의 편의 시설이 가득하다. 차이나타운, 이슬람교 예배당인 모스크가 위치할 정도로 소수 민족들이 대거 거주하고 있으며 강 주변에는 분위기 좋은 레스토랑과 바 등이 있어 커플들에게 추천하는 지역이다.

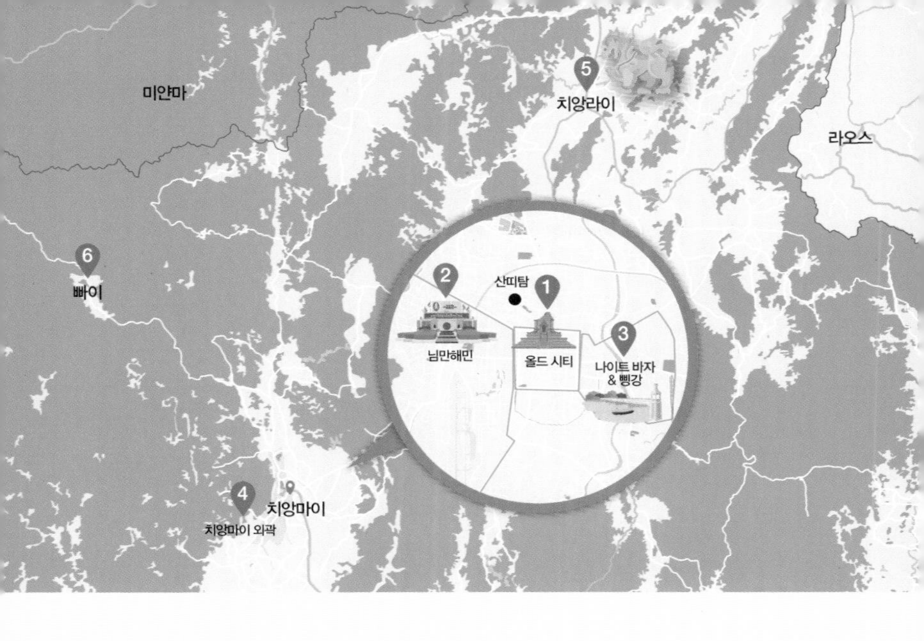

④

치앙마이 외곽

치앙마이 시내에 비해 액티비티 체험 기회와 자연 친화적인 스폿이 더 많은 편인 외곽 지역이다. 영화 〈아바타〉의 모티브가 된 산이자 태국 최고봉인 도이 인타논 국립 공원, 트레킹이 가능한 매 사 폭포, 전 세계에 세 개밖에 없는 나이트 사파리 등 당일치기로 다녀올 만한 스폿이 많다. 또한, 전망 좋은 스폿도 많아 인생 샷을 남기고 싶은 여행자에게도 추천하는 지역이다. 마땅한 대중교통이 없어 스쿠터나 차를 빌리거나 현지 여행사를 이용해야 하지만, 이동 시간이 길지 않고 나름 일정도 잘 짜여 있어 만족도가 높은 편이다.

⑤

치앙라이

치앙마이에서 버스로 3시간 거리에 위치한 최북단 도시다. 란나 왕국의 첫 번째 수도이자 미얀마, 라오스 국경과 가까우며, 태국 여행의 끝판왕이라 불릴 정도로 저렴한 물가와 여유로운 분위기를 자랑한다. 작은 도시지만 콕강 주변으로는 강변 카페 문화가 발달돼 있고, 나이트 바자의 규모 또한 꽤 큰 편이라 성수기 때는 북새통을 이룬다. 란나 왕국의 첫 번째 수도였지만 버마(미얀마)의 지배를 600년간 받은 도시여서 사원이나 문화가 조금씩 다르고 이국적인 사원들이 많다는 것 또한 큰 장점이다.

⑥

빠이

산세가 험한 태국 북부 지역에서도 깊은 산골짜기에 숨어 있는 태국의 숨은 진주 같은 곳이다. 특별한 관광 스폿은 없지만 이른 아침의 고요함과 시야를 가득채우는 열대 우림이 있고, 가격과 감성 둘 다 만족시켜 준다. 대체로 느긋하고 자유로운 분위기의 여행자들이 모여들기 때문에 외국인 친구를 만들고 싶은 여행자에게 특히 추천할 만한 곳이다. 대중교통이 없으니 50cc의 작은 스쿠터라도 빌려서 하릴없이 동네를 돌아다녀 보자.

CHIANG MAI
트 래 블 버 킷 리 스 트

어디나 그 지역을 대표하는 것들이 있다. 볼거리, 즐길 거리, 먹거리 등 치앙마이에서 놓치면 안 되는 것들을 쏙쏙 뽑았다.

치앙마이
볼거리

치앙마이 여행에서 볼거리란 단순히 어딘가에 방문해서 눈으로 보는 것만을 의미하지 않는다. 그곳에 방문하여 즐기고, 먹고, 느끼는 모든 것을 포함하는 의미이다. 우리나라에서 볼 수 없는 이국적인 문화와 자연이 있는 치앙마이의 대표 볼거리를 둘러보며 치앙마이 여행 속으로 빠져 보자.

치앙마이 야시장 Night Bazaar in Chiang Mai

야시장이 많기로 유명한 태국에서 꼭 가 봐야 할 인기 야시장으로 선정될 만큼 유명한 곳이다. 치앙마이를 방문한다면 꼭 가 봐야 할 대표 스폿이다. 특히 창 클란 거리Chang Khlan Road는 고산족이 만든 수공예 제품을 비롯해 각종 희귀한 물건들로 가득하다. 꼭 쇼핑이 아니더라도 볼거리, 즐길 거리, 먹거리도 가득한 곳이니 참고하자.

왓 프라탓 도이수텝
Wat Phra that Doi Suthep

100개가 넘는 많은 사원이 있는 치앙마이에서 이곳만큼은 꼭 가 봐야 할 대표 사원이다. 치앙마이 서쪽에 위치한 도이수텝산 중턱에 1383년 세워진 신성한 사원으로, 300개 계단을 오르면 만날 수 있는 황금 불탑과 치앙마이 시가지가 한눈에 보이는 전망 포인트가 준비돼 있다.

반캉왓 Baan Kang Wat

치앙마이 남서쪽에 위치한 예술인 마을이다. 예술이라는 키워드와 걸맞게 작은 카페, 공방 등 이색 공간이 여럿 있다. 30분 정도면 돌아볼 수 있는 작은 규모며, 얼핏 보기에는 소박해 보이지만 묘한 매력과 분위기가 있어 한 번 빠지면 헤어나올 수 없는 곳이다. 매주 일요일 오전에는 벼룩시장이 열리니 참고하자.

매림 Mae Rim District

도심에서 자동차로 30분가량 떨어진 농촌 마을이다. 태국 북부의 아름다운 자연을 만날 수 있으며, 치앙마이로 밀려온 장기 여행자들을 피해서 한적한 곳에 예술인들이 갤러리, 카페, 레스토랑을 열어놔 각광받는 곳이기도 하다.

삥강 Ping River

태국의 가장 긴 강인 짜오프라야강의 지류다. 강 주변 고급 레스토랑이 많고 선셋 포인트가 좋아 해가 질 무렵이면 데이트 코스로 인기다.

보상 우산 마을
Bor Sang Umbrella Village

치앙마이에서 동남쪽으로 10km 떨어진 수공예 마을이다. 특히 이곳은 전통 방식으로 만든 우산이 유명한데 화려하면서도 절제된 보상의 우산을 보고 있으면 절로 기분이 좋아진다. 마을 한쪽에는 만드는 과정부터 다양한 제품이 전시돼 있는 공간(마케팅 센터)도 준비돼 있으니 꼭 둘러보자.

위앙 꿈 깜 Wiang Kum Kam

전설의 고대 도시로 불리는 란나 왕국의 유적지다. 과거 란나 왕국의 임시 수도가 있었던 곳으로, 흙으로 덮여 사라졌던 전설의 도시 일부가 복원돼 있다.

동물원 Zoo Thailand

도이수텝산Doi Suthep mountain 기슭에 위치한 동물원이다. 자이언트 판다, 나이트 사파리, 코끼리 보호소 등 다양한 볼거리와 체험 공간이 준비돼 있다. 주말이면 피크닉이나 캠핑을 즐기러 찾아올 정도로 시설도 잘 되어 있으니 참고하자.

왓 프라탓 도이 캄
Wat Phra that Doi Kham

소원을 비는 사원으로 유명하다. 치앙마이에서 꼭 가 봐야 할 3대 사원 중 하나로, 거대한 크기의 여러 불상과 치앙마이 시가지를 한눈에 볼 수 있는 전망대가 유명하다.

싱하 파크 Singha Park

치앙라이 교외에 위치한 태국 맥주 제조회사인 싱하 그룹에서 만들고 운영하는 공원이다. 자전거를 타고 둘러봐야 할 정도로 넓은 부지에 코스모스, 우롱차 등 많은 식물이 자라고 있다. 인위적인 공간이지만 가볍게 산책하기에 딱 좋은 곳이다.

왓 롱 쿤 (화이트 템플) Wat Long Khun

치앙라이 대표 사원이다. 치앙라이를 소개하는 데 있어 꼭 빠지지 않는 대표 명소로, 태국의 유명 화가이자 건축가인 찰름차이 코싯피팟이 20년째 만들고 있다. 절이라기보다는 하나의 예술 작품으로 인정받을 만큼 몽환적이고 아름다운 포인트가 가득하다.

치앙마이
즐길 거리

하루 24시간도 부족한 치앙마이 여행은 이른 아침부터 늦은 저녁까지 남녀노소를 불문하고 즐길 것들 투성이다. 한 달 살기의 성지이기도 한 치앙마이의 즐길 것들을 모아 놓았으니 여행을 떠나기 전에 위시리스트를 만들어 보자.

카페 투어

예술인의 도시이자 디지털 노마드의 성지로 불릴 만큼 편안하면서도 효율적이고 감각적인 카페가 가득하다. 특히 장기 여행자들이 밀집해 있는 님만해민은 유명한 바리스타가 운영하는 카페도 여럿 있다.

야시장

치앙마이 시내 구석구석에는 생각보다 많은 야시장이 열린다. 도심에서 열려 접근성도 좋고, 가격도 저렴해 생필품뿐 아니라 기념품을 사기에도 안성맞춤이다. 야시장에서 판매하는 다양한 먹거리는 보너스다.

태국 북부 음식

태국에서도 맛으로는 꽤 인정받고 있는 북부 음식이다. 특히 란나 푸드와 이산isaan 음식은 우리의 입맛에도 잘 맞는 메뉴가 여럿 있다. 우리에게 익숙한 서양식과는 달리 처음에는 거부감이 들 수 있지만 그 매력에 빠져들면 헤어 나올 수 없는 깊은 맛이 있으니 다양한 메뉴를 도전해 보자.

쇼핑

실크 제품부터 고산족이 만든 수공예 제품까지 매일 열리는 야시장은 물론 마야 쇼핑센터 등 희귀템을 발견할 수 있는 스폿이 여럿 있다. 방콕과 비교하면 가격도 저렴하고 품질까지 좋으니 쇼퍼홀릭이라면 쇼핑 천국인 치앙마이의 매력을 놓치지 말자.

브런치

골목골목 많은 카페가 있고, 장기 여행자가 많은 지역인 만큼 자연스럽게 브런치가 유행하고 있다. 현지 물가와 비교하면 약간은 비싼 측에 속하지만, 유럽 못지않게 분위기 좋은 카페에서 근사한 브런치를 즐길 수 있는 스폿이 여럿 있으니 하루 정도 느긋한 브런치 타임을 가져 보자.

스파 & 마사지

전 세계적으로 유명한 태국식 마사지와 낮은 인건비로 한국에서는 꿈도 꿀 수 없는 고급 스파를 저렴한 가격에 받을 수 있다. 저렴한 길거리 마사지부터 고급 호텔의 스파까지 주머니 사정에 따라, 기분에 따라 다양하게 받을 수 있으니 주저하지 말고 꼭 시도해 보자.

라이브 공연

많은 예술인이 거주하고 머무는 지역인 만큼 레스토랑, 클럽, 바, 야시장 등 다양한 공간에서 라이브 공연이 자주 열린다. 특히 인기 레스토랑이나 카페에서 열리는 라이브 공연은 수준이 매우 높아 기대해도 좋다.

편집 숍

손재주가 좋기로 유명한 지역인데다가 많은 예술인이 머무는 만큼 독특한 패턴이 그려진 의류, 직접 그린 일러스트가 프린팅된 제품까지 흔하지 않은 아이템이 가득한 편집 숍이 곳곳에 있다. 참고로 편집 숍 제품은 퀄리티도 좋지만 가격대가 착해 선물용으로도 인기다.

갤러리

치앙마이 곳곳에는 예술가들의 작품을 전시하는 갤러리, 작품 전시관이 생각보다 많다. 특히 카페나 호텔에서 열리는 소규모 갤러리는 기대 이상의 작품을 만날 수 있어 영감을 받기 위해 치앙마이에 온 예술가들의 필수 스폿으로 자리 잡고 있다.

길거리 음식

치앙마이 대학교 인근, 야시장 내부에서 놓칠 수 없는 코스, 길거리 음식이다. 판매하는 곳마다 다르지만 대부분의 길거리 음식은 저렴하고 맛 또한 좋다.

호텔

글로벌 체인 호텔, 4~5성급 고급 호텔 가격이 저렴하기로 유명한 태국. 치앙마이 역시 호텔 요금이 저렴하기로 유명한데, 로컬 브랜드 호텔의 경우 시즌과 요일만 잘 맞으면 10만 원 아래라는 말도 안 되는 요금으로 수준급 서비스를 누릴 수 있다.

클럽

주말 저녁이면 어김없이 젊은이들로 꽉 차는 인기 로컬 클럽이 여럿 있다. 밴드 공연은 물론 인기 DJ의 디제잉, 요일별 이벤트까지 준비돼 있다. 클럽 천국인 방콕에 비하면 아쉬움이 있지만 신나는 음악을 들으며 시원한 맥주 한잔하기에는 제격이다.

치앙마이
먹거리

산으로 둘러싸인 내륙 도시 치앙마이는 지리적 특성 때문에 해산물보다는 채소나 과일이 유명하다. 무엇보다 태국 맛의 최고봉이라고 꼽히는 이싼 지역에서 영향을 받은 음식 문화로 음식의 맛과 다양성을 자랑하며, 방콕에도 밀리지 않은 멋진 레스토랑으로 가득하다.

카오 소이 Khao Soi ข้าวซอย

치앙마이를 대표하는 음식 중 하나인 카오 소이는 부드럽고 깊은 맛을 내는 옐로우 카레에 바미(쌀+계란) 국수를 넣어 만든 카레 누들이다. 푹 고은 돼지고기의 깊은 맛과 코코넛 밀크의 부드러움이 조화를 이루어 우리나라 사람 입맛에도 잘 맞아 많은 사랑을 받고 있다.

찜 쭘 Jim Jum จิ้มจุ่ม

이산식 샤부샤부인 찜 쭘. 중국의 훠궈 문화에 영향을 받은 음식으로 이산 지방 특유의 향신료(고추, 레몬그라스, 바질 등)를 넣고 우려낸 국물에 취향에 맞게 고기, 야채, 국수 등을 넣어서 먹는 음식이다. 야시장 먹자 골목에서는 밤마다 남녀노소 상관없이 함께 찜 쭘을 먹는 것을 흔히 볼 수 있을 정도로 현지인들에게 대중적인 음식이다.

깽항레이 Kaeng Hang Lay แกงฮังเล

동남아시아에서 주로 자라는 타마린드와 카레 국물에 돼지고기를 푹 고아 만든 태국 전통 음식이다. 국경을 마주하고 있는 미얀마의 영향을 받아 마늘과 생강이 들어가 한국인 입맛에도 잘 맞고 푸짐한 식사를 할 수 있어 한 끼 식사로는 제격이다.

사이 끄록 이산 sai krok Isaan ไส้กรอกอีสาน

태국의 북동부 지역인 이산 지방의 대표 음식이다. 돼지고기를 주재료로 만든 전통 발효 소시지로, 태국판 순대구이라는 별칭을 가지고 있다. 향이 강한 편이기 때문에 호불호가 갈린다. 주로 길거리 좌판에서 파는데 가격이 저렴해 간식으로 좋으니 가볍게 시도해 보자.

남똑무 Nam Tok Moo ้าตกหมู

돼지고기를 바질, 라임, 민트, 샬럿과 곁들여 버무린 샐러드로, 돼지고기의 느끼한 맛을 잡아주어 깔끔하게 먹을 수 있는 음식이다. 미국 방송 CNN이 선정한 태국의 40대 음식 중 19위를 차지할 정도로 감칠맛이 강한 음식이니 기회가 된다면 꼭 먹어 보자.

냄 Naem แหนม

이틀 동안 숙성시킨 태국식 소시지로 마늘, 고추 등 기본 향신료와 다진 돼지고기를 이용해서 만든다. 길거리 음식 매대에서 쉽게 찾을 수 있고 주로 사이 끄록 이산과 함께 판매한다. 고기가 들어가는 다른 음식과 다르게 이틀간 숙성을 거친 냄은 종종 날것으로도 먹는다고 한다. 하지만 위생상의 문제가 있을 수 있으니 웬만하면 익혀서 먹는 것을 추천한다.

까이양 Kai yang ไก่ย่าง

숯불에 구운 닭고기 요리다. 달콤한 양념에 재운 닭고기를 숯불에 구워 내는 간단한 요리로, 입맛이 없거나 먹을 음식이 마땅치 않을 때 길거리 음식점에서 쉽게 마주칠 수 있다. 닭고기뿐만 아니라 돼지고기(무 양) 숯불구이도 있으니 취향에 따라 즐기자.

꾸아이 띠아오 Kuai-tiao ก๋วยเตี๋ยว

베트남에 쌀국수가 있다면 태국에는 꾸아이 띠아오가 있다. 깔끔한 고기 육수와 갓 삶은 면을 넣어서 쉽고 든든하게 먹을 수 있는 대표적인 서민 음식이다. 면은 개인의 취향에 따라 얇은 면(센미), 중간 면(센렉), 굵은 면(센야이)을 선택할 수 있다. 고기나 해산물을 추가할 수 있다.

솜 땀 Som tam ส้มตำ

태국의 김치 역할을 하는 태국의 국민 반찬 솜 땀. 우리나라 여행자도 솜 땀 마니아가 많이 있을 정도로 매콤 새콤한 것이 한국인들의 입맛에 잘 맞는 반찬이다. 덜 익은 파파야와 당근, 고추 등의 채소와 향신료를 넣고 절구로 빻아서 만드는 음식이다. 느끼한 음식을 먹을 때나 밥반찬으로 좋다.

까놈친 Ka Nom Jeen ขนมจีน

태국식 숙성 쌀국수다. 익혔을 때 면이 반투명해지는 꾸아이 띠아오와는 달리 이 국수는 숙성한 면을 두 번 익히는 방식으로 만드는데, 더운 날씨에 오랜 보관이 가능하고 다른 면들과 달리 쫄깃한 탄성을 가지고 있는 것이 특징이다. 태국의 경사나 잔치가 있으면 빠지지 않고 나오는 음식으로, 우리나라의 잔치국수와 비슷하다고 볼 수 있다. 생긴 것도 우리나라 소면과 비슷해서 생선소스(남쁠라), 고추소스(남프릭), 솜 땀 등 풍미가 있는 음식과 함께 조리해 먹는다.

남프릭옹 Nam Prik Ong น้ำพริกอ่อง

태국식 미트소스라고 불리는 남 프릭 옹. 남 프릭 옹은 고추소스라는 뜻으로 태국 고추와 토마토를 메인으로 생강, 고수, 레몬그라스 등 다양한 향신료를 넣어 만든 태국 북부의 대표적인 매운 소스다. 이 소스를 다진 돼지고기와 함께 볶아 만들면 음식이 완성된다. 중독성 있는 매운맛으로 태국 사람들은 주로 튀긴 돼지 껍질이나 새우에 찍어 먹지만, 입에 잘 맞는 여행자들은 밥에 비벼 먹어도 손색없는 맛이다.

미앙캄 Miang Kham เมี่ยงคำ

식전에 입맛을 돋우는 용도로 먹는 향신료 쌈 미앙캄. 서양으로부터 수저와 포크가 들어오기 이전부터 있던 음식이라 손으로 먹는 문화가 남아 있는 에피타이저다. 태국식 깻잎에 고추, 땅콩, 생강, 샬럿, 코코넛, 라임 등 자신이 원하는 재료를 조금씩 싸서 먹는 음식이다. 취향에 따라 짠맛, 신맛, 매운맛을 조절할 수 있고 실제로 향이 매우 좋아 마니아가 많은 편이다.

치앙마이
쇼핑 리스트

치앙마이는 우리나라보다 물가가 저렴할 뿐만 아니라, 우리나라에서 구할 수 없는 이국적인 향신료와 수공예품이 즐비하다. 야시장, 마트, 백화점에서 다양한 가격대의 기념품을 구입할 수 있으니 부담 없는 쇼핑을 즐겨 보자.

과일 비누

비싼 스파용품이 부담스럽다면 가벼운 과일 비누는 어떨까? 한 개에 천 원도 안 하는 저렴한 가격에 향기와 모양 또한 일품이라 실제 사용하기보다 방향제나 인테리어용품으로도 자주 사용된다. 지인들에게 선물하기도 매우 좋은 아이템이니 눈여겨보자.

스파용품

다양한 스파 브랜드를 가지고 있는 태국에서 스파용품을 빼놓고는 태국 필수 기념품을 논할 수 없는 일! 어브Erb, 탄Thann, 판퓨리Panpuri, 카르마카멧Karmat kamet 등 다양한 브랜드에서 나오는 스파 제품을 기호에 따라 골라 보자.

향신료

여러 소수 민족과 고산족이 살고 있고, 미얀마와 라오스 국경을 마주하고 있는 지역인 만큼 흔히 접할 수 없는 향신료가 많이 있다. 취향에 따라 호불호가 갈리긴 하지만 특별한 기념품을 갖고 싶다면 한 번쯤 사 볼 만한 북부 특산품이다.

건과일

열대 과일의 천국인 태국의 여운을 한국에서도 느끼고 싶다면 건과일을 추천한다. 망고부터 두리안, 용과 등 다양한 열대 과일 종류가 있으니 기호에 따라 골라 보자. 건과일 브랜드 중에서는 쿤나Kunna 브랜드가 퀄리티가 좋다는 평이 많다.

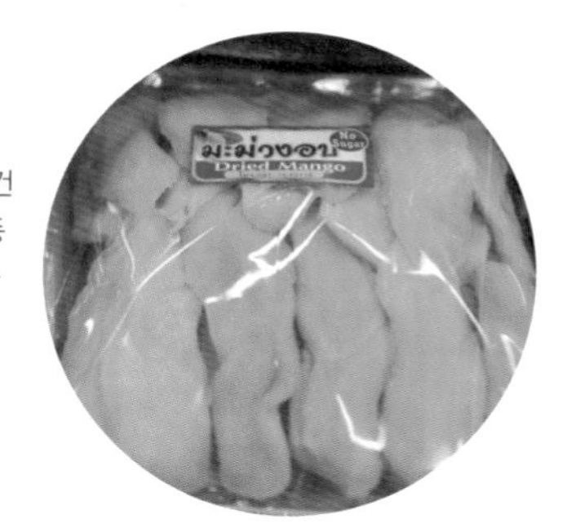

코코넛 오일

최근 한국의 TV에서도 코코넛 오일의 효능이 많이 나와 없어서 못 산다는 코코넛 오일. 요리뿐만 아니라 피부 미용에도 좋은 기름이기 때문에 태국에 왔다면 한 번쯤 눈여겨볼 만하다.

생선 소스

콩으로 장을 만드는 두장 문화가 발달한 우리나라와 달리 생선으로 장을 만드는 어장 문화를 가지고 있는 태국. 우리나라 젓갈보다는 농도가 옅어서 부담 없이 즐길 수 있고 어떤 재료에도 어울리기 때문에 태국 음식에 빠짐없이 들어간다. 한국에서도 태국 요리를 하고 싶다면 꼭 구매하도록 하자.

화장품

영국 드러그 스토어 '부츠'에서만 구할 수 있는 기초 화장품 솝 앤 글로리Soap & Glory와 넘버 7No. 7은 한국에서 구하기 힘든 제품이기도 하고, 품질도 좋아서 많은 사랑을 받고 있다. 솝 앤 글로리 제품 중 보디 크림과 보디 스크럽이 특히 인기다.

핸드 드립 커피

베트남과 함께 커피 쪽에서는 알아주는 태국의 커피. 특히 태국의 3대 커피라고 불리는 도이 창, 도이퉁, 와위커피는 깊고 진한 맛으로 현지인들뿐만 아니라 여행자들에게도 큰 인기를 끌고 있다. 선물용으로도 좋으니 기회가 된다면 구매를 추천한다.

우산

치앙마이 시내에서 택시로 약 20분 거리에 있는 보상 우산 마을은 태국 전통 양식의 우산을 만드는 마을로 유명하다. 특히 보상 마을 초입에 위치한 우산 제작 센터에서는 크기, 색깔, 재질이 다양한 우산과 부채를 만들어 보거나 구매할 수 있으니 기념품으로 좋다.

고산족 수공예품

태국에서 손재주가 좋기로 유명한 북부 사람들. 란나 왕국의 생산 장려 정책까지 더해져 티크, 목각 등 천연 소재를 이용한 공예품이 상당히 발달돼 있다. 화려한 색감과 독특한 패턴, 거기에 퀄리티까지 좋은데 가격이 매우 착하다.

실크

태국 여행 시 사야 할 기념품 리스트에서 빠지지 않고 순위에 오르는 실크다. 특히 치앙마이 인근에는 민예 마을이자 실크 생산지인 산깜팽 마을이 있어 치앙마이는 실크를 이용한 다양한 제품이 준비돼 있다. 국내 가격과 비교하면 말도 안되는 가격에 질 좋은 실크를 구매할 수 있으니 참고하자.

차

농업이 발달된 지역인 만큼 녹차, 우롱차, 홍차 등 다양한 품종의 차가 생산된다. 태국 내에서도 북부 지역의 차는 맛은 물론, 고품질로 제법 유명하니 건강한 자연식이나 선물을 찾는 여행자라면 북부 지역의 차들을 추천한다.

미리 체험하는 치앙마이의 명소들

오직《지금, 치앙마이》에서 즐길 수 있는 치앙마이 미리보기 체험. 호텔부터 다양한 관광 스폿까지 360도 사진과 영상으로 생생하게 둘러볼 수 있다. 작가 오상용과 성경민이 발로 뛴 다양한 스폿을 만나 보자!

지금, 치앙마이 360도 영상 & 사진 보는 방법

검색

1. 안드로이드는 Google Play 스토어에서, IOS는 App Store에서 YouTube를 설치한다.
2. 설치한 유튜브 앱에서 '플래닝북스'를 검색 후《지금, 치앙마이》의 다양한 360도 영상을 감상한다.
3. 카드보드를 활용하여 보면 더욱 생생하게 감상할 수 있다.

1

2

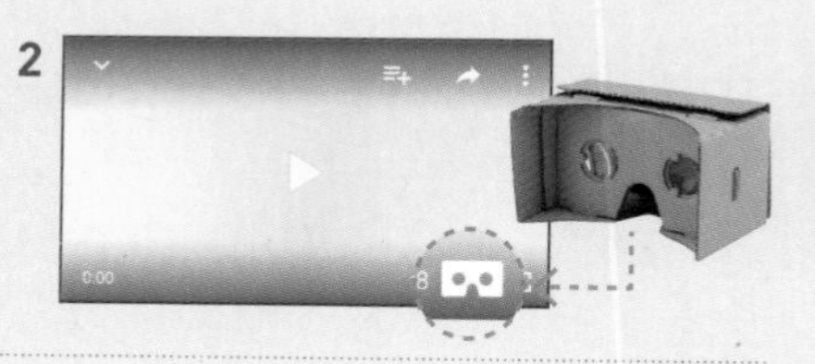

QR 코드-IOS

1. App Store에서 NAVER와 YouTube를 설치한다.
2. 네이버에서 QR 코드를 스캔한다.
3. 오른쪽 하단에 있는 아이콘을 누른 후 'Safari로 열기'를 누른다.
4. 유튜브로 연결된 동영상으로《지금, 치앙마이》의 다양한 360도 영상을 감상한다.

명소

왓 프라싱

타 패 게이트

반 캉 왓

치앙마이 대학교

완라문 림 남
(구 온 더 삥)

님만해민 로드

쇼핑&스파

와로롯 마켓

파 란나 스파

지라 스파

숙소

타마린드 빌리지

르 메르디앙
치앙마이

유 님만 치앙마이

아키라 매너
치앙마이

아트 마이 갤러리
님만 호텔

137 필라스
하우스

호텔 데 아티스트
삥 실루엣

아난타라 리조트
치앙마이

라티 란나
리버사이드
스파 리조트

르 메르디앙
치앙라이

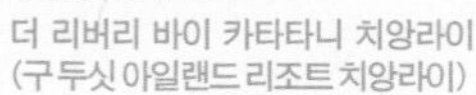
더 리버리 바이 카타타니 치앙라이
(구 두싯 아일랜드 리조트 치앙라이)

사 와 디
SAWADEE
치 앙 마 이

HOW TO GO
치 앙 마 이

항공권 구입, 환전, 공항 출입국, 현지 상황 등 여행을 떠나려면 체크해야 할 것들이 많다. 준비부터 여행이 끝날 때까지 치앙마이 여행에서 알아야 할 것들을 꼼꼼히 안내한다.

여행 전 체크 리스트

한국에서 치앙마이로 가는 방법

치앙마이를 연결하는 항공편은 직항과 경유로 나뉜다. 직항편은 대한항공, 아시아나, 제주항공, 진에어가 운영하고 약 6시간 정도 소요된다. 경유 항공은 태국 내 다른 도시나 동남아 다른 도시를 경유해 치앙마이로 가는 일정으로, 평균 8시간 30분(경유 시간 미포함)이 소요된다. 경제적 여유가 된다면 편안한 직항 항공편을 이용하면 가장 좋겠지만, 많은 여행자가 요금대가 저렴하고 다양한 스케줄이 있는 경유 항공편을 이용해 치앙마이를 방문한다. 각 항공편을 꼼꼼히 비교해 보고 나에게 꼭 맞는 항공권을 구매해 보자.

구분	항공사 스케줄
직항	**대한항공** 매일 14:35 / 18:05 출발(6시간 소요)
	아시아나 매일 15:55 출발(6시간 5분 소요)
	제주항공 매일 18:00 출발(6시간 30분 소요)
	진에어 매일 16:45 출발(6시간 5분 소요)
경유	**캐세이퍼시픽** 매일 운항 – 홍콩 경유(최단 시간 경유 7시간 45분 소요)
	아시아나항공 매일 운항 – 방콕 경유(최단 시간 경유 7시간 소요)
	타이항공 매일 운항 – 방콕 경유(최단 시간 경유7시간 35분 소요)
	중국국제항공 매일 운항 – 북경 경유(최단 시간 경유 7시간 40분 소요)
	중국남방항공 매일 운항 – 광저우 경유(최단 시간 경유 8시간 35분 소요)
	국내 저비용 항공사 매일 운항 – 방콕 경유(최단 시간 8시간 이상 소요)
	에어아시아 매일 운항 – 방콕 경유(최단 시간 경유 8시 55분 소요)

※ 이용하는 비행기가 대한항공, 델타항공, KLM, 에어프랑스라면 기존 터미널이 아닌 인천공항 제2여객터미널로 가야 한다. 공항버스(리무진)을 타고 오거나, 공항철도를 타고 온다면 제1여객터미널에서 손님들을 내린 후 이후에 제2여객터미널 정류장으로 향한다. 만약 제1터미널에서 내렸다면 제2터미널까지 약 20분가량 걸리는 순환 셔틀버스를 타고 이동하면 된다(3층 8번 정류장에서 승하차, 무료) 그 반대의 경우라면 3층 4, 5번 출구에서 순환 버스를 탑승하면 된다.

※ 운행 시간 : 제1여객터미널 4:50~23:50 / 제2여객터미널 4:30~23:30

※ 운행 간격 : 5분

※ 소요 시간 : 왕복 45분(편도 약 20분)

항공권 예매하기

방콕이나 태국 주요 도시에서 치앙마이를 연결하는 국내선 노선의 경우 얼리버드(조기 예매) 요금을 적용하고 있어 빠르면 빠를수록 저렴한 가격에 항공권을 구입할 수 있다. 한 가지 주의할 것은 가격이 저렴하면 저렴할수록 예약 변경, 마일리지 적립 불가 등 제한이 있을 수 있으니 구매 전 구매하고자 하는 항공권 규정을 꼼꼼히 살펴봐야 한다.
최근 저비용 항공사에서는 수화물 규정을 엄격하게 관리해 위탁 수화물을 포함해 기내 수화물도 크기와 무게를 확인해 초과 시 초과 요금을 받고 있다. 비용을 아껴 보고자 선택했던 저비용 항공이지만 수화물로 인해 더 많은 비용이 나갈 수 있으니 주의하자.

<table>
<tr><th colspan="5">항공사별 수하물 규정</th></tr>
<tr><td>대한항공</td><td colspan="3">23kg 이내 1개</td><td rowspan="5">좌석 등급, 멤버십 등급에 따라 조정된다.</td></tr>
<tr><td>아시아나항공</td><td colspan="3">23kg 이내 1개</td></tr>
<tr><td>타이항공, 케세이퍼시픽</td><td colspan="3">30kg 이내 1개</td></tr>
<tr><td>중국국제항공</td><td colspan="3">32kg 이내 1개</td></tr>
<tr><td>티웨이항공</td><td colspan="3">15kg 이내 1개</td></tr>
<tr><td rowspan="3">제주항공</td><td>정규 운임</td><td>할인 운임</td><td>특가 운임</td><td rowspan="3">접이식 유모차 1개, 위탁 수화물 무게 초과금: 16~23kg=3만, 휴대 수화물: 10kg 이하+삼변의 합 115cm 이내 1개</td></tr>
<tr><td>20kg 1개</td><td>15kg 1개</td><td rowspan="2">×</td></tr>
<tr><td colspan="2">삼변의 합 203cm 이내</td></tr>
<tr><td rowspan="3">에어아시아</td><td>정규 운임</td><td>할인 운임</td><td>특가 운임</td><td rowspan="3">접이식 유모차 1개, 위탁 수화물 20Kg=41,300원(조기 주문 시 35,900원), 휴대 수화물: 7kg+삼변의 합 115cm 이내 1개</td></tr>
<tr><td>20kg 1개</td><td colspan="2" rowspan="2">×</td></tr>
<tr><td>삼변의 합 203cm 이내</td></tr>
<tr><td rowspan="3">진에어</td><td>정규 운임</td><td>할인 운임</td><td>특가 운임</td><td rowspan="3">접이식 유모차 1개, 위탁 수화물 무게 초과금: 한국 출발 1kg= 12,000원, 태국 출발 1kg=400밧. 휴대 수화물: 12kg+삼변의 합 115cm 이내 1개</td></tr>
<tr><td colspan="3">15kg 이내 1개</td></tr>
<tr><td colspan="3">삼변의 합 203cm 이내</td></tr>
<tr><td rowspan="3">티웨이</td><td>정규 운임</td><td>할인 운임</td><td>특가 운임</td><td rowspan="3">접이식 유모차 1개, 위탁 수화물 무게 초과금: 한국 출발 1kg=16,000원, 태국 출발 1kg=500밧. 휴대 수화물: 10kg+삼변의 합 115cm 이내 1개, 15kg 이내 1개 삼변의 합 203cm 이내</td></tr>
<tr><td colspan="3">15kg 이내 1개</td></tr>
<tr><td colspan="3">삼변의 합 203cm 이내</td></tr>
</table>

※ 유아와 소아도 항공사마다 수화물 규정이 있으니 체크하는 것이 좋다.
※ 수화물 규정은 임의로 변동될 수 있으니 항공권 구매 시 반드시 확인한다.

여행 짐 싸기

짐의 무게는 여행의 만족도를 결정짓는 중요한 요소인 만큼 불필요한 짐은 줄이고, 꼭 필요한 물품을 꼼꼼히 챙겨 가볍게 여행을 떠나보자. 먼저 여행 짐싸기 체크리스트를 작성해 보자.

- 종이에 여행 기간 중 꼭 필요한 물품을 나열한다.
- 그중에서도 우선순위를 정해 리스트 상단부터 순차적으로 작성한다.
- 가방의 부피를 고려해서 우선순위를 정하고, 그렇지 않은 물품은 과감하게 삭제한다. 이때, 부피가 크거나 전 세계 어디서든 흔히 구할 수 있는 물품은 우선순위에서 제외하고, 화장품이나 반찬류 등은 필요한 만큼 작은 용기에 넣어거나, 압축팩을 이용하면 부피를 줄이는 데 도움이 된다.
- 짐을 챙길 때 작성해 놓은 리스트를 체크하며 준비하면 중요한 짐을 못 챙겨 가는 불상사를 막을 수 있다.

Tip. 전기 콘센트와 옷 챙기기

치앙마이에서 사용하는 전기 콘센트는 우리와 조금 다른 형태지만 멀티플러그나 돼지코 등 부속품을 준비할 필요가 없다. 우리나라에서 사용하는 원형 플러그는 물론 11자형과 태국에서 사용하는 세 개짜리 원형을 모두 사용할 수 있다. 또 우리와는 달리 열대 기후로 1년 상시 더운 나라지만 실내는 에어컨 냉방으로 기온차가 심하니 가벼운 긴팔이나 긴바지를 하나쯤 챙겨 가도록 하자.

치앙마이 여행 필수 & 추천 아이템

일상에서 벗어나 나 자신이 가지고 있는 행복을 찾을 수 있는 시간. 그 어떤 시간보다 즐겁고 행복해야 할 시간인 만큼 조금 더 치앙마이를 즐길 수 있는 HOT 아이템 BEST 5를 소개한다.

필수 아이템

- 뜨거운 햇빛을 막아 줄 자외선 차단제, 모자, 선글라스
- 찬 음료와 일교차로 인한 배탈, 설사, 코감기에 필요한 상비약
- 심한 기온차에 대비해 휴대성 좋은 긴팔이나 바람막이
- 즐거운 여행을 계획한다면 알짜 가이드북《지금, 치앙마이》

추천 아이템

- 편하게 신고 벗을 수 있는 운동화 & 슬리퍼
- 반팔 자국이 싫다면? 쾌적함을 유지하고 피부를 보호하는 팔토시 & 선캡
- 태국 북부만의 독특한 문화와 자연 풍경을 담을 수 있는 카메라
- 물놀이 및 우천 시 비상금과 스마트폰을 보관할 수 있는 방수 팩
- 트레킹을 즐길 수 있는 복장

여행 추천 APP

구글맵

목적지까지는 물론 이동 시간과 방법까지도 친절하게 알려 주는 여행자 필수 앱.

Wongnai

태국 최대 음식점 리뷰 사이트.

우버/그랩

동남아에서 가장 핫한 교통수단인 공유 차량(택시) 앱.

출발 전 체크 리스트

공항에 도착해서 여권이 없다는 것을 알게 된다면? 호텔에 도착했는데 예약이 안 됐거나 취소됐다면? 설마 하겠지만 누구에게든 발생할 수 있는 여행 중 자주 일어나는 사례다. 만약에 생길 수 있는 상황을 대비해 출발 전 최종적으로 체크 리스트를 확인해 보자.

구분	방법	체크내용	체크
짐 확인	직접	작성한 짐 체크리스크를 참여하여 확인	
여권		여권 유효기간(6개월 이상), 여권 훼손 여부 등 확인	
항공권		이티켓출력, 출도착여정, 출발공항 및 도착공항	
지갑		현금, 현지통화, 비상시 사용할 카드 등	
예약확인	직접 또는 여행사	바우처 출력본, 예역업체를 통한 예약내역 확인	
카드확인	카드사	신용카드 해외결제가능여부, 해외 현금 인출기능 여부 및 한도	

환전하기

태국의 통화 단위는 밧Bath(표기는 THB, B)으로 동전과 지폐를 사용한다. 동전은 6가지 종류로 밧보다 낮은 단위인 사땅Satang 동전 2종과 1, 2, 5, 10밧 동전으로 나뉘며 지폐는 10, 20, 50, 100, 500, 1,000밧 6종으로 나뉜다. 여행 시 주로 사용되는 통화는 1밧, 2밧, 5밧, 10밧 동전 4종과 10밧, 20밧, 100밧, 1,000밧 지폐 4종이다. 동전은 거스름돈으로 종종 주는데 보관도 어렵고 환전 시 지폐보다 환전율이 좋지 않아 빨리 사용하는 것이 좋다. 우리나라의 화폐인 원보다 단위가 작아 사용하다 보면 헷갈리는 경우가 종종 있는데, 환율에 따라 다르지만 1:30으로 생각하고 비용을 계산하며 지출할 수 있다. 태국 통화의 경우 한국에서도 환전이 가능하지만 국내 환전소보다는 현지 환전소를 이용하면 환전에 포함된 수수료를 절약할 수 있다. 또 한국 화폐인 원화보다는 미국 달러로 바꾸어 가져가 현지에서 환전하면 더 좋은 조건으로 환전이 가능하다.

은행 환전	시내 은행(고객 등급에 따라 변동)	어플리케이션 이용
사설 환전	명동 등 외국인이 자주 발생하는 지역. (은행보다 수수료가 적음)	태국 화폐의 경우 많지 않음 위조지폐 주의
온라인 환전	은행에서 제공하는 공동 환전, 온라인 환전(주거리 은행을 이용하면 유리)	비교 필수
공항 환전	공항에 위치한 은행에서 환전 (수수료가 가장 비쌈)	수수료 주의
현지 환전	공항 및 거리에서 쉽게 발견 할 수 있음 (업체마다 환전율이 달라 비교는 필수)	비교 필수 원보다는 미국 달라 환전 시 이득

요즘 뜨는 환전 방법

은행 어플리케이션 신한은행이나 우리은행 어플리케이션을 통해서 50% 환율 우대를 받고 환전받을 날짜와 장소를 정할 수 있다. 일반적으로 출국 날 공항 은행에서 환전받는 방법이 가장 간편하다.

트래블 월렛 트래블 월렛 카드를 다운로드하고 카드를 발급받아 원화를 밧으로 환전한 후 충전해서 체크카드처럼 사용하는 카드이다. 우버나 대중교통에 이용할 수 있고 ATM에서 인출 가능해서 평이 좋다. 다만, 야시장이나 소규모 마트에서는 카드를 받지 않을 수 있으니 현금도 항상 소지하고 다니는 것을 잊지 말자.

GLN 결제 하나은행과 토스 어플리케이션에서 이용할 수 있는 GLN Global Loyalty Network은 정확히 말하자면 환전보다는 결제 방식으로, 해당 계좌에 돈을 예치하고 현지에서 QR코드를 통해서 결제하는 방식이다. 수수료가 적고, 의외로 작은 상점이나 야시장에서도 사용 가능해서 뜨고 있는 방식이니 추천한다.

출입국
체크 리스트

인천 국제공항 가는 방법

공항철도

인천국제공항에서 김포공항·홍대·공덕·서울역을 가장 빠르게 이동 할 수 있는 교통수단이다. 주요 도시를 연결하는 공항 리무진에 비해 이용 지역은 제한적이지만 직통(서울역~인천국제공항1터미널역: 43분/ ~인천국제공항2터미널역: 51분), 일반(서울역~인천국제공항역: 58분/ ~인천국제공항2터미널역: 66분) 열차가 상시 운행해 많은 사람이 이용한다. 단 집 앞에서 지하철역이 없거나 공항철도역과 멀리 떨어져 있다면 짐을 들고 이동해야 하니 공항 리무진보다 번거롭고 시간이 오래 걸릴 수 있다.

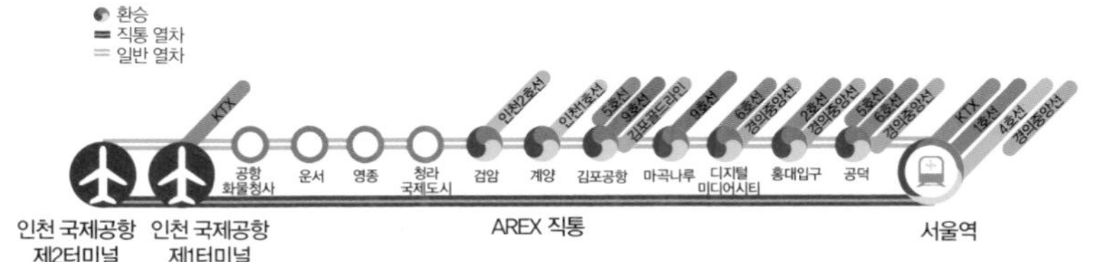

❶ 직통 열차

서울역 도심공항과 인천국제공항 제1, 제2여객터미널을 가장 빠르게 연결하는 열차로, 정차 없이 약 43~51분 만에 간다. 하루 각각 26회, 평균 40분 간격으로 운행하고, 출발 약 3시간 전 탑승 수속이 시작되는 인천국제공항보다 이른 시간에 탑승 수속이 가능해 좋은 좌석과 여유로운 면세점 쇼핑을 계획한다면 이 노선을 추천한다.

- 열차 운임 어른 9,500원, 어린이 7,500원(항공사 제휴 할인 및 기타 여러 제휴 할인 제도가 있다.)
- 이용 방법 서울역 도심공항터미널 B2층 직통 열차 고객 안내 센터에서 승차권 구입 후 전용 엘리베이터로 이동 후 탑승.

❷ 일반 열차

서울역에서 인천국제공항 제1, 제2여객터미널까지 59~66분 소요되는 지하철을 환승할 수 있는 6개 지하철역에서 정차하는 열차. 인천 1·2호선과 경의중앙선을 비롯해 지하철 2·5·6·9호선이 환승역으로 정차하고 운행 간격도 평균 6~7분으로 짧아 많은 여행자가 이용한다.

- 열차 운임 이용 구간에 따라 다름(제2 공항 – 서울역 기준 4,150원, 만 6세 미만 : 무료, 만 6세~만 13세: 50%, 만 13세~만 18세: 20%, 65세 이상: 무료)
- 이용 방법 주요 6개 지하철역에서 탑승, 서울역 도심공항터미널 B3층 승차권 구입 후 탑승(교통카드 가능)

KTX

부산·광주·목포·여수·진주를 빠르게 연결하는 KTX가 운행하고 있다. 용산역과 서울역에서 환승하는 노선으로, 지방에서 인천국제공항으로 가장 빠르게 갈 수 있는 방법이다.

- 소요 시간 부산 출발(약 3시간 40분), 광주 송정역 출발(약 2시간 50분), 목포 출발(약 3시간 30분), 여수 EXPO 출발(약 4시간 3분), 진주(약 4시간 37분)
- 열차 운임 구간마다 다름

공항버스(리무진)

서울, 경기 지역은 물론 지방 도시를 연결하는 버스가 상시 운행 중이다. 버스는 크게 공항리무진과 일반 버스, 고속버스로 나뉘며, 공항행 교통수단 중 가장 많은 정류소가 있어 이용자가 많다. 짐이 많은 여행자도 집 근처 정류장에서 이용할 수 있어 공항철도보다 편하지만, 교통량에 따라 시간이 오래 걸릴 수 있다. 공항버스는 기본적으로 입석을 허용하지 않기 때문에 티머니 GO라는 어플리케이션을 통해서 예약하는 것을 추천한다. 간혹 현장 발권만 하는 정류장도 있으니 만약 어플리케이션에서 정류장이 뜨지 않는다면 현장 발권일 확률이 높다. 요금은 7,000원(김포)부터 지역마다 달라진다. 공항 이용자가 늘어나면서 카드사 및 여행사에서 쿠폰, 티켓 발행 또는 할인을 제공하는 경우가 있으니 탑승 전 꼼꼼히 살펴보자.

- 노선 검색 인천에어네트워크 www.airportbus.or.kr
- 버스 운임 구간마다 다름

※ 주의: 버스 이용자 중 짐을 짐칸에 넣으면 Luggage Tag를 주는데, 잃어버리면 문제가 될 수 있으니 잘 챙기는 것을 잊지 말자.

도심공항터미널

서울역에 위치한 도심 공항 터미널은 교통편뿐 아니라 공항처럼 항공사 체크인 및 수화물을 부칠 수 있다. 공항철도가 다니는 서울역에서는 철도를 이용해 공항으로 이동 후 전용 게이트를 통해 빠르게 이동할 수 있다. 한편 도심공항터미널은 무거운 짐을 미리 보내고 빠르게 이동할 수 있는 장점도 있지만 더 좋은 장점은 얼리 체크인이 가능하다. 비상구 좌석이나 앞 좌석 등 일부 좌석은 항공 출발 당일에 배정하는데, 공항보다 더 빠른 시간에 체크인이 가능해 원하는 좌석을 선점할 수 있다. 단점은 국제선의 경우 출발 3시간 전에 도심공항터미널에서 체크인과 수화물을 보내야 한다.

- 이용 절차

도심공항 도착 ⇨ 교통편 티켓 구매 ⇨ 탑승 수속 ⇨ 위탁수화물 ⇨ 출국 심사 ⇨ 공항 도착 ⇨ 전용 출국 통로 출국(3층 1~4번)

• 탑승 수속 가능한 항공사

대한항공, 아시아나항공, 제주항공, 티웨이항공, 중국남방항공
(일부 공동 운항편은 이용 불가. 사전에 항공사로 문의 필수.)

출국 절차

STEP 1 탑승 수속(항공 체크인)

항공권을 구매했다면 탑승 전 항공사 카운터 또는 셀프 체크인 기기나 항공사에서 지원하는 앱을 통해 좌석 배정 및 수화물 위탁 등 탑승 수속을 한다. 이때 항공 기내에는 인화성 물질(부탄가스, 알코올성 음료), 100ml 이상의 액체류(물, 음료수, 화장품) 반입이 불가능하다.

STEP 2 세관 신고, 병무 신고

고가 물품은 출국 전 세관 신고를 통해 휴대 물품 반출 신고(확인)서를 받아야 한다. 혹 세관 신고를 하지 않을 경우 입국 시 구매 물건으로 판단해 세금을 징수할 수 있다. 병무 의무자는 출국 전 병무 신고 센터를 통해 국외 여행 허가 증명서를 발급받고 출국 신고를 해야 한다.

STEP 3 보안 검색

탑승 수속과 세관 신고를 완료했다면 여권과 항공권을 제시하고 출국장으로 이동해 보안 검사를 받으면 된다. 혹 노트북이나 태블릿 PC를 가지고 기내에 탑승하는 여행자는 가방에서 꺼내 따로 검사를 받아야 신속하게 통과가 가능하다.

STEP 4 출국 심사

보안 검사를 마친 뒤에는 출국 심사대 앞 대기선에서 기다렸다가 여권과 탑승권을 제시하고 출국 스탬프를 받으면 출국 심사가 끝난다.

STEP 5 면세 구역 공항 시설 이용하기

출국 심사를 마쳤다면 항공 탑승 전까지 면세 구역에서 쇼핑을 즐기거나 휴식 공간에서 쉬다가 정해진 시간에 해당 항공 탑승 게이트에 오르면 된다.

STEP 6 항공 탑승

항공 탑승은 출발 시간 30~40분 전에 시작해 출발 10분 전 탑승을 마감한다. 항공권에 적힌 탑승 시간을 미리 확인하고 정해진 시간에 게이트로 가서 탑승하도록 하자.

STEP 7 입국 준비

항공 이륙 후 도착 전까지 태국 입국을 위한 서류를 준비한다. 태국 입국에 필요한 서류는 출입국 신고서로 기내에서 나누어 주는 보딩패스처럼 생긴 신고서에 영문 이름, 국적, 여권 번호와 생년월일 등을 기재하면 된다.

태국 입국 수속

태국은 우리나라와 사증면제협정을 해결한 국가로 관광이 목적이면 90일 무비자로 체류가 가능하다. 많은 한국 관광객이 태국을 방문하기 때문에 입국 심사도 빠르게 진행된다.

STEP 1 입국 심사 과정

여권과 입국 신고서를 준비하고 자신의 차례가 되면 제출. 신고서 작성이 미흡할 경우 정정 요청을 할 수 있으며, 필요 시 간단한 질문(인터뷰)를 진행한다.

STEP 2 수하물 찾기

입국 심사가 끝나면 수화물 인도장에서 자신이 타고 온 항공편 수하물 레일을 확인한 후 해당 레일에서 짐을 찾는다.

STEP 3 세관 검사

위탁 수화물에 문제가 있거나, 출발 전 인천국제공항 면세점에서 고가 또는 입국 허용 면세 한도를 초과해 구매를 하지 않았다면 대부분 그냥 통과한다. 간혹 짐 검사를 할 경우가 있는데, 그럴 땐 당황하지 말고 안내에 따라 수화물을 확인시켜 주면 된다.

주류	1병(1리터 이하)
담배	200개비(1보루)

※ 일행과 함께 면세점에서 담배나 주류를 함께 구매했더라도 문제의 소지가 발생 할 수 있으니 영수증과 물품은 각자 소지하도록 하자.

입국신고서 작성

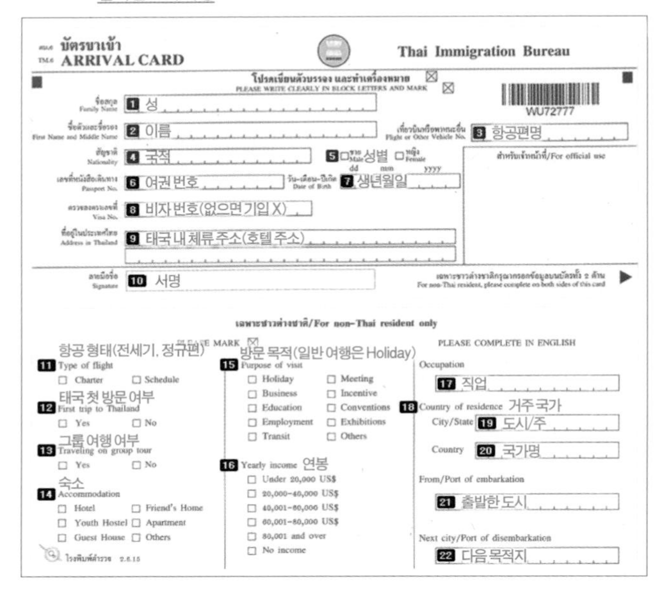

TM.6 ARRIVAL CARD

Thai Immigration Bureau

PLEASE WRITE CLEARLY IN BLOCK LETTERS AND MARK ☒

WU72777

Family Name 1 성

First Name and Middle Name 2 이름

Flight or Other Vehicle No. 3 항공편명

Nationality 4 국적

5 □ Male 성별 □ Female

Passport No. 6 여권 번호

Date of Birth 7 생년월일 dd mm yyyy

For official use

Visa No. 8 비자 번호(없으면 기입 X)

Address in Thailand 9 태국 내 체류 주소(호텔 주소)

Signature 10 서명

For non-Thai resident, please complete on both sides of this card

For non-Thai resident only

PLEASE MARK ☒

PLEASE COMPLETE IN ENGLISH

11 Type of flight 항공 형태(전세기, 정규편)
□ Charter □ Schedule

12 First trip to Thailand 태국 첫 방문 여부
□ Yes □ No

13 Traveling on group tour 그룹 여행 여부
□ Yes □ No

14 Accommodation 숙소
□ Hotel □ Friend's Home
□ Youth Hostel □ Apartment
□ Guest House □ Others

15 Purpose of visit 방문 목적(일반 여행은 Holiday)
□ Holiday □ Meeting
□ Business □ Incentive
□ Education □ Conventions
□ Employment □ Exhibitions
□ Transit □ Others

16 Yearly income 연봉
□ Under 20,000 US$
□ 20,000-40,000 US$
□ 40,001-60,000 US$
□ 60,001-80,000 US$
□ 80,001 and over
□ No income

Occupation
17 직업

18 Country of residence 거주 국가
City/State 19 도시/주
Country 20 국가명

From/Port of embarkation
21 출발한 도시

Next city/Port of disembarkation
22 다음 목적지

치앙마이의 교통수단

치앙마이 국제공항에서 시내로 이동하기

치앙마이 국제공항에서 시내로 가는 방법은 크게 두 가지가 있다. 첫 번째는 택시를 이용하는 방법으로, 가장 빠르고 편리해 짐이 많거나 늦은 시간에 도착하는 여행자에게 추천한다. 두 번째는 시내버스를 이용하는 방법으로, 운행 가격이 40분이고, 시내까지 오래 걸린다는 단점은 있지만 가격이 저렴해 (15~20밧) 짐이 많지 않거나 저비용 여행자라면 고려해 볼 만하다.

Tip. 볼트 / 그랩 이용은 주의!

태국에서 볼트나 그랩 등 개인 차량을 이용한 운송 서비스는 불법이다. 시내는 단속이 많지 않아 많은 여행자가 이용하지만 공항에서는 상시 단속은 물론 택시 기사와의 다툼이나 문제가 자주 발생하니 공항-시내 구간 이용은 하지 않도록 하자.

택시

입국장에서 나와 TAXI라 적힌 안내도를 따라 가다 보면 1번 출구에 택시 승강장이 있다. 직접 드라이버와 가격을 흥정해서 이용하는 방법과 택시 예약 부스를 통해서 신청 후 이용하는 두 가지 방법이 있다. 바가지 사례가 많은 흥정보다는 정찰 요금(소형차 160밧, 대형차 250밧)을 사용하고 편리한 예약 부스 이용을 추천한다. 예약 부스 이용 방법은 목적지와 인원을 이야기하면 요금을 알려주고 이용 의사를 전달하면 목적지와 요금이 적힌 종이를 건네준다. 그리고 택시 승강장으로 가서 대기하고 있는 직원에게 종이를 제출하고 잠시 기다렸다 택시가 도착하면 제출했던 종이를 돌려받고 탑승하면 된다.

시내버스

건물 출구로 나와 왼쪽 방향으로 가다 보면 주차장 사이 버스 표지판이 있다. 치앙마이 시에서 운영하는 10번 버스(순환 버스-20밧)와 B2 버스(15밧)가 정차하는 정류장이다. 배차 시간이 40분이고 느리다는 단점이 있지만 택시와는 비교할 수 없는 저렴한 금액으로 이용 가능하다. 시내까지 소요 시간은 올드시티 기준 평균 20~30분이고 버스별 주요 경유 정거장은 240쪽 주요 버스 노선을 참고하자.

Tip. 툭툭이나 썽태우 이용하기

치앙마이 국제공항은 승객을 태우지 않은 오토바이나 삼륜차(툭툭), 썽태우의 출입이 금지돼 있다. 버스 정류장이 있는 곳 근처에서 공항으로 손님을 데려다주고 나오는 툭툭이나 썽태우를 자주 보게 되는데 흥정만 잘하면 저렴한 가격으로 버스보다 빠르게 시내까지 이동 가능하다.

치앙마이에서 다른 지역으로 이동하기

장거리 버스, 좌석이 정해져 있는 기차를 이용할 예정이라면 여행사 또는 온라인을 통해 미리 표를 예약하는 것이 좋다. 특히 성수기 시즌에는 인기 노선의 경우 조기에 매진이 될 수 있어 서둘러 예약하길 추천한다. 예약은 온라인 사이트를 통해 손쉽게 할 수 있으며, 예약 완료 후 확인증을 출력해 지참하면 큰 어려움 없이 이용할 수 있다. 혹 온라인 사용이 어렵거나 현지에서 급하게 표를 구해야 한다면 현지 여행사를 이용하면 약간의 수수료로 숙소 픽업 차량을 포함한 버스 또는 기차표를 구매할 수 있다.

기차

1922년에 완공된 치앙마이 기차역Chingmai railway station은 도심에서 동쪽으로 약 2km 떨어진 곳에 있다(올드 시티 타 패 게이트에서 택시로 15분 내외). 태국 기차 노선 중 북부 노선의 최종역으로 치앙라이를 비롯해 라오스를 포함한 인근 국가와 북부 지역을 연결하는 버스도 여럿 운영되고 있어 교통의 허브로도 불린다. 가장 인기 노선은 수도인 방콕을 연결하는 노선으로 하루 5차례 운행한다. 예약은 해당 사이트(www.thairailwayticket.com/eTSRT/)를 이용하면 된다(발권 수수료 30밧).

구분	인기 구간	사이트
기차 예약	치앙마이 – 방콕 (11시간 이상 소요)	www.thairailwayticket.com/eTSRT/
그린 버스	치앙마이 – 치앙라이 (3시간 소요)	www.greenbusthailand.com/website/
타이티켓메이저	태국 전역 버스	www.thaiticketmajor.com/bus/ttmbus/index.php
나콘차이에어버스	방콕 – 치앙마이 구간	www.nakhonchaiair.com/ncabooking/home.php
버스/기차/페리	태국 및 인접 국가 치앙마이 – 빠이(3시간 30분 소요)	www.busonlineticket.co.th/

• 치앙마이 기차역 – 방콕 돈무앙 기차역(출발일 60일 이전까지만 예약 가능)

출발 시간	도착 시간	기차 타입	기차 번호	요금대
06:30	21:10	RAPID	102	의자 231밧~
08:50	19:25	SPECIAL EXPRESS	8	의자 641밧
15:30	다음 날 5:25	EXPRESS	52	의자 271밧~ 침대 531밧~
17:00	다음 날 6:15	SPECIAL EXPRESS	14	침대 771밧~
18:00	다음 날 6:50	SPECIAL EXPRESS	10	침대 941밧~

시외버스

치앙마이에는 총 3곳에 터미널이 있다. 여행자가 주로 이용하는 장거리 및 북부 노선은 아케이드 정류장이라 불리는 제2 버스 터미널, 제3 버스 터미널에 있고, 2~4시간 이내 시외곽이나 미니버스가 주를 이루는 올드 터미널이라 불리는 제1 버스 터미널도 있다.

• 치앙마이 제1 버스(창 푸악) 터미널Chiang Mai(Chang Phuak) Bus Terminal 1

치앙마이 올드 시티인 성곽에서 북부에 위치한 터미널이다. 아케이드 버스 정류장이 생기기 전에는 거의 모든 노선이 운행하기도 했던 치앙마이에서 가장 오래된 버스 터미널이다. 이곳의 차량은 대부분 미니벤이나 썽태우로 1~4시간 이내 시외곽을 연결하는 노선이 대부분이다. 태국의 남서부 도시인 람푼과 북부 빠이, 태국 북부의 최대 목공예 마을인 반타와이를 연결하는 BTTS 노선이 활발하게 운행하고 있다.

위치 올드 시티 북쪽 창 푸악 게이트(Chang Phuak Gate)에서 성곽 바깥 쪽 창 푸악 로드(Chang Phuak Rd) 따라 도보 8분 후 우측 **전화** 053-211-586

인기 목적지 반 타와이Baan Tawai, 매림Mae Rim, 산깜팽Sankampaeng, 보상Bor sang

• 치앙마이 제2 버스(아케이드) 터미널Chiang Mai(Arcade) Bus Terminal 2

방콕을 비롯해 태국 전국 노선버스가 정차하는 터미널이다. 이 터미널에는 여행사, 버스 운행사 등 여러 업체에서 운영하는 버스가 정차하는데 태국의 수도 방콕은 물론 태국 북부 인기 여행지 빠이를 연결하는 프렘프라차Prempracha 미니 버스(150밧)를 포함해, 치앙라이는 물론 미얀마, 라오스 등 인근 국가까지도 연결하는 국제 버스편도 준비돼 있다. 한 가지 참고할 것은 버스를 운행하는 업체마다 티켓 판매부스가 따로 있고 같은 노선이라 해도 걸리는 시간과 비용, 차량 상태가 다르니 꼼꼼히 살펴보고 이용하도록 하자.

위치 올드 시티 타 패 게이트에서 택시로 15분 내외 **전화** 053-242-664

인기 목적지 방콕, 수코타이, 빠이, 치앙라이. 미얀마, 라오스

• 제3 버스(아케이드) 터미널Chiang Mai (Arcade) Bus Terminal 3

치앙마이 제2 버스 터미널과 마주보고 있는 신규 터미널이다. 제2 터미널과 마찬가지로 방콕을 포함해 전국 24개 노선을 커버하는 터미널로, 장거리 노선은 치앙마이에서는 가장 많은 운행 횟수를 자랑한다. 치앙마이 북부 인기 버스인 그린 버스 정류장이 있고, 최근에는 운행 노선 증가로 이용자가 늘어나면서 치앙마이 내 여러 터미널 중 이용률이 가장 높은 곳으로 자리매김했다.

위치 올드 시티 타 패 게이트에서 택시로 15분 내외 **전화** 053-242-664

그린 버스 Green Bus

치앙마이를 중심으로 북부 전 도시와 남부 푸껫 노선을 운행하는 버스다. 북부 여러 지역을 돌아보는 여행자에게는 매우 유용한 버스로 치앙라이를 비롯해 골드 트라이앵글, 라오스 국경 도시인 치앙 콩Chiang Khong과 미얀마 국경 도시인 매 사이Mae Sai 등 북부 대부분의 도시를 운행한다. 버스는 VIP, 1등급,

2등급까지 에어콘과 화장실 유무, 좌석 개수에 따라 구별되는데, 가장 인기 노선인 치앙라이의 요금은 2등급인 A-Class는 129밧, 1등급인 X-Class는 166밧, VIP 등급인 V-Class는 258밧이다. 치앙라이를 경유해 골든 트라이앵글로 가는 버스는 12시(요금 212밧), 라오스 국경을 연결하는 치앙콩은 아침 8시(254밧~)에 운영하며, 미얀마 국경을 연결하는 매 사이Mae Sai행 버스(160밧~)는 상시 운행한다(목적지에 따라 이용하는 터미널이 다르니 주의).

홈페이지 www.greenbusthailand.com/website

프렘프라차 Prempracha

태국의 최북단 매 홍손Mae Hongson 주 마을을 연결하는 버스 회사다. 이용률이 가장 높은 빠이행 미니버스를 포함해 총 6개 마을을 연결하는 회사로 미니버스와 대형 버스를 함께 운행하고 있다. 가장 인기 노선은 빠이. 치앙마이 시내와 가까운 아야Aya 버스보다 이용율은 낮지만 빠이-치앙마이-제3국 또는 치앙라이로 이동을 계획한다면 바로 환승이 되는 프렘프라차 미니버스를 이용하는 것이 좋다.

홈페이지 www.premprachatransports.com

아야 버스 Aya Bus Service

치앙마이에서 운영하는 빠이행 미니버스 중 가장 많은 여행자가 이용하는 버스다. 여행사가 직접 운행하는 버스로 아양 버스 서비스나 지정된 대리점를 통해 예약 및 이용이 가능하다. 숙소 픽업까지 포함돼 편리하게 이동할 수 있고, 버스 터미널이 아닌 지정된 장소에서 모여 출발한다.

홈페이지 www.ayaservice.com

현지 교통수단 이용하기

그랩/볼트 택시

동남아에서 가장 핫한 교통수단으로 이용되고 있는 공유차량(택시)이다. 스마트폰으로 출발지와 목적지를 정해 호출 및 결제 가능하며, GPS 기반으로 내비게이션과 이동 기반 자동으로 요금이 측정돼 믿고 이용할 수 있다. 우리나라 카카오택시와 매우 흡사하고, 경로 이탈 시에는 경고 안내도 나와 택시보다 더 안전할 수도 있다. 출발지에서 목적지를 선택하면 붐비는 정도에 따라서 예상 가격이 나오는데 더 높은 가격의 요금으로 불러야 빠르게 잡힌다. 가격은 그랩보다는 볼트가 더 저렴한 편이다. 한 가지 단점은, 태국 현지 번호가 있어야 호출이 가능하기 때문에 현지 유심을 발급받고 유심에 적혀 있는 전화번호 및 외화 결제 가능한 신용카드를 등록해야 사용할 수 있다. 생각보다 어렵지 않으니 차분히 공항에서 설치하는 것을 추천한다.

택시

어디든 가장 편안하게 이동할 수 있는 장점이 있지만 요금이 비싸고 바가지 요금으로 유명한 교통이다. 특이한 것은 시내에서 승객을 태우는 일은 많지 않고 주로 공항이나 기차역, 버스 터미널에서 주로 이용한다. 거의 모든 택시는 미터기가 아닌 흥정에 의해 가격이 결정되며 정해진 요금은 없지만 대부분 150밧을 기본요금으로 잡고 흥정을 진행한다.

시내버스

교통난을 해결하기 위해 치앙마이 지방 자치단체가 운영하는 에어컨 버스다. 바가지 요금으로 유명한 동남아에서 15밧(어린이 및 학생은 10밧)이라는 고정 요금으로 주요 지역을 돌아볼 수 있는 유일한 대중교통이다. 한 가지 단점은 배차 시간이 길고 운행 시간이 정확하지 않다. 하지만 치앙마이에서 가장 안전하고 저렴하며 편리한 교통수단으로 전용 애플리케이션 CMTRANSIT을 이용하면 위치 기반 버스 정류장과 차량 운행 정보를 볼 수 있다.

썽태우

치앙마이에서 가장 대중화된 교통수단으로, 트럭을 개조한 미니버스 형태로 운영되고 있다. 치앙마이의 썽태우는 붉은색으로 칠해져 있는데 목적지를 말하면 택시 합승처럼 목적지가 같으면 이용할 수 있다. 일부 쇼핑센터, 레스토랑에서는 무료 썽태우를 운영하고 있으며 최근에는 치앙마이 교통 문제를 해결하기 위해 시민이 자발적으로 고정 요금에 정해진 정류장을 순회하는 썽태우도 운영 중이다. 외국인에게는 바가지가 심한 교통수단으로 유명하니 주의하자. 기본요금은 평균 30밧으로 탑승 전 기사에게 목적지와 흥정은 필수다.

툭툭

치앙마이 어디를 가도 만날 수 있는 툭툭. 삼륜 자전거 또는 오토바이를 개조해 1~3인까지 이용할 수 있는 교통수단으로, 빠른 기동력을 자랑한다. 합승 택시 또는 미니버스로 불리는 썽태우와 비교했을 때 합승이 없어 다소 쾌적(?)하지만 가까운 거리도 기본 100밧으로 가격면에서 2배 이상 비싸다. 툭툭 역시 바가지 요금이 심하니 탑승 전 흥정은 필수다.

오토바이크 대여

단기 여행자는 물론 장기 여행자들이 애용하는 교통수단으로, 하루 99밧부터 300밧까지 다양한 기종을 대여해 이용할 수 있다. 하지만 오토바이 사고율이 매우 높은 곳이라 운전 시 주의가 필요하고, 2종 소형 면허증이 없을 경우 단속으로 인해 적지 않은 벌금을 물어야 한다. 님만해민과 올드 시티 지역에서 주로 단속을 하고 벌금 500밧을 내고 임시 면허증을 발급받는다. 이 임시 면허증은 3일간 면허증으로 사용할 수 있기 때문에 어차피 걸렸다면 3일간은 마음 편하게 타면 된다.

자전거 대여

치앙마이 시내에서 자전거를 탄 여행자를 쉽게 볼 수 있다. 자전거 도로가 없어 시내는 약간 위험하지만 하루 50밧 대여료면 힘들게 걷지 않고 빠르게 이동하며 관광지를 둘러볼 수 있다. 하지만 도로와 인도의 높이 차이가 상당히 크고 무단 횡단을 하는 사람들이 많으니 교차로를 지날 때 특히 주의하자.

알아 두면 좋은 정보

각종 편의 시설

편의점

태국에서 가장 많이 볼 수 있는 상점이 있다면 바로 편의점이다. 도시락은 물론 식료품 심지어 잡지와 도서까지 구매할 수 있다. 태국에서 비행기 티켓을 구매하려고 할 때도 카드 사용이 불가한 상황이라면 편의점에 지불할 수 있는 방법이 있을 정도로 다양한 서비스가 준비돼 있다.

신용 카드 사용

편의점의 경우 신용 카드 사용이 자유롭다. 하지만 아멕스는 거부하는 곳도 종종 있다고 하니 마스터나 비자 카드 이용을 추천한다. 편의점이나 백화점에는 ATM 기계가 종류별로 최소한 두 개 정도는 구비됐으니 현금 서비스를 받는 데도 큰 무리가 없다.

에어아시아 티켓 구매

에어아시아의 경우 태국에서 가장 많이 있는 편의점인 세븐일레븐과 협약을 통해 현금 구매가 가능하다.

코워킹 스페이스

디지털 노마드 성지로 불리는 치앙마이에는 24시간 운영하는 일하기 좋은 공간이 가득하다. 특히 장기 여행자들이 머무는 님만해민에는 꽤 크고 근사한 건물로 된 코워킹 스페이스가 많은데 쾌적한 환경은 물론 저렴한 먹거리와 빠른 와이파이까지 인터넷을 즐기기에는 제격이다. 일부 유명 코워킹 스페이스의 경우 노트북과 모니터 대여는 물론 미팅룸까지도 제공한다.

현지 여행사

치앙마이는 도심에서 1시간 정도만 나가면 산악 지형에 천혜 자연을 만날 수 있다. 대중교통이 좋지 않아 반일 또는 하루 코스로 현지 투어를 이용하는데, 생각보다 가격대가 저렴하고 코스 및 상품 구성이 좋아서 만족도가 매우 높다. 한 가지 상품만 보고 선택하기보다는 여러 상품을 살펴보고 가격을 비교해 이용하도록 하자.

데이터 이용하기

와이파이 에그, 무료 와이파이 서비스 등 다양한 옵션들이 많지만 태국에서는 단연코 유심칩 교환을 추천한다. 각 서비스마다의 장점이 있지만 여행자들의 천국 태국에서는 여행자를 위한 다양한 유심 상품이 준비돼 있고, 유심 교환 서비스 또한 체계적으로 잡혀 있다(공항 1층에 유심을 판매하는 곳이 여럿 있으니 가격 비교 후 선택).

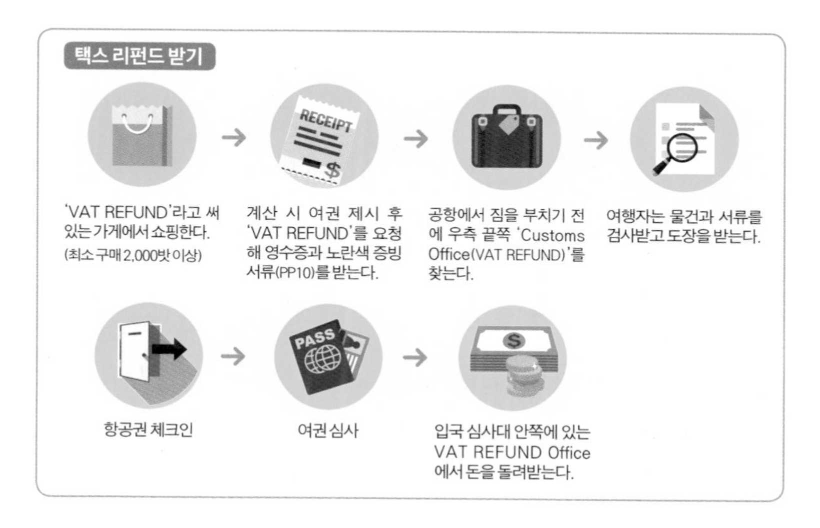

Tax Refund

'VAT REFUND' 표지판이 설치된 쇼핑몰이나 상점가에서 쇼핑 후 꼭 영수증과 노란색 증빙 서류(PP10)를 챙기자. 최소 구매 비용은 2,000밧 이상으로 농산물 및 면세품을 제외한 구매한 물건에 붙은 부가세 7% 중 수수료를 제한 금액을 환급받을 수 있다.

여행 시 비상 연락처

현지

경찰 191,123 화재 신고 199

한국어 사용이 가능한 곳

관광경찰 Hot Line 1155

치앙마이 한인회 +66-053-405176

한국인봉사대 +66-9-5514-1155(한국어)

카톡 & 라인 ID tpdkorean

E-mail tpd-koreanteam@hotmail.com

재태국한인회 66-2-258-0331~2

현지 다국어 사용이 가능한 병원

치앙마이 멕코믹 병원 McCormick Hospital

주소 McCormick Hospital 133 Keawnawarat Rd, Thambol Watket, Amphur Muang **전화** 053-921777

방콕 병원

주소 2 Soi Soonvijai 7 New Petchburi Road, Bang Kapi, Huai Khwang **전화** 02-310-3456 **시간** 24시간

24시 영사 콜센터

24시 영사 콜센터 +800-2100-0404(무료)

신용카드 분실 신고

BC카드 82-2-950-8510
롯데카드 82-2-2280-2400
신한카드 82-2-3420-7000
현대카드 82-2-3015-9000
국민카드 82-2-6300-7300
삼성카드 82-2-2000-8100
하나SK카드 82-2-3489-1000

항공사 연락처

대한항공 02-620-6900 내선번호 1(방콕 지점)
아시아나항공 02-016-6500(방콕 지점)
타이항공 02-356-1111(방콕 시내 시점)
제주항공 82-1599-1500(국내)
진에어 82-1600-6200(국내)
티웨이항공 82-1688-8686(국내)
이스타항공 82-1544-0080(국내)

재외공관

아쉽게도 치앙마이에는 아직까지 재외공관이 설치돼 있지 않다. 여권 분실이나 재외공관의 도움이 필요하다면 방콕에 위치한 태국 주재 한국 대사관을 이용해야 하며 위치는 방콕 MRT 타일랜드컬처센터역Thailand Cultural Centre 4번 출구에서 도보 10분 거리에 있다. 여권 분실자라면 우선 가까운 경찰에서 신고하고 분실 신고서를 받은 후 방콕에 위치한 한국 대사관에 연락해 재발급 또는 여행증명서를 발급 받도록 하자. 한 가지 기억 할 것은 출국 시 분실신고서를 확인할 수 있으니 카피본을 제출하고 원본은 가지고 있는 것이 안전하다.

태국 주재 한국 대사관

업무 시간 월~금요일 08:30~12:00, 13:30~16:30

휴무 토, 일요일과 주재국 공휴일 및 한국의 3.1절, 광복절, 개천절, 한글날

주소 Embassy of the Republic of Korea, 23 Thiam-Ruammit Road, Ratchadapisek, Huay-Kwang, Bangkok 10320, Thailand.

대표 전화 66-2-247-7537~39

영사과 66-2-247-7540~41(*구내 번호 : 여권[318], 비자[326], 공증[324], 사건 및 사고[336])

기타 66-81-914-5803 (당직전화)

홈페이지 http://tha.mofa.go.kr/

로밍 휴대폰 이용하기

기종마다 다르지만 스마트폰 대부분은 신청 없이 자동으로 로밍이 된다. 로밍으로 연결되면 국내 요금제와는 상관없이 통신 및 통화 요금이 발생하는데, 로밍 요금제에 가입을 안 했다면 요금이 생각보다 비싸서 주의가 필요하다.

데이터 이용

로밍 폭탄 요금을 피하기 위해서는 항공 탑승 전 비행기 모드 전환이나 로밍 데이터 사용을 차단하거나, 이용하는 통신사에 연락해서 로밍 데이터 차단을 신청하고, 여행 중 이메일 확인이나 카카오톡 등 메신저를 이용하려면 출발 전 이용하는 통신사를 통해 로밍 상품을 가입하거나, 휴대용 와이파이를 대여해 이용하자.

추천 코스

여행은 누구와 가느냐, 무엇을 하느냐에 따라 즐거움이 다르다. 동행별, 테마별 코스를 추천한다. 자신의 여행 스타일에 맞는 코스를 골라 그대로 따라 해도 좋고 응용해도 좋다.

태국의 수도, 방콕과는 조금 다른 역사를 가진 북방의 장미 치앙마이, 치앙라이, 빠이 지역은 그동안 동남아시아 여행에 익숙하던 여행자에게도 새롭게 느껴질 만한 고유의 역사와 문화가 있는 곳이다. 치앙마이는 괜찮은 관광 인프라와 저렴한 물가를 바탕으로 여행자뿐만 아니라 디지털 노마드, 어르신들에게도 떠오르는 관광지로 매일 새롭게 역사를 쓰고 있다. 콘셉트에 맞는 숙소 지역 추천부터 동행별, 기간별 코스까지 바쁜 일상으로 여행 계획을 짤 시간이 없는 여행자와 치앙마이 초보자에게 베스트 일정을 소개한다. 참고로, 토요일과 일요일에는 야시장이 따로 열려서 상인들과 여행자들이 그쪽으로 몰린다. 치앙마이 야시장 일정은 토요일과 일요일에는 토요 야시장과 선데이 마켓으로 대체하는 것을 추천한다.

• 동행별 여행 1 •

혼자 떠나는 여행

혼자 방문하는 여행자들이 훨씬 많은 치앙마이. 사람에 지쳐, 도시에 지쳐 치앙마이를 방문한 여행자들을 위해 가장 일반적이지만 개인적인 일정을 준비했다. 특히 다른 여행자들과 만나고 소통할 수 있는 스폿도 준비했으니 취향에 맞게 즐겨 보자. (숙소 추천 지역: 님만해민)

1일차	공항 ➡ 숙소 체크인 ➡ 카오 소이 매 사이 ➡ 마야 쇼핑센터
2일차	몬 놈솟 ➡ 왓 프라 싱 ➡ 왓 판 따오 ➡ 왓 체디 루앙 ➡ 블루 누들 ➡ 바트 커피 ➡ 타패 게이트 ➡ 와로롯 마켓 ➡ 위엥 줌 온 티하우스 ➡ 치앙마이 야시장
3일차	쿠킹 클래스 또는 요가 클래스 ➡ 반 베이커리 ➡ 센트럴 페스티벌 ➡ 라파스 마사지 앤 스파 ➡ 비스트 버거 카페 ➡ 웜 업 카페
4일차	숙소 체크아웃 ➡ 똥 뗌 또 ➡ 리스트레토 커피 ➡ 센트럴 플라자 치앙마이 에어포트 ➡ 공항

Day 1

치앙마이 국제공항

숙소 체크인

→

카오 소이 매 사이

→ 도보 14분

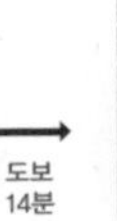

마야 쇼핑센터

Day 2

몬 놈솟

택시
약 15분

왓 프라 싱

도보 10분

왓 판 따오

도보
3분

왓 체디 루앙

도보
5분

블루 누들

도보 10분

바트 커피

도보
7분

타 패 게이트

도보
15분

와로롯 마켓

도보 5분

위엥 줌 온 티하우스

도보
10분

치앙마이 야시장

Day 3

쿠킹 클래스
또는 요가 클래스

→ 택시 10분 이내

반 베이커리

→ 택시 15분

센트럴 페스티벌

↓ 택시 20분

라파스 마사지

← 도보 5분

비스트 버거 카페

← 도보 3분

웜 업 카페

Day 4

숙소 체크아웃

→

똥 뗌 또

→ 도보 5분

리스트레토 커피

↓ 택시 약 20분

센트럴 플라자 치앙마이 에어포트

← 택시 10분

치앙마이 국제공항

• 동행별 여행 2 •

친구와 함께하는 여행

친구와 함께라면 숙소와 교통비 부담이 반으로 줄어들기 때문에 도보 여행보다는 택시를 타고 다녀도 부담이 적다. 특히 혹시 모를 안전 문제도 친구와 함께라면 덜 위험하니 늦은 밤 클럽과 재즈 바는 꼭 방문해 보자. (숙소 추천 지역: 올드 시티)

1일차	공항 ➡ 숙소 체크인
2일차	쿤깨 주스 바 ➡ 왓 치앙만 ➡ 왓 판 따오 ➡ 왓 체디 루앙 ➡ 왓 프라 싱 ➡ 흐언 펜 ➡ 마야 쇼핑센터 ➡ 치앙마이 대학교 ➡ 왓 프라탓 도이수텝 ➡ 스테이크 바 ➡ 님만 힐 ➡ 웜 업 카페
3일차	나카라 자딘 ➡ 센트럴 페스티벌 ➡ 자바이 타이 마사지 앤 스파 ➡ 우 카페-아트 갤러리 ➡ 와로롯 마켓 ➡ 플론 루디 야시장 ➡ 치앙마이 야시장 ➡ 더 노스 게이트 재즈 코-옵
4일차	숙소 체크아웃 ➡ 블루 누들 ➡ 파란나 스파 ➡ 공항

Day 1

치앙마이 국제공항

→

숙소 체크인

Day 2

쿤깨 주스 바

도보 7분

왓 치앙만

도보 12분

왓 판 따오

도보 3분

왓 체디 루앙

도보 10분

왓 프라 싱

도보 10분

흐언 펜

택시 약 20분

마야 쇼핑센터

택시 약 5분

치앙마이 대학교

썽태우 약 20분

왓 프라탓 도이수텝

썽태우 약 20분 후 도보 5분

스테이크 바

택시 약 5분

님만 힐

도보 10분

웜 업 카페

Day 3

나카라 자딘

택시
약 20분

센트럴 페스티벌

택시
약 15분

자바이 타이 마사지
앤 스파

도보 10분

우 카페 – 아트 갤러리

도보
5분

와로롯 마켓

도보 4분

플론 루디 야시장

도보
1분

치앙마이 야시장

택시
약 10분

더 노스 게이트 재즈 코–옵

Day 4

블루 누들

도보
12분

파 란나 스파

무료
셔틀

치앙마이 국제공항

• 동행별 여행 3 •

연인과 함께하는 여행

사랑하는 사람과 함께하는 여행이라면 가장 먼저 고려해야 할 것은 바로 숙소다. 번잡한 도심 지역이 아닌 삥강 주변의 로맨틱한 호텔에서 여행을 시작하는 것을 추천한다. 삥강 주변의 운치 있는 카페에서 낭만적인 치앙마이도 즐겨 보자. (숙소 추천 지역: 삥강 주변)

1일차	공항 ➡ 숙소 체크인 ➡ 더 데크 1 ➡ 라린진다 스파
2일차	쿤깨 주스 바 ➡ 왓 치앙만 ➡ 왓 판 따오 ➡ 왓 체디 루앙 ➡ 왓 프라 싱 ➡ 파 란나 스파 ➡ 마야 쇼핑센터 ➡ 님만 힐 ➡ 더 노스 게이트 재즈 코-옵
3일차	나카라 자딘 ➡ 센트럴 페스티벌 ➡ 완라문 림 남 ➡ 와로롯 마켓 ➡ 치앙마이 야시장 ➡ 더 서비스 1921 레스토랑
4일차	숙소 체크아웃 ➡ 오카주 ➡ 센트럴 플라자 치앙마이 에어포트 ➡ 공항

Day 1
치앙마이 국제공항
숙소 체크인
더 데크 1
도보
1분
라린진다 스파
Day 2
쿤깨 주스 바
도보
7분
왓 치앙만
도보
12분
왓 판 따오
도보 3분
왓 체디 루앙
도보
10분
왓 프라 싱
택시 3분 또는
도보 15분
파 란나 스파
택시 10분
마야 쇼핑센터
엘리베이터
6층
님만 힐
택시
10분
더 노스 게이트 재즈 코–옵

Day 3

나카라 자딘

택시 20분

센트럴 페스티벌

택시 20분

완라문 림 남

도보 5분

와로롯 마켓

도보 7분

치앙마이 야시장

도보 8분

더 서비스 1921
레스토랑 앤 바

Day 4

오카주

도보 10분

센트럴 플라자
치앙마이 에어포트

택시 10분

치앙마이 국제공항

• 동행별 여행 4 •

아이와
함께하는 여행

아이와 함께하는 여행의 특성상 잦은 이동이나 혼잡한 지역은 되도록 피하고, 동선도 복잡하지 않게 다니는 것을 추천한다. 낯선 환경에서 아이가 서서히 적응할 수 있도록 인프라가 발달한 님만해민과 주변 지역을 조금씩 여행해 보자. (숙소 추천 지역: 님만해민)

1일차	공항 ➡ 숙소 체크인 ➡ 똥 뗌 또 ➡ 몬 놈솟
2일차	호텔 조식 ➡ 코끼리 자연 공원 ➡ 왓 판 따오 ➡ 왓 체디 루앙 ➡ 왓 프라 싱 ➡ SP 치킨 ➡ 마야 쇼핑센터 ➡ 나이트 사파리
3일차	몬 놈솟 ➡ 보상 우산 마을과 우산 제작 센터 ➡ 와로롯 마켓 ➡ 위엥 줌 온 티하우스 ➡ 플론 루디 야시장 ➡ 치앙마이 야시장
4일차	숙소 체크아웃 ➡ 오카주 ➡ 센트럴 플라자 치앙마이 에어포트 ➡ 공항

Day 1

→

몬 놈솟(토스트)

똥 뗌 또

Day 2

→ 픽업 차량 탑승

코끼리 자연 공원
(코끼리 보호 반일 체험)

→ 코끼리 보호소 사무실 도착 도보 10분

왓 판 따오

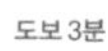

도보 3분

왓 체디 루앙

← 도보 10분

왓 프라 싱

← 도보 2분

SP 치킨

↓ 택시 10분

마야 쇼핑센터

→ 택시 30분

나이트 사파리

Day 3

몬 놈솟

택시 약 10분 후
썽태우 30분 이내
(와로롯 마켓 옆
썽태우 정류장)

보상 우산 마을과 우산 제작 센터

도보 10분 후
썽태우 30분 이내

와로롯 마켓

도보
5분

위엥 줌 온 티하우스

도보 10분

플론 루디 야시장

도보
3분

치앙마이 야시장

Day 4

오카주

도보
10분

센트럴 플라자
치앙마이 에어포트

택시
10분

치앙마이 국제공항

• 기간별 여행 1 •

주말 여행

토요일 오전부터 일요일 저녁까지 다양한 콘셉트의 마켓들이 열린다. 주말에만 즐길 수 있는 마켓들이 많아 식사 시간보다는 마켓이 가장 활발한 시간에 맞춰 코스를 만들었으니 전부 따라 하기보다는 각자의 일정과 취향에 따라 방문해 보자. (숙소 추천 지역: 님만해민 또는 올드 시티)

금요일	공항 ➡ 숙소 체크인
토요일	나나 정글(오전 8~9시) ➡ 왓 프라탓 도이수텝 ➡ 마야 쇼핑센터 ➡ 왓 시수판 ➡ 토요 야시장(오후 6~10시)
일요일	반 캉 왓(오전 8시~오후 1시) ➡ No. 39 카페 ➡ 러스틱 마켓(오전 8시~오후 2시) ➡ 왓 치앙만 ➡ 왓 판 따오 ➡ 왓 체디 루앙 ➡ 타패 게이트 ➡ 선데이 마켓(오후 6~10시)
월요일	숙소 체크아웃 ➡ 똥 뗌 또 ➡ 리스트레토 커피 ➡ 센트럴 플라자 치앙마이 에어포트 ➡ 공항

금요일

치앙마이 국제공항

→

숙소 체크인

토요일

나나 정글(오전 8~9시)

→ 택시 8분 후 썽태우 20분 (치앙마이 대학교 정문에서 환승)

왓 프라탓 도이수텝

→ 도보 10분 후 썽태우 20분

치앙마이 대학교

↓ 택시 10분 이내

마야 쇼핑센터

← 택시 10분

왓 시수판

← 도보 2분

토요 야시장(오후 6~10시)

일요일

반 캉 왓(모닝 마켓: 오전 8시~오후 1시)

→ 도보 8분

No. 39 카페

↓ 택시 약 20분

택시 약 20분

러스틱 마켓
(오전 8시~오후 2시)

택시
10분

왓 치앙만

도보
12분

왓 판 따오

도보 3분

왓 체디 루앙

도보
10분

타 패 게이트

도보
1분

선데이 나이트 마켓
(오후 6~10시)

월요일

똥 뗌 또

도보
5분

리스트레토 커피

택시 약 20분

센트럴 플라자 치앙마이 에어포트

택시
10분

치앙마이 국제공항

기간별 여행 2

3박 4일 여행

가장 많은 여행자가 선택하는 꽉 찬 3박 4일 일정이다. 치앙마이에서 이름 좀 알려졌다 싶은 곳들을 엄선해서 넣어 호불호가 덜 갈리고 실패하기 어려운 스폿을 선정했다. 본문과 비교해 구체적인 스폿들에 대한 선택은 여전히 자유다. (숙소 추천 지역: 올드 시티)

1일차	공항 ➡ 숙소 체크인 ➡ 왓 프라 싱 ➡ 흐언펜 ➡ 왓 체디 루앙 ➡ 왓 판 따오 ➡ 더 기빙 트리 마사지
2일차	쿤깨 주스 바 ➡ 센트럴 페스티벌 ➡ 우 카페 - 아트 갤러리 ➡ 와로롯 마켓 ➡ 플론 루디 야시장 ➡ 치앙마이 야시장
3일차	몬 놈솟 ➡ 마야 쇼핑센터 ➡ 똥 뗌 또 ➡ 치앙마이 대학교 ➡ 왓 프라탓 도이수텝 ➡ 스테이크 바 ➡ 리스트레토 커피 ➡ 파란나 스파 ➡ 더 노스 게이트 재즈 코-옵
4일차	숙소 체크아웃 ➡ 오카주 ➡ 센트럴 플라자 치앙마이 에어포트 ➡ 공항

Day 1

왓 프라 싱

도보 10분

흐언 펜

도보 5분

왓 체디 루앙

도보 3분

왓 판 따오

도보 10분

더 기빙 트리 마사지

Day 2

쿤깨 주스 바

도보 10분 후 택시 20분

센트럴 페스티벌

택시 20분 후 도보 12분

우 카페 – 아트 갤러리

도보 5분

와로롯 마켓

도보 5분

플른 루디 야시장

도보 3분

치앙마이 야시장

Day 3

몬 놈솟
도보
7분
마야 쇼핑센터
도보
10분
똥 뗌 또
택시 10분
치앙마이 대학교
썽태우
약 20분
왓 프라탓 도이수텝
썽태우
약 20분 후
도보 5분
스테이크 바
택시 10분
리스트레토 커피
택시
10분
파 란나 스파
도보
5분
더 노스 게이트 재즈 코-옵

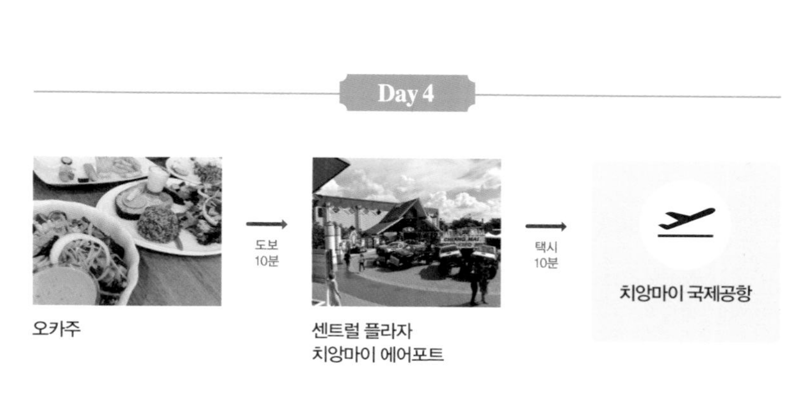
Day 4
오카주
도보
10분
센트럴 플라자
치앙마이 에어포트
택시
10분
치앙마이 국제공항

기간별 여행 3

4박 5일 여행

4박 5일이면 그중 하루 정도는 1일 투어를 넣어도 부담 없을 만한 일정이다. 1박 2일로 치앙라이까지 다녀올 수도 있다. 하지만 여유와 힐링을 찾아 치앙마이에 방문한 여행자라면 너무 조급해 하지 말고 치앙마이만 제대로 즐겨도 충분하다. (숙소 추천 지역: 님만해민)

1일차	공항 ➡ 숙소 체크인
2일차	몬 놈솟 ➡ 똥 뗌 또 ➡ 마야 쇼핑센터 ➡ 치앙마이 대학교 ➡ 왓 프라탓 도이수텝 ➡ 스테이크 바 ➡ 리스트레토 커피 ➡ 파란나 스파 ➡ 더 노스 게이트 재즈 코-옵
3일차	코끼리 자연 공원 ➡ 왓 판 따오 ➡ 왓 체디 루앙 ➡ 흐언 펜 ➡ 왓 프라 싱 ➡ 파란나 스파 ➡ 치앙마이 야시장
4일차	나카라 자딘 ➡ 센트럴 페스티벌 ➡ 왓 프라탓 도이 캄 ➡ 반 수안 카페 ➡ 나이트 사파리
5일차	숙소 체크아웃 ➡ 브라운 카페 ➡ 라파스 마사지 ➡ 센트럴 플라자 치앙마이 에어포트 ➡ 공항

Day 1

치앙마이 국제공항

→

숙소 체크인

Day 2

몬 놈솟

→ 도보 4분

똥 뗌 또

→ 도보 10분

마야 쇼핑센터

↓ 택시 10분

치앙마이 대학교

← 도보 2분 후 썽태우 약 20분

왓 프라탓 도이수텝

← 썽태우 약 20분 후 도보 5분

스테이크 바

↓ 택시 10분

리스트레토 커피

→ 택시 10분

파 란나 스파

→ 도보 5분

더 노스 게이트 재즈 코-옵

Day 3

코끼리 자연 공원(반일 투어)

픽업 차량
약 1시간 후
(올드 시티 하차)
도보 10분 이내

왓 판 따오

도보 3분

왓 체디 루앙

도보 5분

흐언 펜

도보
10분

왓 프라 싱

도보 14분

파 란나 스파

택시
15분

치앙마이 야시장

Day 4

나카라 자딘

도보 5분 후 셔틀버스 탑승 또는 택시 20분 (아난타라 호텔 정류장)

센트럴 페스티벌

택시 30분

왓 프라탓 도이 캄

택시 10분

반 수안 까 페

택시 15분

나이트 사파리

Day 5

숙소 체크아웃

브라운 카페

도보 2분

라파스 마사지

도보 10분

센트럴 플라자 치앙마이 에어포트

택시 10분

치앙마이 국제공항

• 기간별 여행 4 •

5박 6일 여행

치앙마이와 치앙라이를 둘러볼 수 있는 꽉 찬 일정. 시내의 맛집이나 카페부터 외곽의 명소까지 둘러볼 수 있다. 두 도시를 왕복하는 그린 버스는 인기가 많아 예약이 늦으면 놓칠 수도 있으니 미리 구매해서 일정 관리에 유의하자. (숙소 추천 지역: 1, 2일차 올드 시티 / 3, 4일차 치앙라이 시계탑 근처 / 5일차 님만해민)

1일차	공항 ➡ 숙소 체크인(치앙마이) ➡ 왓 프라 싱 ➡ 흐언 펜 ➡ 왓 체디 루앙 ➡ 왓 판 따오 ➡ 파란나 스파
2일차	쿤깨 주스 바 ➡ 센트럴 페스티벌 ➡ 우 카페 - 아트 갤러리 ➡ 와로롯 마켓 ➡ 플론 루디 야시장 ➡ 치앙마이 야시장
3일차	숙소 체크아웃 후 치앙라이로 이동 ➡ 숙소 체크인(치앙라이) ➡ 바랍 ➡ 왓 프라 싱 ➡ 왓 프라 깨우 ➡ 치앙라이 야시장 ➡ 더 란나 마사지 앤 웰니스
4일차	왓 롱 쿤(화이트 템플) ➡ 싱하 파크 ➡ 멜트 인 유어 마우스 ➡ 왓 쩻 욧 ➡ 셰프 사사
5일차	숙소 체크아웃 후 치앙마이로 이동 ➡ 숙소 체크인(치앙마이) ➡ 똥 뗌 또 ➡ 리스트레토 커피 ➡ 마야 쇼핑센터 ➡ 님만 힐
6일차	숙소 체크아웃 ➡ 꼬프악 꼬담 ➡ 센트럴 플라자 치앙마이 에어포트 ➡ 공항

Day 1
치앙마이 국제공항
숙소 체크인(치앙마이)
왓 프라 싱
도보
10분
흐언 펜
도보 5분
왓 체디 루앙
도보
3분
왓 판 따오
도보
10분
파 란나 스파
Day 2
쿤깨 주스 바
도보 10분 후
택시 20분
센트럴 페스티벌
택시 20분 후
도보 12분
우 카페 - 아트 갤러리
도보 5분
와로롯 마켓
도보
5분
플론 루디 야시장
도보
3분
치앙마이 야시장

Day 3

제3 버스 터미널

도보
5분

그린 버스 탑승

그린 버스
약 3시간

치앙라이 제1 버스 터미널
하차

숙소 체크인(치앙라이)

바랍

도보 8분

왓 프라 싱

도보
5분

왓 프라 깨우

도보 17분
또는 택시 7분

치앙라이 야시장

도보
4분

더 란나 마사지 앤 웰니스

Day 4

치앙라이 제1 버스 터미널

로컬 버스
약 20분
또는 택시
약 20분

왓 롱 쿤(화이트 템플)

택시 8분

싱하 파크

택시 25분

멜트 인 유어 마우스

택시 10분

왓 쩻 욧

도보 3분

셰프 사사

Day 5

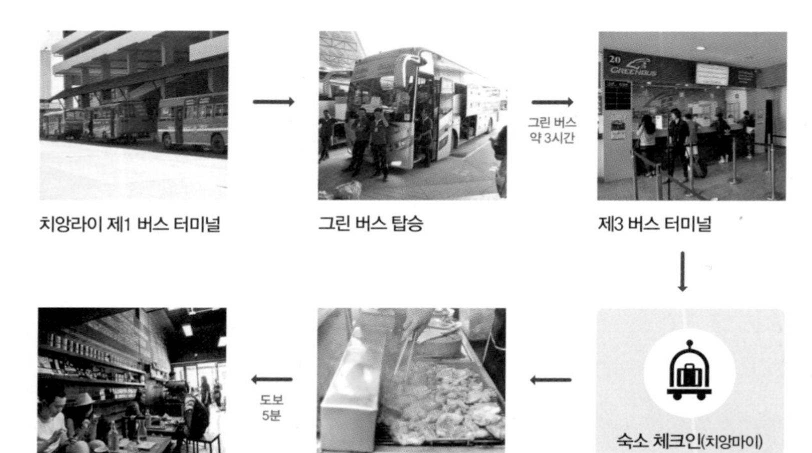

치앙라이 제1 버스 터미널 → 그린 버스 탑승 → (그린 버스 약 3시간) → 제3 버스 터미널

↓

숙소 체크인(치앙마이) → 똥 뗌 또 → (도보 5분) → 리스트레토 커피

↓ 도보 5분

마야 쇼핑센터

엘리베이터 6층

님만 힐

Day 6

꼬프악 꼬담

택시 20분

센트럴 플라자 치앙마이 에어포트

택시 10분

치앙마이 국제공항

테마별 여행 1

카페 투어 여행

태국의 대표적인 커피 산지 치앙마이에서 카페 투어는 여행의 목적과 관계없이 꼭 해 봐야 할 필수 코스라고 할 수 있다. 개성 있는 카페, 강변 카페 등 다양한 콘셉트의 카페를 즐겨 보자. 카페와 브런치 레스토랑 위주로 구성된 동선이다. (숙소 추천 지역: 님만해민)

1일차	공항 ➡ 숙소 체크인 ➡ 똥 뗌 또 ➡ 리스트레토 커피
2일차	꼬프악 꼬담 ➡ 반 캉 왓 ➡ No.39 카페 ➡ 나카라 자딘 ➡ 센트럴 페스티벌 ➡ 치앙마이 야시장 ➡ 노스 게이트 재즈 코-옵
3일차	쿤깨 주스 바 ➡ 왓 치앙만 ➡ 파란나 스파 ➡ 파타라 커피 ➡ 왓 프라 싱 ➡ 왓 체디 루앙 ➡ 왓 판 따오 ➡ 반 베이커리 ➡ 로컬 카페(돔 카페) ➡ 웜 업 카페
4일차	숙소 체크아웃 ➡ 몬 놈솟 ➡ 센트럴 플라자 치앙마이 에어포트 ➡ 공항

Day 1

치앙마이 국제공항

숙소 체크인

→

똥 뗌 또

→ 도보 5분

리스트레토 커피

Day 2

꼬프악 꼬담

→ 택시 15분

반 캉 왓

↓ 도보 8분

No.39 카페

← 택시 20분

나카라 자딘

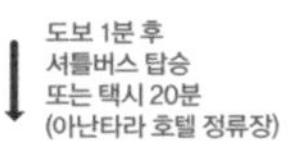

↓ 도보 1분 후 셔틀버스 탑승 또는 택시 20분 (아난타라 호텔 정류장)

센트럴 페스티벌

→ 셔틀버스 탑승 또는 택시 20분 (아난타라 호텔 정류장) 후 도보 8분

치앙마이 야시장

→ 택시 8분

노스 게이트 재즈 코-옵

Day 3
쿤깨 주스 바
도보 7분
왓 치앙만
도보 6분
파 란나 스파
도보 1분
파타라 커피
도보 14분
왓 프라 싱
도보 15분
왓 체디 루앙
도보 3분
왓 판 따오
도보 10분
반 베이커리
택시 10분
로컬 카페(돔 카페)
도보 9분
WARMUP CAFE
웜 업 카페

Day 4
몬 놈솟
택시 12분
센트럴 플라자
치앙마이 에어포트
택시 10분
치앙마이 국제공항

테마별 여행 2

힐링 여행

바쁘고 정신없는 삶에 지쳐 치앙마이를 찾은 여행자라면 내 몸에 휴식이라는 선물을 줄 수 있을 만한 일정이다. 1일 1마사지는 물론 좋은 것만 맛보고 즐기는 코스다. 읽을 책이나 안 본 영화들로 꽉 찬 노트북을 가지고 다니면 더 좋다. (숙소 추천 지역: 님만해민)

1일차	공항 ➡ 숙소 체크인 ➡ 똥 뗌 또 ➡ 라파스 마사지
2일차	나카라 자딘 ➡ 자바이 타이 마사지 앤 스파 ➡ 타패 게이트 ➡ 쿤깨 주스 바 ➡ 왓 치앙만 ➡ 왓 판 따오 ➡ 왓 체디 루앙 ➡ 그래프 원님만 ➡ 마야 쇼핑센터 ➡ 님만 힐
3일차	반캉왓 ➡ No.39 카페 ➡ 왓 우몽 ➡ 치앙마이 대학교 ➡ 왓 프라탓 도이수텝 ➡ 스테이크 바 ➡ 님만 하우스 타이 마사지
4일차	숙소 체크아웃 ➡ 오카주 ➡ 센트럴 플라자 치앙마이 에어포트 ➡ 공항

Day 1

똥 뗌 또

라파스 마사지

Day 2

나카라 자딘

도보 15분

자바이 타이 마사지 앤 스파

도보 10분

타 패 게이트

도보 10분

쿤깨 주스 바

도보 6분

왓 치앙만

도보 12분

왓 판 따오

도보 3분

왓 체디 루앙

택시 10분

그래프 원님만

도보 5분

마야 쇼핑센터

엘리베이터 6층

님만 힐

Day 3

반 캉 왓

도보
8분

No.39 카페

도보
9분

왓 우몽

택시 10분

치앙마이 대학교

썽태우
20분

왓 프라탓 도이수텝

썽태우 20분 후
도보 5분

스테이크 바

택시
6분

님만 하우스 타이 마사지

Day 4

오카주

도보
10분

센트럴 플라자
치앙마이 에어포트

택시
10분

치앙마이 국제공항

테마별 여행 3

액티비티 여행

카페 문화와 더불어 산과 자연이 유명한 치앙마이에서 액티비티와 교외의 다양한 문화 체험을 하지 않을 수 없다. 이동이 많은 일정이기 때문에 렌터카나 스쿠터를 이용하는 것을 추천한다.
(숙소 추천 지역: 올드 시티)

1일차	공항 ➡ 숙소 체크인
2일차	보상 우산 마을 ➡ 산깜팽 온천 ➡ 숙소 휴식 ➡ 나이트 사파리
3일차	반 떵 루앙(고산족 마을) ➡ 몬챔 ➡ 매 사 폭포
4일차	숙소 체크아웃 ➡ 도이 인타논 국립 공원 ➡ 공항

Day 1

치앙마이 국제공항

→

숙소 체크인

Day 2

보상 우산 마을

→ 택시 30분

산깜팽 온천

↓ 미니버스 약 1시간 30분

창 푸악 터미널

↓ 택시 15분 이내

숙소 휴식

← 픽업 차량 또는 택시 30분

나이트 사파리

Day 3

반 떵 루앙(고산족 마을)

택시
30분

몬챔

택시
30분

매 사 폭포

Day 4

도이 인타논 국립 공원
(투어, 저녁 비행기일 때만)

픽업 차량

치앙마이 국제공항

N O W
지 역 여 행

태국 제2의 도시 치앙마이는 아름다운 자연과 전통 문화가 어우러진 공간이다. 감각적인 카페와 맛집, 마사지숍이 즐비한 힐링 여행지 치앙마이에서 특별한 시간을 즐겨 보자.

TAXI

올드 시티

Old City

6.4km 해자로 둘러싸인 치앙마이의 중심지

가로 2km, 세로 1.6km 길이의 직사각형 해자와 성벽으로 둘러싸여 있는 치앙마이의 중심지이다. 마치 서울의 사대문처럼 동서남북 네 방향으로 모두 성문이 있어 성곽 외부의 신시가지와 내부의 구시가지를 연결해 준다. 동쪽의 타 패 게이트, 서쪽의 수안 독 게이트, 북쪽의 창 푸악 게이트, 남쪽의 치앙마이 게이트와 수안 쁘룽 게이트가 그것이다. 곳곳에는 해자를 건널 수 있는 다리와 도로, 작은 규모의 공원이 있어 치앙마이 주요 지역을 연결하는 교통의 중심지이자 시민들의 휴식 공간 역할도 하고 있다. 올드 시티란 이름처럼 치앙마이에서 가장 역사가 깊은 곳이라 시설은 뛰어나진 않지만, 옛 란나 왕국의 숨결이 깃들어진 장소로 각종 행사가 열리는 유서 깊은 명소가 많다. 치앙마이에 왔다면 꼭 한번 들러 찬란했던 란나 왕국의 과거와 현재를 만나 보자.

올드 시티
창 푸악 버스터미널
Chang Phuak Bus Terminal
창 푸악 종합병원
Chang Phuak Hospital
왓 프라탓 도이수텝행
썽태우 정류장
창 푸악 게이트
Chang Phuak Gate
시 품 로드 Sri Poom Rd
시 품 로드 Sri Poom Rd
더 노스 게이트 재즈 코-옵
The North Gate Jazz Co-Op
타이 팜 쿠킹 스쿨
Thai Farm Cooking School
왓 치앙만
Wat Chiang Mun
쿤깨 주스 바
Khunkae's Juice Bar
편 포레스트 카페
Fern Forest Cafe
스타벅스
Starbucks
위앙 깨우 로드 Wiang Kaew Rd
파 란나 스파
Fah Lanna Spa
파타라 커피
Fahtara Coffee
바트 커피
Bart Coffee
Prapokkloa Rd
Moon Mueang Rd
센스 마사지 앤 스파
Sense Massage & Spa
마스 카페
MARS.cnx
아락 로드 Arak Rd
세 왕의 기념비
Three King's Monument
Ratvithi Rd
지라 스파
Zira Spa
SCB 은행
아시아 시닉 타이 쿠킹 스쿨
Asia Scenic Thai Cooking School
쿤까 마사지
Khunka Massage
치앙마이 코스메틱
ChiangMai Cosmetic
허브 베이직
Herb Basics
타마린드 빌리지 호텔
Tamarind Village Hotel
Intrawaroro Rd
왓 프라 싱
Wat Phra Singh
라차담는 로드 Rachadamnoen Rd
Tha Phae Rd
와위 커피
Wawee Coffee
타 패 게이트
Tha Phae gate
수안 독 게이트
Suan Dok Gate
Sam Larn Soi 1
치앙마이 경찰서
ChiangMai Police Station
왓 판 따오
Wat Phan Tao
SP 치킨
SP Chicken
투 뷰티플 네일
Two Beautiful Nails
왓 체디 루앙
Wat Chedi Luang
블루 누들
Blue Noodle
선데이 나이트 마켓
Sunday Night Market
우체국
Rachadamnoen Rd Soi 7
흐언 펜
Huen Phen
랏차만카 로드 Ratchamanka Rd
Ratchamank Rd Soi 6
아락 로드 Arak Rd
Prapokkloa Rd
Moon Mueang Rd
7-Eleven
편의점
Prapokkloa Rd Soi 4
와일드 로즈 요가 스튜디오
Wild Rose Yoga Studio
수안 쁘룽 게이트
Suan Prung Gate
치앙마이 게이트
Chiang Mai Gate
방콕 은행
Bangkok Bank
중국영사관
The Consulate-General of the
People's Republic of China

교통편 다른 지역과 달리 출퇴근 시간에 크게 영향을 받지 않는다. 중요한 행사 기간 외에는 별다른 교통 체증이 없어 택시나 툭툭을 타고 이동해도 큰 무리가 없다. 다만 해자 양옆의 도로가 일방통행이니 교통편 이용 시 확인은 필수. 선데이 나이트 마켓이 열리는 일요일 오후 5시부터는 타 패 게이트 주변으로 도로 통제가 있으니 도보 이용을 권한다.

동선팁 올드 시티는 그리 넓지 않아 하루 또는 이틀이면 돌아볼 수 있다. 숙소에서 가까운 성문을 시작으로 주요 명소를 돌아 한 바퀴 둘러보는 도보 여행은 물론 스쿠터나 자전거를 빌려 숨겨진 사원이나 맛집을 돌아보는 일정도 괜찮으니 나만의 동선을 계획해 보자. 한 가지 주의할 것은 올드 시티는 신호등이 많지 않으니 길을 건널 때 조심 또 조심하자. 스쿠터나 렌터카를 빌려서 이동하는 여행자들은 국제운전면허증 지참을 잊지 말자.

Best Course

역사와 맛집 탐방

타패 게이트
↓ 도보 5분
블루 누들
↓ 도보 9분
왓 치앙만
↓ 도보 3분
세 왕의 기념비
↓ 도보 4분
왓 판 따오
↓ 도보 2분
왓 체디 루앙
↓ 도보 5분
후언 펜
↓ 도보 6분
왓 프라 싱

여유와 휴식 여행

타패 게이트

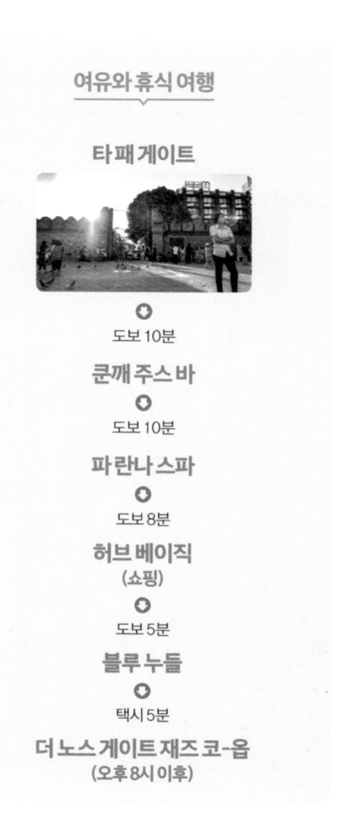

↓ 도보 10분
쿤깨 주스 바
↓ 도보 10분
파란나 스파
↓ 도보 8분
허브 베이직 (쇼핑)
↓ 도보 5분
블루 누들
↓ 택시 5분
더 노스 게이트 재즈 코-옵 (오후 8시 이후)

구시가지를 연결하는 동쪽 문
타 패 게이트 Tha Phae Gate ประตูท่าแพ [쁘라뚜 타 패]

주소 Moon Muang Rd, Tambon Si Phum, Muang Chiang Mai **위치** 올드 시티 중심 도로인 라차담는 로드(Rachadamnoen Rd) 동쪽(도이수텝산 반대쪽) 끝

성곽으로 둘러싸인 올드 시티를 드나들 수 있는 5개의 성문 중 동쪽에 위치한 문이다. 치앙마이를 수도로 정하고 란나 왕국을 세운 망라이 왕이 1296년에 지은 아주 오래된 문으로, 매주 주말에 열리는 선데이 나이트 마켓의 시작점이자 치앙마이 방문 시 꼭 한 번은 방문하는 명소인 나이트 바자(야시장)와 연결돼 여행자들 사이에서는 이정표의 의미로도 사용된다. 문을 중심으로 성 안쪽에는 광장이 있고 문 밖으로는 물이 흐르는 해자와 나무 그늘 밑 벤치가 있어 잠시 쉬어 가기도 괜찮은 곳이다. 문 주변으로 식당과 여행자들을 위한 게스트하우스, 여행사 등 편의 시설도 여럿 모여 있다. 선데이 나이트 마켓이 열리는 시간(일요일 오후 5시)에는 생각보다 많은 사람이 모이니 미리 도착해 있거나 가급적 도보 이동을 추천한다. 참고로 영어로는 타 패 게이트Tha Phae Gate로 표기되고 불리지만 현지인들은 문이라는 뜻을 가진 '쁘라뚜'와 배를 탈 수 있는 강이 있어 붙여진 지명 '타 패Tha Phae'를 더해 '쁘라뚜 타 패ประตูท่าแพ'라 부른다.

비건들에게 각광받는 스무디볼 전문점

쿤깨 주스 바 Khunkae's Juice Bar

주소 19 3 Mun Mueang Rd, Si Phum Sub-district, เมือง Chiang Mai **위치** 타 패 게이트에서 문 무앙 로드(Mun Muang Rd)를 따라 북쪽으로 도보 5분 후 좌측 문 무앙 7번 로드를 따라 도보 2분 **시간** 09:00~19:30 **전화** 084-378-3738

주스와 스무디볼을 판매하는 과일 전문점으로 아침부터 저녁까지 손님들이 붐비는 올드 시티의 대표 주스 맛집이다. 생과일을 통째로 착즙한 주스부터 다양한 과일과 채소가 들어간 스무디볼까지 전 세계 비건들의 입맛을 사로잡았다. 아이스와 당도를 선택할 수 있으며 한국의 1/3에 해당하는 저렴한 가격에 한국보다 훨씬 다채로운 채소와 과일을 선택하여 먹을 수 있어 아침 식사 대용으로 이곳을 찾는 사람들이 많다. 유명세에 비해 가게 자체는 작고 소박한 편이지만 회전율이 좋아 장시간 기다림 없이 바로바로 메뉴를 받아 볼 수 있는 것도 장점이다. 한가할 때 방문하면 메뉴판에 없더라도 원하는 조합으로 구성해 주기도 하니 평소에 먹고 싶었던 과일 조합이 있다면 생각해서 방문하는 것도 좋다. 마감 시간이 19시 30분으로 다소 이른 편이니 방문하기 전에 시간을 체크해서 헛걸음하는 일이 없도록 하자.

고소한 라테와 더티 커피가 유명한 커피숍

바트 커피 Bart Coffee

주소 51 Moon Muang Rd Lane 6, Tambon Si Phum, Mueang Chiang Mai District, Chiang Mai **위치** 타 패 게이트에서 문 무앙 로드(Mun Muang Rd)를 따라 북쪽으로 도보 5분 후 좌측 문 무앙 6번 로드를 따라 도보 1분 **시간** 10:00~16:30 **전화** 099-049-4688

가게에 들어서자마자 마주치는 빼곡한 한국어 낙서는 이곳이 얼마나 많은 한국인들에게 사랑받고 있는지 증명해 준다. 한국인의 입맛에 가장 잘 맞는 라테를 판매하고 있는 커피숍으로, 공간이 매우 협소하여 손님 대부분이 테이크아웃을 한다. 다소 비싼 커피 가격에 의문이 들 수 있지만 마셔 보면 단번에 고개가 끄덕여지는 커피 맛집이다. 우유가 들어간 라테 메뉴들을 추천하는데 가장 유명한 커피는 '더티 커피'이다. 우유에 무언가를 블렌딩하여 고소하고 묵직한 맛이 나는데, 아마 연유와 코코넛라테를 추가한 것으로 보인다. 일반적인 라테 맛과 비교하면 고소함, 묵직함, 짭짤함 그리고 마지막으로 에스프레소의 향긋한 향까지 더해져 맛과 향을 모두 잡은 커피라고 할 수 있다. 다만 장소가 협소하므로, 한적한 곳에서 커피를 마시며 여유를 부리고 싶을 때는 추천하지 않는다.

태국 요리를 배울 수 있는 곳

아시아 시닉 타이 쿠킹 스쿨 Asia Scenic Thai Cooking School

주소 31 Rachadamnoen Rd Soi 5, Tambon Si Phum, Muang Chiang Mai **위치** 타 패 게이트 성곽 안쪽으로 이어지는 라차담느 로드(Rachadamnoen Rd)로 350m 직진 후 오른쪽 골목(Soi 5)으로 도보 2분 **시간** 09:00~15:00(농장 종일 코스), 09:00~14:00(농장 반일 코스)/ 09:00~15:00(학원 내 종일 코스), 09:00~13:00, 17:00~21:00(학원 내 반일 코스) **휴무** 홈페이지를 통한 사전 공고 **가격** 1,200밧(농장 종일 코스), 1,000밧(농장 반일 코스)/1,000밧(학원 내 종일 코스), 800밧(학원 내 반일 코스)*숙소 픽업 무료 **홈페이지(예약)** www.asiascenic.com **전화** 088-261-3428(영어 가능)

태국 음식을 직접 만들어 볼 수 있는 쿠킹 클래스다. 치앙마이 체험 코스 중에서는 제법 인기가 좋다. 숙소 픽업에서부터 재래시장 재료 구매, 농가에서의 재료 채집까지 태국 음식을 만드는 전 과정을 체험할 수 있다. 수업 과정을 살펴보면 요리 전 전문 강사와 재래시장에 들러 태국의 식재료 설명에서 구매까지 필요한 실외 수업이 진행된다. 재료 구매 후에는 실습 장소로 돌아와 농장(타운의 경우 뒤뜰 텃밭)에서 자라고 있는 다양한 식물을 살펴보고 허브 등 필요한 실습 재료를 채집한다. 다음으로는 준비된 조리실에서 직접 태국 요리를 만들어 보는 실습을 진행하는데, 요리 대부분이 쉽고 간단하다. 게다가 만들어진 음식을 함께 나누어 먹을 수 있어 인기다. 수업은 간단한 영어로 진행되고 클래스는 시 외곽에 있는 농가에서 진행하는 수업과 올드 시티에 위치한 타운에서 진행되는 수업으로 구별된다. 반일 코스는 24가지 요리 중 자신이 2가지, 교사가 3개 음식을 선택해 총 5개 음식을 만들고, 종일 코스는 총 7가지를 체험하게 된다. 영어를 못해도 큰 불편은 없고 레시피 책도 제공된다. 현지 여행사를 이용하면 할인 금액으로도 예약 가능하다.

태국 북부식 고급 마사지와 스파

지라 스파 Zira Spa

주소 8/1 Ratvithi Rd, Tambon Si Phum, Muang Chiang Mai **위치** 성곽 안쪽에서 타 패 게이트(Tha Phae Gate)를 등지고 오른쪽 문 므앙 로드(Moon Mueang Rd)로 300m 직진 후 SCB 은행이 있는 삼거리에서 왼쪽으로 30m **시간** 10:00~22:00 **가격** 990밧~(타이 마사지) **홈페이지** www.ziraspa.com **전화** 053-222-288

란나 왕국만의 특별한 치료 기술 똑 센Tok Sen 마사지를 선보이는 전문 스파다. 4층짜리 건물을 모두 사용하는 최신식 시설에 품격 있는 분위기를 자랑한다. '흐르는 물'이라는 뜻을 가진 이름처럼 편안함과 안락함을 테마로 하며 기본 마사지인 태국 전통 마사지(990밧)를 비롯해 시그니처 마사지인 로열 타이 란나 마사지Royal Thai Lanna Massage(90분-2,400밧), 보디 스크럽(1,300밧~) 등 다양한 코스가 준비돼 있다. 건물 중간에 정원이 있을 정도로 규모가 제법 크고, 커플을 위한 커플룸도 준비돼 있다. 매달 최대 60%까지 할인하는 패키지 코스도 있으니 잘 찾아보자.

매주 일요일에만 열리는 치앙마이 최대 규모 야시장

선데이 나이트 마켓 Sunday Night Market

주소 인근 Rachadamnoen Rd, Tambon Si Phum, Muang Chiang Mai **위치** 타 패 게이트 광장에서부터 성곽 안쪽 라차담는 로드(Rachadamnoen Rd) 따라 약 1km **시간** 17:00~22:00(일)

야시장 문화가 발달한 태국은 매일 열리는 나이트 바자와 토요일에만 열리는 토요 야시장, 일요일에만 열리는 선데이 마켓 등 다양한 야시장이 열린다. 그중에서도 올드 시티에서 열리는 선데이 나이트 마켓은 치앙마이 야시장 중 가장 큰 규모로 라차담는 로드를 따라 약 1km에 달하는 직선 도로를 포함해 메인 도로 사이사이에 자리 잡은 먹거리 골목까지 이어져 그 규모가 대단하다. 거리를 가득 메운 파라솔과 이동식 부스에는 기념품과 예술 작품을 비롯해 꼬치구이, 디저트 등의 다양한 먹거리들도 준비돼 있다. 관광과 쇼핑을 한 번에 해결할 수 있어 매주 일요일 저녁이면 치앙마이에서 가장 붐비는 곳으로 변신한다. 설치가 시작되는 일요일 오후 3시부터 야시장 정식 오픈 시간인 오후 5시까지는 한산하지만 가장 붐비는 오후 6시에서 8시까지는 사람들과 노점들로 가득 차 제대로 된 여유 있는 쇼핑이 힘드니 붐비는 시간 전후로 둘러보는 것을 추천한다. 거리 곳곳 매우 저렴한 간이 마사지 숍도 여럿 있으니 활용해 보자.

부드러운 갈빗살과 육수가 인기인 쌀국수 전문점

블루 누들 Blue Noodle

주소 인근 99/3 Ratchapakhinai Rd, Tambon Si Phum, Muang Chiang Mai **위치** 타 패 게이트 성곽 안쪽으로 이어지는 라차담는 로드(Rachadamnoen Rd)로 300m 직진 후 와위 커피(Wawee Coffee)가 있는 사거리에서 왼쪽 라차빠키나이 로드(Ratchapakhinai Rd)로 도보 1분 **시간** 09:00~18:00(금·토·일 ~20:00) **휴무** 가게 내부 사정에 따라 불규칙 **가격** 70밧(갈비국수 小), 90밧(갈비국수 大)

담백한 육수와 돼지고기 갈빗살로 한국인의 입맛을 사로잡은 국수 전문점이다. 파란색 기둥이 인상적인 오픈형 국수집으로 쌀국수 면을 기반으로 푹 끓여낸 맛있는 육수와 다양한 토핑이 더해진 태국식 국수를 선보인다. 가장 인기 메뉴는 갈비국수라고 불리는 8번 메뉴Noodle soup with Stewed beef(小-60밧, 大-80밧)와 9번 메뉴Noodle soup with fresh beef(小-60밧, 大-80밧)가 가장 인기가 많고, 그 외에 돼지고기 완자가 들어가거나 소고기 완자가 들어있는 메뉴도 인기가 있다. 들어가는 고명에 따라 메뉴만 달라질 뿐 같은 육수를 사용하니 참고하자. 주문 시 면은 센 야이Sen Yai(두꺼운 면), 센 렉Sen Lek(중간 면), 센 미Sen Mee(얇은 면) 중 취향에 맞게 고를 수 있다. 면 선택에 있어 고민이 된다면 무난한 중간 면인 센 렉을 추천하고 가격이 저렴한 만큼 양이 많지 않으니 특별히 배가 부르지 않다면 큰 사이즈를 주문하도록 하자. 참고로 '블루 누들'이란 상호는 메뉴판에 적혀 있고, 가게 내부는 '비프 앤 포크 누들 수프BEEF&PORK Noodle soup'라 적힌 간판이 걸려 있다. 태국어로 파란색을 뜻하는 '시파'라를 사용해 '시파 국수'라고도 불리는 곳이다.

란나 왕국 역사상 가장 위대했던 3명의 왕을 기리는 동상

세 왕의 기념비 Three King's Monument

주소 인근 127/7 Prapokkloa Rd, Tambon Si Phum, Muang Chiang Mai **위치** 타 패 게이트 성곽 안쪽으로 이어지는 라차담는 로드(Rachadamnoen Rd)로 550m 직진 후 사거리에서 오른쪽 쁘라뽀끄로아 로드(Prapokkloa Rd)로 도보 3분 **시간** 24시간 **요금** 무료

올드 시티 중앙 광장에 세 명의 왕을 기념하기 위해 세워진 동상이 있다. 란나 왕국을 세운 왕이자 태국 역사에서 가장 유명한 왕 중 하나인 망라이 왕과 수코타이Sukhothai의 왕 람캄행Ramkhamhaeng, 치앙마이 북동부 지역에 있는 파야오Phayao의 왕 응암 무앙Ngam Muang까지 태국 북부를 지배했던 세 명의 왕을 기념하기 위함이다. 이제는 치앙마이를 대표하는 이미지 중 하나로 현지인들은 이곳에 들러 헌화하거나 기도드리는 장소로 사용하고 있다. 동상 앞의 광장은 주로 마켓 장소로 사용되거나 로이끄라통Loi Krathong과 같은 국가적인 행사가 열리는 장소로 사용되고 있다.

지진으로 반파된 거대한 체디를 품은 사원

왓 체디 루앙 Wat Chedi Luang วัดเจดีย์หลวง [왓 쩨디 루앙]

주소 103 Road King Prajadhipok Phra Singh, Tambon Si Phum, Muang Chiang Mai 위치 타 패 게이트 성곽 안쪽으로 이어지는 라차담는 로드(Rachadamnoen Rd)로 550m 직진 후 사거리에서 왼쪽 쁘라뽀끄로아 로드(Prapokkloa Rd)로 도보 2분 시간 10:00~22:00 요금 40밧(성인), 20밧(아동)

'커다란Luang 불탑Chedi을 가진 사원Wat'이라는 뜻을 가진 사원이다. 황금으로 도금된 다른 불탑과는 달리 흙벽돌로만 지어진 불탑으로 지어졌을 당시인 1411년에는 90m에 달하는 거대한 높이였지만 1545년에 일어난 큰 지진으로 반파돼 지금은 60m 높이의 모습으로 남아 있다. 하지만 여전히 올드 시티 내에서 가장 높은 불탑이 있는 사원으로 태국에서 가장 유명한 에메랄드 불상인 왓 프라 깨우Wat Phra Kaew를 모셨던 유서 깊은 역사와 사라진 란나 왕국의 사원으로 많은 사람이 찾는 올드 시티 대표 사원으로 자리매김했다. 치앙마이의 다른 사원들과는 달리 입장료가 있지만 화려하게 치장된 본당을 비롯해 반파됐어도 웅장함이 살아 있는 불탑 등 많은 볼거리가 있어 입장료가 아깝지 않은 곳이다. 매년 5월 말에는 기우제를 지내는 중요 행사와 2018년 3월 1일, 2019년 2월 11일 본 사원에서는 부처님을 기리는 불교행사인 푸자 축제 Magha Puja religious festival가 열린다.

Tip. 사원에 들어갈 때는 옷차림을 단정히!

태국에서는 사원에 들어갈 때 민소매와 짧은 하의로는 입장이 불가능하다. 몇몇 사원 앞에서는 속살을 가릴 수 있는 스커트를 보증금 받고 대여해 주기도 하지만 규모가 작은 사원은 그렇지 않은 경우도 있으니 일정 중 사원에 방문한다면 너무 짧은 상의와 하의는 피하거나 가릴 수 있는 스카프나 천을 챙겨 가자. 반바지는 판단 기준이 모호하지만 무릎 위 허벅지가 보이지 않는다면 여행자들은 어느 정도 용인해 주는 편이다.

과거 무수한 불상을 만들었던 사원

왓 판 따오 Wat Phan Tao วัดพันเตา [왓 판 따오]

주소 인근 105/1 Praprokloa Rd, Tambon Si Phum **위치** 타 패 게이트 성곽 안쪽으로 이어지는 라차담는 로드(Rachadamnoen Rd)로 550m 직진 후 사거리에서 왼쪽 쁘라뽀끄로아 로드(Prapokkloa Rd)로 도보 1분 **시간** 06:00~18:00 **요금** 무료

1,000개의 가마를 가졌다는 뜻을 가진 사원으로, 고대 란나 왕국의 건축 양식을 그대로 보존한 목조 본당과 작은 규모의 호수, 정원까지 보유한 보석 같은 사원이다. 본래는 바로 옆에 위치한 치앙마이 대표 사원인 왓 체디 루앙Wat Chedi Luang의 부속 건물로 사용되다 과거 불상을 만들기 위해 가마와 제조 시설을 만들고 본당을 세우면서 지금의 독립된 사원으로 탈바꿈한 곳이다. 많은 가마가 있다고 하여 지금의 이름으로 불리게 되었다고 한다. 14세기 말에는 란나 왕국의 카오 마하웡 왕King Chao Mahawong의 거처로도 사용됐던 본당은 개보수돼 오늘날에는 대웅전의 역할을 하고 있다. 그곳은 티크 나무로 지어져 치앙마이에서 얼마 남지 않은 목조 건물로 석조건물처럼 내구성이 강하진 않지만 란나 왕국의 전통 양식을 지금까지 보존하고 있다. 이 사원의 백미는 태국의 불교 행사가 있는 날 저녁, 연못으로 둘러싸인 사원 뒤뜰에서 스님들이 보리수 밑에 앉아 초를 태우며 기도를 하는 행사다. 작은 공간이지만 아름답고 신비하기로 유명해서 행사 날 저녁에는 항상 붐빈다. 태국력으로 음력 3월 보름에 열리는 불교 행사 마카푸차 저녁에는 로이 끄라통 행사 날 볼 수 있는 전통 행사도 개최되니 기회가 된다면 삼각대와 카메라를 가지고 방문해 보자.

현지인들도 인정하는 태국 북부 지방 음식 전문점

흐언 펜 Huen Phen เฮือนเพ็ญ [흐엉 펜]

주소 112 Rachamankha Rd, Tambon Phra Sing, Muang Chiang Mai **위치** 성곽 안쪽에서 타 패 게이트를 등지고 문 므앙 로드(Moon Mueang Rd) 오른쪽으로 300m 직진 후 사거리에서 오른쪽 랏차만카 로드(Ratchamanka Rd)로 850m 직진 **시간** 08:30~22:00 **가격** 60밧~(단품 메뉴), 30밧~(음료) **홈페이지** www.baanhuenphen.com **전화** 053-814-548

태국 내에서도 맛있기로 유명한 태국 북부 이산 요리 전문 식당이다. 여행자뿐만 아니라 현지인들 사이에서도 제법 알려진 유명한 곳으로, 깔끔하면서도 깊은 맛으로 태국 북부 특유의 맛을 선보인다. 근처의 반 흐엉 펜Baan Huen Phen 호텔에서 직영으로 운영하고 있어 서비스 또한 괜찮다. 30밧부터 시작되는 저렴한 가격까지 갖춰 시간에 관계없이 많은 사람으로 붐빈다. 흐엉 펜의 인기 요리는 북부 음식 카레 국수 카오 소이Khao Soi(60밧~)와 북부식으로 건조한 소시지Deep fried processed pork(50밧)처럼 만든 튀김 고기류(50밧~)를 추천한다. 태국 북부는 미얀마와 라오스 국경에 인접해 있어 두 나라의 음식과 퓨전 음식도 가능해 선보이고 있다. 오전 8시 30분부터 오후 4시까지는 바깥쪽 로비와 식당을 운영하고, 오후 5시부터는 안쪽 레스토랑까지 오픈하는데, 안쪽 레스토랑은 와이파이가 되고 인테리어도 조금 더 세련되게 꾸며 자리가 빌 틈이 없으니 조금 일찍 도착하는 센스를 발휘하자. 한 가지 아쉬운 점은 맛있는 음식과 저렴한 가격에 비해 선풍기에만 의존해서 식사를 해야 하기 때문에 너무 더운 낮에 방문한다면 조금 불편 할 수 있다.

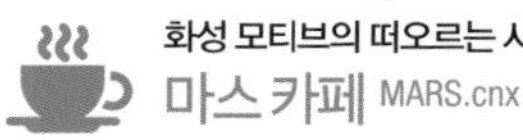

화성 모티브의 떠오르는 사진 맛집
마스 카페 MARS.cnx

주소 27 Arak Rd, Tambon Si Phum, Mueang Chiang Mai District, Chiang Mai **위치** 쑤안 독 게이트(Suan Dok Gate)에서 아락 로드(Arak Rd)를 따라 북쪽으로 도보 5분 후 우측 신하락 2번길에서 우측 **시간** 08:30~00:00(자정)(수요일 08:30~18:00) **전화** 091-092-9999

우주선과 화성을 콜라보해 디자인한 마스 카페는 카페라기보다는 작은 사진관에 가깝다. 입구는 작지만 들어가면 놀라울 정도로 넓은 공간을 볼 수 있다. 공간마다 다른 콘셉트로 암석, 우주선, 모래로 나뉘어 인테리어되어 있는데 '현실 세계를 탈출하고 싶은 현대인이 우주선을 타고 앤텔롭 캐년Antelope Canyon에 간다.'라는 주인장의 독특한 콘셉트가 반영된 결과라고 한다. 외부 2곳, 내부 3곳을 합하여 총 5곳의 포토존이 있어 겹치지 않게 다양한 콘셉트로 사진을 찍을 수 있다. 다른 곳에선 볼 수 없는 테마를 가진 카페라서 오전에는 사진을 찍으려는 손님이 많으니 가급적 오후에 방문하는 것을 추천한다. 특히 우주에 관심이 많은 초등학생 자녀와 함께 방문한다면 다른 곳에선 경험하지 못한 색다른 경험을 할 수 있을 것이다.

요가를 배울 수 있는 곳
와일드 로즈 요가 스튜디오 Wild Rose Yoga Studio

주소 인근 Prapokkloa Rd Soi 4/1, Tambon Phra Sing, Muang Chiang Mai **위치** 타 패 게이트 성곽 안쪽으로 이어지는 라차담는 로드(Rachadamnoen Rd)로 550m 직진 후 사거리에서 왼쪽 쁘라뽀끄로아 로드(Prapokkloa Rd)로 직진하다 오른쪽 골목 (Soi 4)으로 50m 직진 후 왼쪽 골목(Soi 4/1)으로 도보 1분 **시간** 매주 월요일 홈페이지에 공지 **가격** 350밧(1회), 1,500밧(5회, 30일 내 소진), 2,900밧(10회, 60일 내 소진) **홈페이지** www.wildroseyoga.org **전화** 089-950-9377(예약: wildroseyoga@gmail.com)

조용한 공간에서 요가를 배울 수 있는 치앙마이 인기 스튜디오다. 규모는 작지만 힐링을 목적으로 치앙마이를 방문한 여행자라면 한 번쯤 이용해 볼 만하다. 빈야사 요가를 중점적으로 가르친다. 초심자부터 지도자 코스까지 있으니 평소 요가를 즐기거나 관심이 있다면 방문해 보자. 수업은 1시간 30분으로 진행되고 그 이상은 상담 후 참여할 수 있다. 많은 여행자가 모이는 방학 시즌을 제외하고는 예약 없이 이용 가능하다. 티칭을 전문으로 하는 곳인 만큼 기본 과정 외에 특정 수업에 참여하고 싶으면 사전 상담 과정은 필수다. 매주 약간씩 달라지긴 하지만 매일 오전 10시에 첫 수업이 있고 오후 6시에 두 번째 수업이 진행 된다(수업 일정은 방문 전 홈페이지 필히 참고).

새롭게 떠오르는 치앙마이 여행 기념품 숍

허브 베이직 Herb Basics

주소 174 Prapokkloa Rd, Tambon Si Phum, Muang Chiang Mai 위치 타 패 게이트 성곽 안쪽으로 이어지는 라차담는 로드(Rachadamnoen Rd)로 550m 직진 후 쁘라뽀끄로아 로드(Prapokkloa Rd)를 만나는 사거리에서 오른쪽 코너 시간 09:00~18:00(월~토), 14:00~22:00(일) 가격 150밧~(보디 오일, 천연 비누), 80밧~(바스 솔트) 홈페이지 www.herbbasicschiangmai.com 전화 053-326-595

천연 허브를 사용한 화장품에서부터 스킨, 오일 등 다양한 천연 뷰티 제품, 홈스파 제품을 만날 수 있는 매장이다. 최근 치앙마이 여행 시 꼭 한번은 들러야 할 기념품 숍이다. 온라인을 통해 태국 전역은 물론 전 세계에 판매하고 있는 태국 로컬 브랜드로, 오프라인 매장은 치앙마이가 유일하다. 태국 전역, 특히 치앙마이가 있는 태국 북부 지역에서 나는 천연 허브들을 주재료로 만든 립 밤, 바스 솔트, 보디 오일, 비누, 디퓨저 등의 제품을 취급한다. 한국에서 살 수 있는 비슷한 종류의 제품들과 비교했을 때 가격도 저렴하고 품질도 좋아 여성 여행자들에게 인기다. 올드 시티 지점뿐만 아니라 타 패 로드, 마야 쇼핑몰, 공항, 센트럴 플라자 등 치앙마이 백화점과 여행자들이 몰리는 지역 곳곳에 매장이 있으니 한 번쯤 들러 보길 추천한다. 온라인 사이트에서는 매장 및 제품 정보를 볼 수 있고 국제 배송 주문도 가능하다.

여행 중 불상사가 일어났다면

치앙마이 경찰서 ChiangMai Police Station

주소 9, Rachadamnoen Rd, Tambon Phra Sing, Mueang Chiang Mai 위치 타 패 게이트 성곽 안쪽으로 이어지는 라차담는 도로(Rachadamnoen Rd) 따라 900m 후 우측 시간 24시간 전화 053-327-191

여행 중에 불상사가 일어나면 안 되겠지만 만에 하나 절도, 강도, 사기 등 여행지에서 사고를 당하거나 목격했다면 올드 시티 한가운데에 위치한 치앙마이 경찰서를 찾아가자. 올드 시티 경찰서는 여행자들과 외국인들이 주로 활동하는 지역에 위치해 있으며 심지어 경찰서 앞에 한국어 안내 표지판이 있을 정도다. 안타깝게도 많은 여행자들이 사기나 사고를 당해서 찾기보다는, 무면허 운전이나 교통 범칙금을 지불하러 오는 게 대부분이지만 정말 급한 경우에는 경찰서만큼 도움되는 곳이 없기 때문에 오가며 위치를 기억해 두자. 특히 여행 중에 물건이 도난당하거나 절도가 의심된다면 경찰서에 들러서 도난 신고서를 작성해 한국에 가져오자. 만약 여행자보험을 들었고 그 안에 휴대품 손해 특약을 가입하면 가입 조건에 따라 보상받을 수 있다.

치앙마이에서 가장 처음 지어진 사원

왓 치앙만 Wat Chiang Mun วัดเชียงมั่น [왓 치양 만]

주소 270 Ratchapakhinai Rd, Tambon Si Phum, Muang Chiang Mai **위치** 타 패 게이트 성곽 안쪽으로 이어지는 라차담는 로드(Rachadamnoen Rd)로 300m 직진 후 와위 커피(Wawee Coffee)가 있는 사거리에서 오른쪽 라차빠키나이 로드(Ratchapakhinai Rd)로 도보 8분 **시간** 09:00~17:00 **요금** 무료

올드 시티 동북쪽에 자리한 치앙마이에서 가장 오래된 사원이다. 란나 왕국을 세운 망라이 왕Mangrai이 치앙마이를 수도로 정하고 1296년 치앙마이에서 처음 지은 사원이다. 건립 당시에는 망라이 왕의 거처로 사용되기도 한 역사적인 의미가 담긴 사원이기도 하다. 입구로 들어가면 본당이 두 개 보이는데, 정면에 있는 본당의 오른쪽 옆 본당은 나중에 지어진 본당이다. 새로 지어진 본당에는 태국에서 귀하게 여기는 불상이 둘 있다. 재앙을 막아주는 프라 새 땅 카마니Phra Sae Tang Khamani와 비를 내리게 해주는 프라 실라Phra Sila가 모셔져 있다. 특히 프라 실라Phra Sila는 이 사원이 보물로 여기는 수정으로 만들어졌다. 본당 뒤에는 코끼리가 불탑을 받치고 있는 전형적인 란나 왕국 스타일의 사원이 있다. 다른 사원들에 비해 다소 한적한 편이라 가벼운 마음으로 둘러보기 좋다.

한국인이 운영하는 전통 태국 마사지 숍
쿤까 마사지 Khunka Massage

주소 80/7 Rachadamnoen Rd, Tambon Si Phum, Muang Chiang Mai **위치** 타 패 게이트 성곽 안쪽으로 이어지는 라차담는 로드(Rachadamnoen Rd) 따라 700m 직진 후 오른쪽 **시간** 10:00~20:00 **가격** 350밧(타이 마사지, 1시간) **홈페이지** www.khunka.blogspot.kr **전화** 080-777-2131(예약: 카카오톡 Khunka massage)

마사지 숍이 즐비한 라차담는 로드에서 한국인이 가장 즐겨 찾는 마시지 숍이다. 한국인이 운영하고 있어 카카오톡으로 문의 및 예약이 가능해 한국인 여행자들 사이에서 유명하다. 가격도 주변 마사지 숍에 비해 저렴한 편이다. 상대적으로 좁아 보이는 입구와는 달리 내부는 쾌적한 편이고 고급스러운 분위기에 한국 특유의 서비스가 도입돼 친절하다. 마사지는 세기 강도 선택이 가능하며 차와 수건이 제공되고, 간단한 족욕부터 시작해 선택한 마사지로 이어진다. 매일 달라지는 할인 프로모션 상품도 있으니 참고하자. 여행자들이 몰리는 방학 시즌 및 성수기 시즌에는 대기 시간이 상당하니 미리 예약하고 방문하도록 하자.

손 빠른 네일 전문가가 해 주는 네일아트
투 뷰티플 네일 Two Beautiful Nails

주소 13 Mueang Chiang Mai District, Chiang Mai **위치** 왓 쩨디 루앙(Wat Chedi Luang) 후문 자반 로드(Jhaban Rd)에서 북쪽으로 도보 1분 후 우측 **시간** 11:00~21:00 **전화** 095-453-0062

한국과 비슷한 퀄리티의 네일을 값싸고 빠르게 받을 수 있는 치앙마이 1등의 네일 맛집이다. 다만 영업 시간만 보고 방문한다면 헛걸음할 가능성이 높으니, 이곳을 방문할 의사가 있다면 꼭 구글 메시지로 사장님과 예약 시간을 미리 조율하고 방문하도록 하자. 한국과 같은 꼼꼼한 큐티클 관리는 없지만 손과 발을 모두 1시간 이내로 끝낼 수 있다는 굉장한 장점이 있으며, 직접 도안을 보고 그림을 그려 주는 솜씨가 일품인 곳이라 어떤 도안을 가져가도 한국과 같은 만족스러운 결과물을 얻을 수 있다. 디자인이 들어간 네일이 250바트로, 한국과 비교하면 1/6~1/7 수준으로 저렴하다.

직접 재배한 유기농 채소로 태국 음식을 배워 볼 수 있는 곳

타이 팜 쿠킹 스쿨 Thai Farm Cooking School

주소 38 Moon Muang Rd Soi 9, Tambon Si Phum, Muang Chiang Mai **위치** 올드 시티 북쪽 문 창 푸악 게이트(Chang Phuak Gate)에서 성곽 안쪽으로 시 품 로드(Sri phoom Rd) 따라 600m 직진 후 수공예 가구점이 있는 삼거리에서 오른쪽 골목(Sri Poom Rd Lane 1)으로 130m 직진 후 첫 번째 사거리에서 오른쪽 골목(Muang Rd Soi 9)으로 도보 1분 **시간** 09:00~14:30(오전 반일), 15:00~21:00(오후 반일), 08:00~16:30(전일) **휴무** 학원 내부 사정에 따라 불규칙 **가격** 1,200밧(반일), 1,500밧(전일) **홈페이지** www.thaifarmcooking.com **전화** 081-288-5989(예약: thaifarmcooking@gmail.com)

시에서 직접 운영하는 외곽 농장의 쿠킹 스쿨이다. 유기농 재료를 사용하는 건강한 음식을 추구하는 곳으로 여행자가 선택하는 3가지 요리와 요일마다 정해지는 3가지 요리를 포함해 총 6종류의 태국 음식 만들기를 체험할 수 있다. 숙소 픽업 후 농장으로 가기 전 재래시장에 들러 재료 소개와 구매를 진행하고, 농장에 도착하면 농작물을 보며 더 자세한 설명과 체험에 필요한 재료를 수확한다. 재료 수확이 끝나면 농가 한쪽에 위치한 오픈 주방에서 조리를 시작하는데, 평상 시 요리를 해보지 않았더라도 충분히 따라갈 정도의 쉬운 난이도로 진행된다. 다른 쿠킹 스쿨과는 달리 선불제로 운영이 되고 있으니 예약 후 페이팔paypal 결제나 수업일 전날까지 올드 시티에 위치한 오피스에서 결제를 해야 한다는 사실을 꼭 기억하자. 전일 코스는 숙소 픽업에서부터 체험 후 숙소 복귀까지 포함해 농장에서 하루 일정으로 진행하니, 시간적 여유가 없는 여행자라면 반일 코스를 이용하자.

파 란나 스파 자체 브랜드 카페

파타라 커피 FAHTARA COFFEE

주소 57 Wiang Kaew Road, Tambon Si Phum, Muang Chiang Mai **위치** 올드 시티 북쪽 창 푸악 게이트(Chang Phuak Gate)에서 성곽 안쪽 쁘라뽀끄로아 로드(Prapokkloa Rd)로 300m 직진 후 사거리에서 오른쪽 위앙 깨우 로드(Wiang Kaew Rd)로 도보 2분 후 파 란나 스파 바로 옆 **시간** 08:30~20:00 **가격** 60밧~(커피), 120밧~(브런치) **홈페이지** www.fahtara.coffee **전화** 084-623-5999

파 란나 올드 시티 본점 바로 옆에 있는 카페다. 스파와는 별개로 운영되고 있지만 파 란나 스파 못지않게 란나 양식 인테리어와 태국 북부의 맛을 잘 반영한 메뉴로 인기몰이를 하고 있다. 특히 카페에서 선보이는 에그 베네딕트Eggs Benedict(180밧)를 비롯한 브런치 메뉴는 근사한 비주얼과 맛도 괜찮아 스파를 받지 않는 사람들도 방문할 정도로 인기다. 옆에 있는 파 란나 스파가 사용하는 제품을 살 수 있는 파타라 숍에서는 각종 스파 제품과 페이셜 제품이 인기고 재미있는 건 스파나 마사지 코스가 끝난 후 제공하는 쌀 과자가 의외로 가장 잘 팔린다는 것인데, 실제 심심한 맛의 다른 쌀 과자보다 달콤한 시럽과 견과류의 맛을 잘 녹여내 맛이 괜찮다.

매일 라이브 재즈 음악이 흐르는 곳
더 노스 게이트 재즈 코-옵 The north gate Jazz Co-op

주소 91/1-2 Sri Phum Rd, Tambon Si Phum, Muang Chiang Mai **위치** 올드 시티 북쪽 창 푸악 게이트(Chang Puak Gate) 맞은편 왼쪽 건물 1층 **시간** 19:00~다음 날 01:00(가게 사정으로 오픈 시간 자주 변동됨) **가격** 무료 입장, 75밧~(맥주) **홈페이지** www.facebook.com/northgate.jazzcoop **전화** 081-765-5246

매일 저녁 재즈를 비롯해 각종 라이브 공연이 열리는 인기 재즈 바다. 누구나 음악을 들을 수 있도록 문을 열고 야외 테이블까지 운영하고 있으며, 내부는 복층 구조로 공연 공간을 중심으로 편안한 소파와 의자 등 다양한 형태의 바 & 테이블로 구성돼 있다. 시설은 화려하고 근사하지 않지만 분위기와 음악만큼은 고급 클럽 못지않게 괜찮다. 라인업 또한 치앙마이에서 언제나 1순위로 뽑힐 만큼 수준 높은 음악을 제공한다. 입장료도 없고, 오픈 공연 탓에 굳이 들어가지 않고 거리에서 음악 감상도 가능하지만 메뉴판 가격도 나쁘지 않고 무엇보다 음향 설비를 갖추고 있어 시원한 맥주와 함께 부담 없이 즐기기 좋다. 공연이 시작되는 저녁 8시 30분 무렵부터 문 닫는 시간까지 현지인들을 비롯해 전 세계에서 모여든 다국적 여행자들과 음악을 주제로 즐거운 시간을 보낼 수 있다. 매주 화요일에는 밴드들이 모여서 즉흥 연주를 하는 잼 세션Jam session이 있어 인기다.

Tip. 색소폰 연주자 Opor가 있는 곳?

음악이 좋아 없는 돈에도 가게 문을 열어 대박을 친 공동 주인장 Opor(본명: Pharadon Phonamnuai)는 색소폰 연주자이자 TED×Chiangmai 강연자다. 서울 공연에 여행책까지 출간한 다양한 경력의 소유자이자 유명 인사다. 상시 가게 출근은 물론 운이 좋으면 그의 공연도 만나 볼 수 있으니 기대해 보자. 공연 정보는 공식 페이스북을 참고하자.

치앙마이에서 손에 꼽히는 최고급 마사지 & 스파숍

파란나 스파 Fah Lanna Spa

주소 57 Wiang Kaew Road, Tambon Si Phum, Muang Chiang Mai **위치** 올드 시티 북쪽 창 푸악 게이트(Chang Phuak Gate)에서 성곽 안쪽 쁘라뽀끄로아 로드(Prapokkloa Rd)로 300m 직진 후 사거리에서 오른쪽 위앙 깨우 로드(Wiang Kaew Rd)로 도보 2분 **시간** 12:00~21:00 **가격** 800밧~(태국 전통 마사지, 1시간) **홈페이지** www.fahlanna.com **전화** 053-416-191

치앙마이 내에서도 호평이 좋은 스파 중 하나로 고급풍 인테리어와 합리적인 가격, 게다가 가장 중요한 실력까지도 갖춘 인기 마사지 & 스파 숍이다. 건물 내부에 작은 수로가 흐르는 정원까지 갖춘 제법 규모가 있는 곳으로, 란나 시대와 태국 북부의 특색을 잘 반영해 놓았다. 특히 북부 도시 지명이 붙은 각 방에는 지역 특색을 잘 표현해 놓아 인기다. 마사지는 란나 치료 기술로 사용됐던 똑 센Tok Sen에서부터 전통 태국 마사지, 아로마 마사지 등 여러 종류가 있으며 짧게는 30분, 길게는 4시간까지 진행된다. 가볍게 즐기고 싶다면 전통 태국 마사지Traditional Thai Massage(700밧)를 추천한다. 스파와 사우나 등 다양한 시설과 서비스를 즐기고 싶은 여행자에게는 파 란나 시그니처 트리트먼트Fah Lanna Signiture Treatment 코스(1,900밧~)를 추천한다. 본 지점 외에도 나이트 바자에도 지점이 있는데 코스나 시설 면에서 본 지점이 조금 더 괜찮기로 유명하다. 인기가 많은 곳인 만큼 최소 하루 전 예약은 필수다. 숙소 픽업과 공항 환송 서비스를 요청하면 무료로 제공하니 이용해도 좋다. 마사지 전 설문지를 통해 이용자 신체 상태를 파악하니 아픈 부위가 있거나 집중하고 싶은 분위가 있으면 꼭 체크하자.

치앙마이의 역사를 대변하는 대표 사원

왓 프라 싱 Wat Phra Singh วัดพระสิงห์วรมหาวิหาร [왓 프라 씽]

주소 인근 1 Samlarn Road, Tambon Si Phum, Muang Chiang Mai **위치** 올드 시티 서쪽 수안 독 게이트(Suan Dok Gate)에서 성곽 안쪽으로 이어지는 인뜨라와로롯 로드(Intrawarorot Rd) 따라 550m 직진 후 어거스트(AUGUST) 호텔이 있는 사거리에서 오른쪽으로 도보 1분 **시간** 06:00~17:00 **요금** 무료

치앙마이 올드 시티의 서쪽 성문인 수안 독 게이트Suan Dok Gate 근처에 위치한 사원이다. 치앙마이 여행 시 꼭 가 봐야 할 인기 사원이다. 1345년 란나 망라이 왕조 7대 왕인 파유Pha Yu 왕이 선왕이자 6대 왕인 캄푸Kham Fu 왕의 유골을 봉안하기 위해 체디를 세우면서 만들어졌다. 완공된 사원은 태국 북부를 차지하기 위해 벌인 몇 차례의 전쟁으로 손실됐다가 19세기 초 지금의 모습으로 재건됐는데, 란나 왕국의 대표 유적이라 이야기해도 될 정도로 새의 날개처럼 유연하게 뻗은 지붕과 건축물 아래 기둥을 놓은 듯한 란나 스타일의 건축 양식이 고스란히 남아 있다. 본당 안에 안치된 프라 싱Phra Singh 불상은 정확한 기록은 남아 있지 않지만 태국 왕실에서도 존경하고 귀하게 모시는 불상 중 하나다. 아쉽게도 평상시에는 공개하지 않지만 태국 신년 축제 기간인 쏭끄란에는 프라 싱 불상에 물을 뿌리는 것이 업을 씻는 행위라 여겨 불상을 공개하고 물을 뿌리는 의식과 행렬 때는 공개한다. 사원 한쪽에는 황금빛으로 치장된 4개의 체디가 우뚝 서 있고 사원 곳곳에는 잠시 쉬어 갈 수 있는 정원도 여럿 있다. 본 사원 이름은 태국어로 '사자의 사원'이라는 뜻을 가진 사원으로 사원 입구 양쪽에는 악귀를 내놓는 두 개의 사자상이 세워져 있다.

바삭하고 담백한 치킨과 맥주 한잔을 즐길 수 있는 곳

SP 치킨 SP Chicken

주소 9/1 Sam Larn Soi 1, Tambon Si Phum, Muang Chiang Mai **위치** 올드 시티 서쪽 수안 독 게이트(Suan Dok Gate)에서 성곽 안쪽 아락 로드(Arak Rd) 오른쪽으로 120m 직진 후 첫 번째 삼거리에서 왼쪽 골목(Sam Larn Soi 1)으로 도보 4분 **시간** 10:00~17:00 **가격** 175밧(닭구이[까이양] 1마리), 40밧(솜 땀) **전화** 080-500-5035

숯불로 통째로 구워 기름기를 쏙 빼 담백한 맛이 일품인 태국식 통닭구이 까이양을 전문으로 하는 식당이다. 치맥의 종주국이라 할 수 있는 한국 여행자들 사이에서도 맛이 괜찮다고 소문난 가게다. 바삭한 껍질과 촉촉한 속살이 일품인 까이양에 시원한 맥주까지 곁들이면 그야말로 금상첨화다. 우리의 통닭구이와 비교하면 사용하는 닭 크기가 작고 염지를 하지 않아 간이 약한 듯 느껴지지만 쉽게 물리지 않고 비교적 기름기가 적은 닭가슴살 조차도 부드럽고 담백하다. 태국에서 까이양은 밥과 함께 먹는 요리에 속하므로 현지 스타일에 맞춰 찹쌀밥인 스티키 라이스Sticky Rice(10밧)와 솜 땀(40밧)을 곁들이길 추천한다. 일찍 문을 닫는 탓에 저녁 시간에 치맥을 즐길 수는 없지만 포장도 가능하니 야식으로 치맥을 즐기고 싶다면 미리 사 놓는 센스를 발휘해 보자. 참고로 닭 크기가 크지 않아 1인 1닭을 추천한다. 같이 나오는 매콤한 칠리소스도 은근 중독성 있다.

도심 속 오아시스 같은 카페

펀 포레스트 카페 Fern Forest Cafe

주소 54/1 Singharat Rd, Tambon Si Phum, Muang Chiang Mai **위치** 올드 시티 북쪽 창 푸악 게이트(Chang Puak Gate)를 등지고 오른쪽 시 품 로드(Sri Phum Rd) 따라 750m 직진 후 런던하우스(London House)가 있는 사거리에서 왼쪽 싱하랏 로드(Singharat Rd)로 도보 3분 **시간** 08:30~18:15 **가격** 165밧~(브런치), 70밧(커피) **전화** 053-416-204

카페 내부가 커다란 나무와 넝쿨들로 꾸며져 마치 도심 속 오아시스 같은 카페다. 나무들 사이사이 테이블이 널찍하게 배치돼 있고 수증기와 선풍기를 동시에 뿌려 에어컨 없이도 쾌적하게 야외 정원에서 티타임을 즐길 수 있다. 작은 연못과 아기자기한 소품들이 여럿 있어 둘러보기에도 괜찮다. 카페 내부 흰색 계열의 클래식한 테이블과 유럽풍 인테리어가 여성 여행자들에게 특히 인기다. 인기 메뉴는 소금 캐러멜 라테Caramel Salted Lattee(80밧)와 코코넛 크림 케이크Coconut Cream Cake(95밧)다. 브런치 메뉴는 맛은 물론 플레이팅도 수준급이라 인증 샷 찍기에도 괜찮다. 태국식 식사 메뉴도 있으니 참고하자. 낮 시간 대도 괜찮지만 해가 진 저녁 시간의 분위기가 운치있고 좋다.

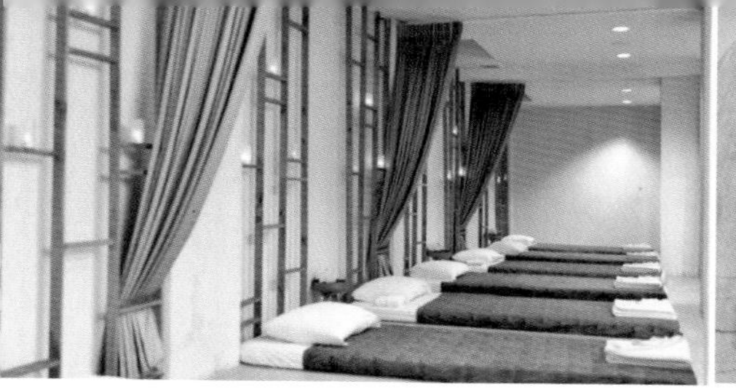

한 명 받으면 나머지 한 명은 반값에 받는 마사지 숍

센스 마사지 앤 스파 Sense Massage & Spa

주소 23/1 Arak Rd, Tambon Si Phum, Muang Chiang Mai **위치** 올드 시티 서쪽 수안 독 게이트(Suan Dok Gate)에서 성곽 안쪽 아락 로드(Arak Rd) 따라 400m 이동 후 오른쪽 **시간** 11:00~21:00 **가격** 300밧(태국 전통 마사지, 1시간), 400밧(요가 마사지, 1시간), 300밧(발마사지, 1시간) **홈페이지** www.facebook.com/Sense-MassageSpa-1166630653366710 **전화** 086-394-5550

청결하고 세련된 공간과 합리적인 가격으로 승부하는 마사지 & 스파 숍이다. 다른 마사지 숍과 비교하면 고급 숍 부럽지 않게 트렌디하고, 실력이 괜찮은 마사지사들로 구성돼 있다. 올드 시티 서쪽 성문인 수안 독 게이트와 가까워 올드 시티와 님만해민 여행 중 들르기 좋다. 1명 이용 시 다른 1명은 50% 할인 프로모션을 진행해 커플이나 친구들과 함께 치앙마이를 방문하는 여행자들에게 인기다. 할인 프로모션을 적용했을 때 가장 가성비가 괜찮은 코스는 센스 시그니처 패키지Sense Signiture Package(2명, 2,050밧-2.5시간). 어디서도 받을 수 있는 태국식 마사지가 아닌 특별한 마사지를 받고 싶다면 시그니처 코스(요가 마사지 400밧 등)를 추천한다. 이곳은 특이하게 오전 영업은 하지 않고 오후 1시부터 저녁 10시까지 영업하니 헷갈리지 말자. 인기 숍인 만큼 최소 하루 전에 예약하고 이용하길 추천한다.

치앙마이에서 화장품을 가장 싸게 살 수 있는 곳

치앙마이 코스메틱 Chiang Mai Cosmetic

주소 175/8-10 Ratchadamnoen Rd, Phra Sing, Muang Chiang Mai **위치** 타 패 게이트 성곽 안쪽으로 이어지는 라차담는 로드(Rachadamnoen Rd) 따라 1.1km 직진 후 왼쪽 **시간** 09:00~19:30 **휴무** 일요일 **전화** 053-273-114

오픈 30분 전부터 가게 앞에 줄을 길게 늘어서 있는 진풍경을 볼 수 있는 치앙마이 내 가장 핫한 화장품 가게다. 태국에서 화장품을 살 예정이라면 주저하지 말고 이곳을 가자. 다양한 상품을 저렴한 가격으로 구매할 수 있다. 대신 매일 오전 전쟁터를 방불케 하는 인파를 조심해야 한다. 가게 바깥 부분에서는 인기 있는 품목들과 화장품 외의 품목(샴푸, 치약, 세제 등)을 박스 채로 진열해 두었고, 안쪽으로 들어가면 화장품이 진열된 내부 매장이 있다. 현재 태국산 화장품 중 미백 효과에 좋다고 알려진 달팽이 크림이 들어간 스네일 화이트Snail White 제품이 가장 유명해 금방 품절되니 관심 있는 여행자라면 오픈 시간에 맞춰 방문하도록 하자.

님만해민

Nimmanhaemin

최신 트렌드와 예쁜 카페 그리고 맛집들이 모여 있는 치앙마이의 압구정

님만해민 로드를 따라 600m가량의 대로를 포함한 지역이 님만해민이다. 동쪽으로는 치앙마이의 구시가지인 올드 시티가, 서쪽으로는 태국 북부 최고의 명문 대학인 치앙마이 대학교가 있다. 마야 쇼핑센터를 비롯해 예쁜 카페와 편집 숍, 레스토랑이 즐비하고 거리 자체가 깔끔하며 새 건물이 많다. 코워킹 공간이나 사무실, 카페 등 빠른 인터넷 속도를 기반으로 한 최신 시설도 많아 디지털 노마드들의 베이스 캠프이기도 하다. 다만 이러한 환경 때문에 물가는 다른 지역에 비해 높은 편이다. 그 밖에도 현지인들과 근처 대학교를 다니는 학생들이 거주하는 산띠탐 지역은 님만해민과 비교되는 저렴한 물가와 현지인 맛집들로 인기를 얻고 있고, 예술가들이 만든 작은 공동체 마을로 유명세를 타고 있는 반 캉 왓 또한 멀지 않아 돌아볼 곳은 무궁무진하다.

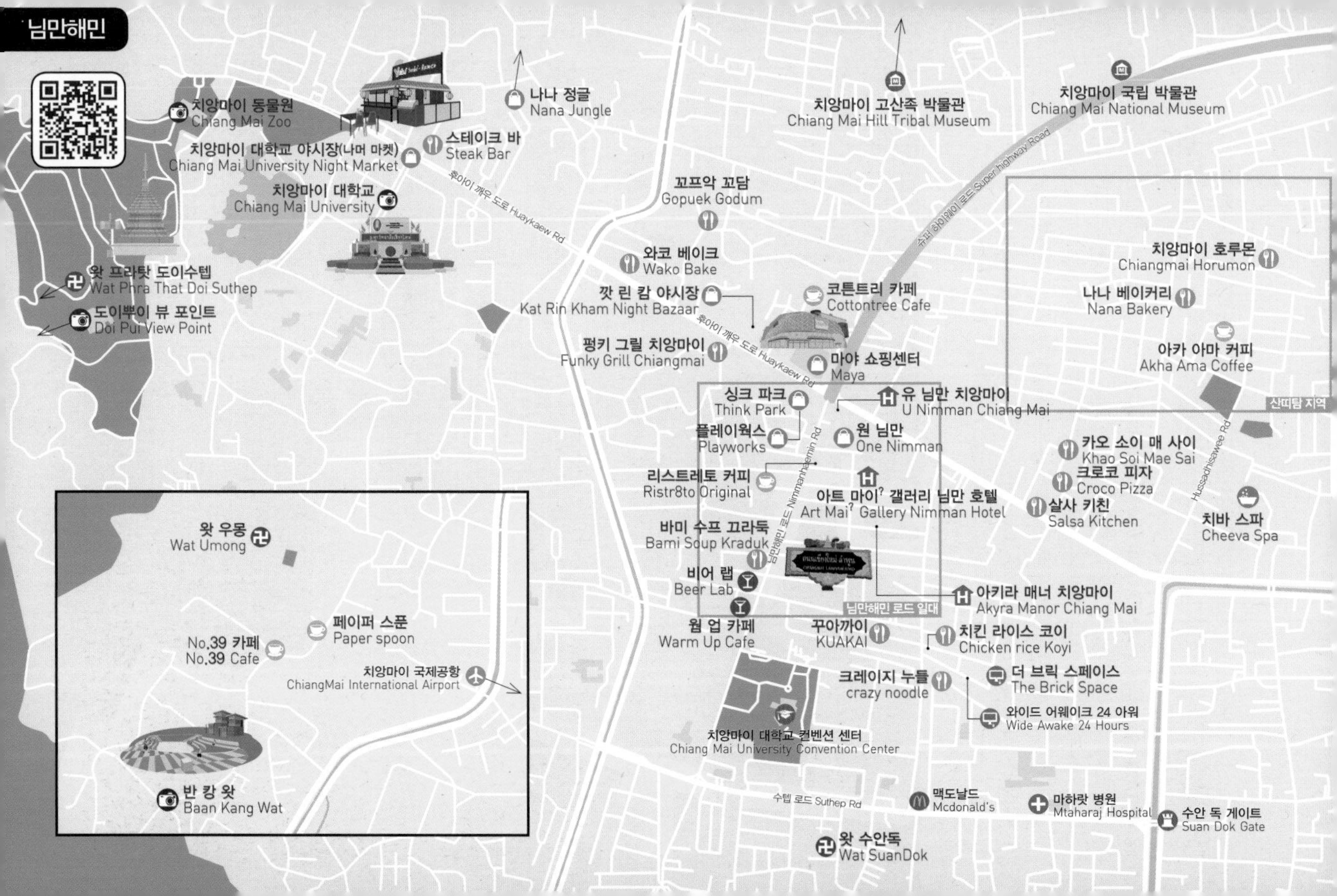

치앙마이 동물원
Chiang Mai Zoo
스테이크 바
Steak Bar
나나 정글
Nana Jungle
치앙마이 대학교 야시장(나머 마켓)
Chiang Mai University Night Market
치앙마이 대학교
Chiang Mai University
왓 프라탓 도이수텝
Wat Phra That Doi Suthep
도이뿌이 뷰 포인트
Doi Pui View Point
훼이 깨우 도로 Huaykaew Rd
치앙마이 고산족 박물관
Chiang Mai Hill Tribal Museum
치앙마이 국립 박물관
Chiang Mai National Museum
수퍼 하이웨이 로드 Super highway Road
꼬프악 꼬담
Gopuek Godum
와코 베이크
Wako Bake
깟 린 캄 야시장
Kat Rin Kham Night Bazaar
펑키 그릴 치앙마이
Funky Grill Chiangmai
코튼트리 카페
Cottontree Cafe
마야 쇼핑센터
Maya
치앙마이 호루몬
Chiangmai Horumon
나나 베이커리
Nana Bakery
아카 아마 커피
Akha Ama Coffee
산띠탐 지역
싱크 파크
Think Park
유 님만 치앙마이
U Nimman Chiang Mai
플레이웍스
Playworks
원 님만
One Nimman
리스트레토 커피
Ristr8to Original
아트 마이? 갤러리 님만 호텔
Art Mai? Gallery Nimman Hotel
님만해민 로드 Nimmanhaemin Rd
바미 수프 끄라둑
Bami Soup Kraduk
비어 랩
Beer Lab
님만해민 로드 일대
카오 소이 매 사이
Khao Soi Mae Sai
크로코 피자
Croco Pizza
살사 키친
Salsa Kitchen
Hussadhisawee Rd
치바 스파
Cheeva Spa
아키라 매너 치앙마이
Akyra Manor Chiang Mai
웜 업 카페
Warm Up Cafe
꾸아까이
KUAKAI
치킨 라이스 코이
Chicken rice Koyi
크레이지 누들
crazy noodle
더 브릭 스페이스
The Brick Space
와이드 어웨이크 24 아워
Wide Awake 24 Hours
치앙마이 대학교 컨벤션 센터
Chiang Mai University Convention Center
수텝 로드 Suthep Rd
맥도날드
Mcdonald's
마하랏 병원
Mtaharaj Hospital
수안 독 게이트
Suan Dok Gate
왓 수안독
Wat SuanDok
왓 우몽
Wat Umong
페이퍼 스푼
Paper spoon
No.39 카페
No.39 Cafe
치앙마이 국제공항
ChiangMai International Airport
반 캉 왓
Baan Kang Wat

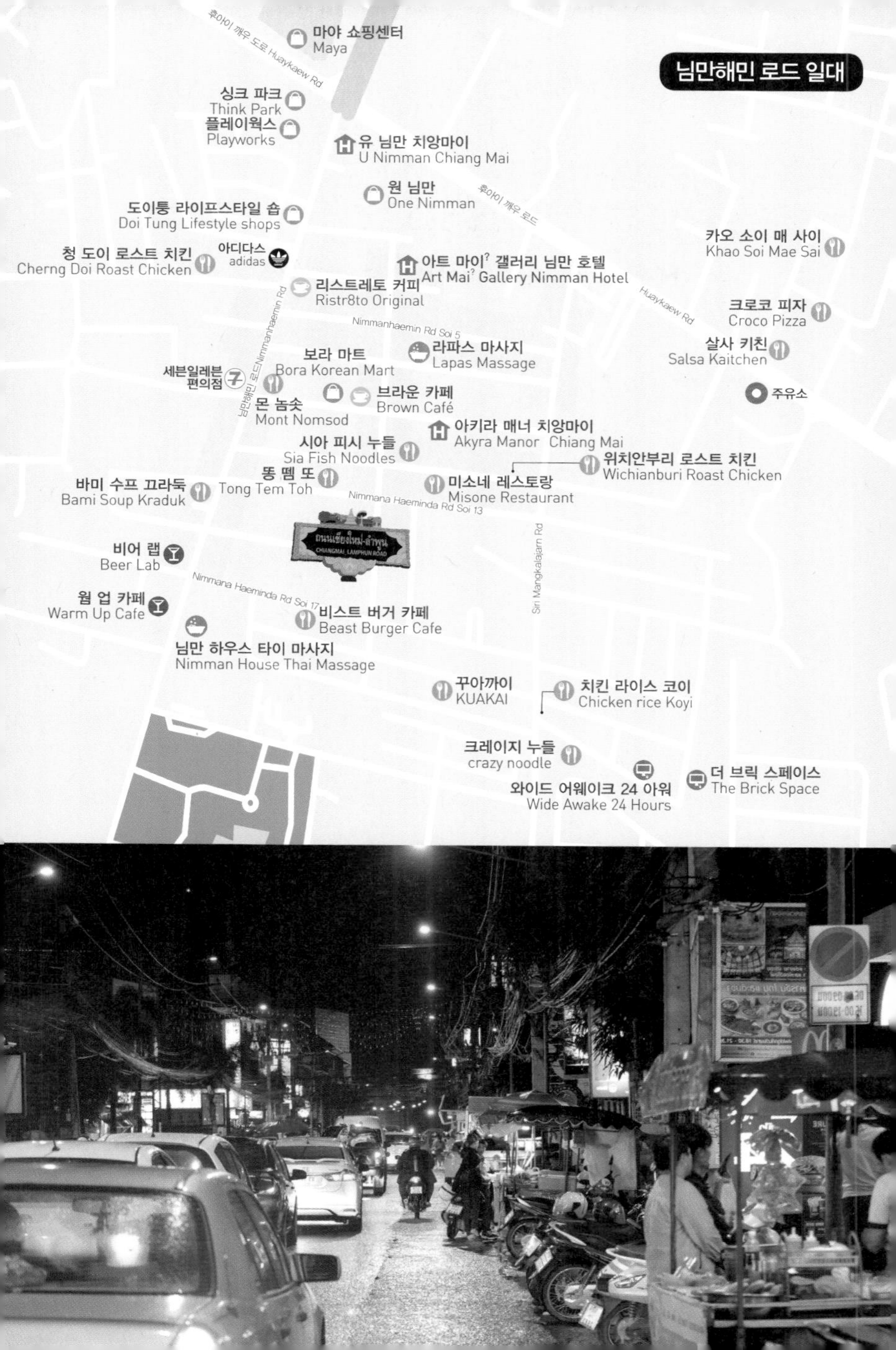

님만해민 로드 일대
훼아이 깨우 도로 Huaykaew Rd
마야 쇼핑센터
Maya
싱크 파크
Think Park
플레이웍스
Playworks
유 님만 치앙마이
U Nimman Chiang Mai
원 님만
One Nimman
훼아이 깨우 로드
도이퉁 라이프스타일 숍
Doi Tung Lifestyle shops
카오 소이 매 사이
Khao Soi Mae Sai
청 도이 로스트 치킨
Cherng Doi Roast Chicken
아디다스
adidas
아트 마이? 갤러리 님만 호텔
Art Mai? Gallery Nimman Hotel
리스트레토 커피
Ristr8to Original
Huaykaew Rd
크로코 피자
Croco Pizza
Nimmanhaemin Rd
Nimmanhaemin Rd Soi 5
살사 키친
Salsa Kaitchen
보라 마트
Bora Korean Mart
라파스 마사지
Lapas Massage
세븐일레븐 편의점
님만해민 로드
주유소
몬 놈솟
Mont Nomsod
브라운 카페
Brown Café
아키라 매너 치앙마이
Akyra Manor Chiang Mai
시아 피시 누들
Sia Fish Noodles
위치안부리 로스트 치킨
Wichianburi Roast Chicken
바미 수프 끄라둑
Bami Soup Kraduk
똥 뗌 또
Tong Tem Toh
미소네 레스토랑
Misone Restaurant
Nimmana Haeminda Rd Soi 13
비어 랩
Beer Lab
Siri Mangkalajarn Rd
Nimmana Haeminda Rd Soi 17
웜 업 카페
Warm Up Cafe
비스트 버거 카페
Beast Burger Cafe
님만 하우스 타이 마사지
Nimman House Thai Massage
꾸아까이
KUAKAI
치킨 라이스 코이
Chicken rice Koyi
크레이지 누들
crazy noodle
와이드 어웨이크 24 아워
Wide Awake 24 Hours
더 브릭 스페이스
The Brick Space

교통편 버스나 지하철이 발달되지 않은 치앙마이의 주요 교통수단은 우버와 그랩이다. 툭툭과 인원수 확보가 필수인 썽태우는 흥정이 필수이고, 짧은 거리를 불규칙하게 움직이는 여행자들에게는 추천하지 않는다. 님만해민 내 이동은 대부분 500m 이내이기 때문에 한낮이 아니라면 걸어 볼 만하다.

동선 팁 그랩과 우버 이용 시 인터넷 검색이나 해당 애플리케이션 이벤트 페이지를 수시로 체크해 보자. 치앙마이는 두 서비스 간의 경쟁이 치열해 교통비 할인 프로모션을 자주 하는 편이다. 또한 골목 사이사이로 다양한 맛집들이 숨어 있으니 숙소를 님만해민으로 잡았다면 자전거로 돌아다니는 것도 매우 효율적이다.

Best Course

핫 플레이스만 돌아보기

꼬프악 꼬담
↓ 택시 10분
리스트레토 커피
↓ 도보 5분
마야 쇼핑센터
↓ 도보 1분
싱크 파크(쇼핑)
↓ 도보 9분
똥 뗌 또
↓ 도보 4분
님만 하우스 타이 마사지
↓ 택시 10분
치앙마이 대학교 야시장(나머 마켓)
↓ 도보 2분
스테이크 바
↓ 택시 10분
웜 업 카페

관광 명소와 인기 스폿을 한번에

몬 놈솟
↓ 택시 10분
치앙마이 대학교 정문
↓ 썽태우 20분
왓 프라탓 도이수텝
↓ 썽태우 20분
치앙마이 대학교

↓ 택시 12분
카오 소이 매 사이
↓ 택시 10분
똥 뗌 또
↓ 도보 10분
마야 쇼핑센터
↓ 엘리베이터 6층
님만 힐

치앙마이 쇼핑 1번지

마야 쇼핑센터 Maya Lifestyle Shopping Center

주소 55 Moo 5, Huay Kaew Rd, Tambon Chang Phueak, Muang Chiang Mai **위치** ❶ 님만해민 로드(Nimmanhaemin Rd)와 후아이 깨우 로드(Huay Kaew Rd)가 만나는 사거리에서 바로 ❷ 올드 시티 북쪽 창 푸악 게이트(Chang Puak Gate)에서 툭툭으로 10분 내외 **시간** 10:00~22:00 **홈페이지** www.mayashoppingcenter.com **전화** 052-081-555

치앙마이에서 가장 핫한 님만해민 초입에 위치한 종합 몰이다. 화이트 톤 건물에 그물 문양의 띠가 둘러져 있어 눈에 띈다. 여행자들에게는 이정표 역할을 하는 마야 쇼핑센터의 내부는 먹거리, 각종 의류 브랜드 매장이 즐비하다. 건물 상층에는 일몰과 야경을 즐기며 맥주 한잔하기 괜찮은 루프톱 바와 영화관, 코워킹 스페이스까지 갖추고 있으며 저층에는 태국 각종 음식을 맛 볼 수 있는 푸드 코트와 지하에는 프리미엄 마켓도 입점해 있어 인기다. 다른 도시와 비교하면 크지 않은 규모지만 치앙마이에서는 손에 꼽히는 대형 종합 몰로, 쾌적한 공간에서 쇼핑과 음식, 휴식과 문화를 즐기기에 이만 한 공간이 없다. 매주 토요일 쇼핑센터 앞 공간에서는 작은 규모의 야시장도 열리고 건물 1층에서는 치앙마이 대학교까지 무료 셔틀버스도 운행한다.

• 마야 쇼핑센터 •
INSIDE

님만 힐 Nimman Hill 6층

마야 쇼핑센터 옥상에 4~5개의 분위기 좋은 바가 모여 있는 공간이다. 방콕과는 달리 높은 건물이 많지 않아 루프톱 바가 많지 않은 치앙마이에서 제법 괜찮은 뷰와 분위기가 있는 곳이다. 칵테일이나 시원한 맥주를 마시며 라이브 공연을 즐기거나 님만해민 뷰를 배경으로 야경을 즐기기 좋다. 한 가지 살짝 아쉬운 건 치앙마이의 저렴한 물가와 비교하면 가격대는 약간 높은 편이다.

SFX 영화관 SFX Cinema 5층

우리나라 영화관못지않게 훌륭한 시설과 최신 영화를 상영하는 영화관이다. 소니에서 출시한 최신 상영기기를 사용하는 곳으로, 영화는 UHD 초고화질급인 4K와 3D로 나누어 상영한다. 요금은 영상 타입, 좌석, 요일에 따라 달라지고 국제학생증을 소지하면 약 25% 할인된 학생 요금으로 이용 가능하다. 참고로 무비데이인 수요일에는 가장 저렴한 금액인 100밧(Deluxe Seat 기준)으로 최신 영화를 즐길 수 있다. 상영작 및 상영 시간은 홈페이지(sfcinemacity.com)를 참고하자.

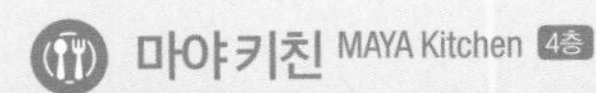

마야 키친 MAYA Kitchen 4층

기존의 푸드 코트가 '마야 키친'이라는 새로운 이름으로 바뀌었다. 괜찮은 수준의 현지 프랜차이즈 레스토랑과 작은 푸드 코트들이 모여 있다. 푸드 코트 내에서는 현금 및 신용 카드를 이용할 수 없고, 포인트 카드를 충전해서 사용하는 방식으로 식사를 하고 남은 카드의 잔액은 현금으로 돌려주니 조금 넉넉하게 충전하고 식사 후에 환급받는 것을 추천한다.

캠프 Camp 5층

태국 통신업체 AIS가 운영하는 코 워킹 스페이스다. 치앙마이 최대 규모를 자랑하며 다양한 형태의 테이블과 회의실, 테스트 룸까지 준비돼 있다. 24시간 운영하며, 입장권이자 이용 요금인 음료(65밧~)를 구매하면 무료로 2시간 와이파이를 제공(참고로 AIS 유심 이용자는 음료 구매 시 와이파이 무제한)한다. 와이파이 무료 이용이 제한적이지만 인터넷 속도가 빠르니 단시간 사용이 필요한 여행자라면 추천한다.

림핑 슈퍼마켓 Rimping Supermarket 지하 1층

태국 프리미엄 슈퍼마켓이다. 과일, 야채를 비롯해 많은 식재료가 준비돼 있다. 시장과 비교하면 가격대는 약간 비싸지만 매일 산지에서 공수되는 신선한 제품을 구매할 수 있다. 최근에는 라면 등 한국 제품도 제법 눈에 띄니 한국의 맛이 그리운 여행자라면 참고하자.

치앙마이 중심의 현대적 복합 문화 공간

원 님만 One Nimman

주소 Suthep, Mueang Chiang Mai District, Chiang Mai **위치** 마야 쇼핑몰 대각선 맞은편 **시간** 11:00~22:00 **전화** 052-080-900

'치앙마이의 가로수길'이라 불리는 님만해민의 중심부에 자리 잡은 복합 문화 공간이다. 다양한 소품과 기념품을 판매하고 있어, 한국에 돌아가 지인들에게 줄 선물을 고민하고 있다면 이곳을 방문하길 추천한다. 치앙마이에서 가장 비싼 물가를 자랑하지만 그만큼 품질 좋은 옷과 소품이 많아 열심히 찾아본다면 적당한 가격에 좋은 물건을 득템할 수 있다. 또한 글로벌 스탠다드에 맞는 맛집이 가장 많이 모여 있는곳이라 식사와 카페 그리고 볼거리까지 한꺼번에 해결할 수 있다. 무료로 진행하는 수업들이 있으니 방문하기 전에 페이스북에서 체크한 후 방문하는 것도 좋다.(2024년 1월 기준: 월·수요일 요가, 금요일 탱고, 토요일 스윙, 일요일 살사) 저녁에는 색색의 아름다운 조명들이 켜지고 재즈 밴드가 노상에서 공연을 하며 다양한 나이트 마켓이 열려 아침과는 또 다른 매력을 자랑한다. 밤낮의 뷰와 느낌이 다르니 시간이 된다면 시간대별로 방문하는 것을 추천한다. 주말에는 화이트 마켓이라는 주말 플리마켓이 열린다. 금요일부터 일요일까지 오전 11시부터 오후 10시까지 열리는 화이트 마켓은 올드 시티의 야시장이나 선데이 마켓과는 다른 분위기를 자랑한다. 가격은 조금 더 나가지만 특징 있는 핸드메이드 소품을 많이 판매하고 있으니 귀엽고 아기자기한 소품을 한국보다 저렴한 가격에 구매하고 싶다면 방문해 보자.

• 원 님만 •

INSIDE

그래프 원 님만 Graph One Nimman

올드 시티의 작은 카페에서 시작되어 치앙마이 곳곳에 프랜차이즈를 오픈한 그래프 카페는 원 님만의 가장 좋은 자리에 위치해 있다. 매장은 10개 테이블 남짓으로 운영되고 있으며, 어둡고 무드 있는 분위기의 내부 인테리어는 카페가 아니라 바에 와 있는 듯한 느낌을 준다. 다양한 조합의 시그니처 커피가 많고, 특히 우리나라에서는 보기 드문 밀크를 많이 사용하므로 라테 메뉴에 도전한다면 좋은 경험을 할 수 있다. 특히 숯 라테가 유명한데 숯가루처럼 까만 에스프레소를 우유에 부은 메뉴로, 바닐라 시럽이 들어가 달콤한 바닐라 라테 맛이 나며 음료 위쪽의 검은 부분을 먹으면 쌉싸름한 숯 맛을 느낄 수 있는 이색 음료이니 도전해 보는것도 좋을 것 같다.

주소 1 Tambon Su Thep, Mueang Chiang Mai District, Chiang Mai **위치** 마야 쇼핑몰 대각선 맞은편 정문 입구로 들어와 복도 좌측 **시간** 11:00~21:00(토~월 11:00~22:00) **전화** 086-567-3330

한가로이 야시장을 즐길 수 있는 곳
깟 린 캄 야시장 Kat Rin Kham Night Bazaar ตลาดกาดรินคำ [딸랏 깟 린 캄]

주소 인근 55 Moo 5, Huay Kaew Rd, Tambon Chang Phueak, Muang Chiang Mai **위치** ❶ 마야 쇼핑센터 정문을 등지고 오른쪽 후아이 깨우 로드(Huay Kaew Rd) 따라 도보 1분 ❷ 마야 쇼핑센터 뒤 **시간** 17:00~22:00 **전화** 091-021-9459

님만해민에서 가장 가까운 거리에서 열리는 야시장이다. 마야 쇼핑센터Maya Lifestyle Shopping Center 바로 뒤에 위치해 치앙마이에 있는 다른 야시장과 비교하면 규모는 작지만 고즈넉하고 먹거리를 판매하는 부스까지 준비돼 있어 한 번쯤은 들를 만하다. 판매하는 주 품목은 의류와 액세서리 등 패션 용품과 생활용품이다. 패션용품은 그나마 괜찮지만 생활용품의 퀄리티는 좋지 않은 편이니 참고하자. 다른 야시장과는 달리 현지인 비중이 매우 높은 곳으로 정말 특별한 스폿은 없으니 마야 쇼핑센터에서 쇼핑을 끝내고 들르거나 치앙마이 대학교 구경 후에 들르는 정도로 방문해 가볍게 둘러보자.

분위기 있는 복합 쇼핑 구역
싱크 파크 Think Park

주소 인근 165 Huay Kaew Rd, Tambon Suthep, Muang Chiang Mai **위치** 님만해민 로드(Nimmanhaemin Rd)와 후아이 깨우 로드(Huay Kaew Rd)가 만나는 사거리 마야 쇼핑센터 맞은편 **시간** 24시간(상점마다 다름) **홈페이지** www.facebook.com/thinkparkchiangmai **전화** 087-660-7706

2016년 대대적인 리뉴얼과 함께 새롭게 오픈한 복합 쇼핑 구역이다. 마야 쇼핑몰 맞은편에 위치한 곳으로 소규모 편집 숍을 비롯해 치앙마이에서 꽤 유명한 카페, 레스토랑이 여럿 모여 있다. 독특하고 아기자기한 소품과 디자인 제품이 주를 이루는 곳으로 감성적인 핫 아이템을 찾는다면 꼭 한 번 들러볼만 하다. 매주 금, 토요일에는 수공예품을 중심으로 한 야시장도 열리고 해가 질 무렵에는 아티스트들의 야외 공연도 상시 열린다. 공식 홈페이지를 통해 입점해 있는 상점들 소식과 할인 쿠폰도 올라오니 참고하자.

심플한 디자인과 핸드메이드로 유명한 편집 숍

플레이웍스 Playworks

주소 인근 165 Huay Kaew Rd, Tambon Su thep, Muang Chiang Mai **위치** 싱크 파크 내 **시간** 09:00~22:00 **가격** 스티커 60밧~, 에코백 280밧~, 자수 캔버스백 380밧~ **홈페이지** www.playworksshop.com **전화** 092-542-1500

마야 쇼핑센터, 나이트 바자에도 팝업 스토어가 있을 만큼 인기몰이를 하고 있는 편집 숍이다. 직접 그린 일러스트를 면이나 천에 프린팅 하거나 컴퓨터로 자수를 넣은 에코백, 손수건, 파우치 등 다양한 용품을 판매하고 있다. 눈에 띄는 하얀색 외관에 8평 남짓한 내부에는 인테리어 소품을 비롯해 엽서, 쿠션 커버 등 다양한 제품이 자리 잡고 있는데, 심플하고 눈에 띄는 디자인은 물론 퀄리티도 좋아 선물용으로 인기다. 홈페이지에 최신 제품 리스트가 있으니 참고하자.

커피 마니아가 운영하는 카페

코튼트리 카페 Cottontree Cafe

주소 인근 45/38 Moo 5, Super highway Road, Tambon Chang Phueak, Muang Chiang Mai **위치** 마야 쇼핑센터 정문을 등지고 왼쪽 슈퍼 하이웨이 로드(Super highway Road) 따라 200m 직진 후 모다 콘도(Moda Condo)가 있는 왼쪽 골목으로 도보 2분 **시간** 08:00~16:00(오픈 시간은 가게 사정에 따라 수시 변동) **휴무** 화요일 **가격** 65밧~(커피), 50밧~(쿠키 등 디저트) **홈페이지** www.facebook.com/pg/Cottontree-Coffee-Roasters-437598273063859 **전화** 086-090-9014

치앙마이에서 가족 단위 혹은 장기 여행자들이 많이 이용하는 그린힐 Green Hill 콘도 인근에 위치한 카페다. 화이트칼라로 칠해진 창고 같은 건물 한쪽에 위치한 아담한 카페로, 모던한 내부에는 감각적인 소품이 가득하다. 커피를 정말 좋아하는 주인장의 솜씨에 여행자들 사이에서 입소문만으로 유명해 진 곳이다. 시내의 다른 카페에 비해 차분하고 조용한 분위기 또한 매력적이다. 직접구운 맛있는 스콘과 빵은 보너스 메뉴. 주인장이 고른 좋은 원두를 가게에서 직접 로스팅한 원두도 판매하고 있다.

10밧부터 시작되는 중국식 꼬치구이 전문점

펑키 그릴 치앙마이 Funky Grill Chiangmai

주소 199/4 Huaykaew Rd, Tambon Su thep, Muang Chiang Mai **위치** 마야 쇼핑센터 정문을 등지고 오른쪽 후아이 깨우 로드(Huay Kaew Rd) 따라 도보 4분 **시간** 17:30~다음 날 02:00 **가격** 20밧~(꼬치), 75밧~(맥주), 20밧~(음료) **전화** 083-944-6336

매일 저녁 4시부터 문을 여는 꼬치구이집이다. 정확히 말하면 저녁 5시부터 문을 닫는 오토바이 렌탈 숍 실외에 테이블만 놓고 장사를 시작한다. 주문과 동시에 전용 기기에 구워 낸 각종 꼬치와 주류를 판매하는 포장마차에 가깝다. 검은색 티셔츠에 검은 모자를 쓴 젊은 청년들이 구워 주는 꼬치는 20밧으로 저렴하고 맛도 괜찮아 매일 저녁 북새통을 이룬다. 꼭 찾아가서 먹을 정도의 특별한 맛은 아니지만 저렴한 가격에 시원한 맥주를 곁들인 야식을 즐기기에는 제격이다. 인기 메뉴는 돼지고기(20밧), 부추(30밧), 옥수수(45밧) 이외에도 닭(20밧)이나 돼지갈비꼬치(80밧)도 잘 나간다. 마라 매니아라면 마라탕을 시켜 먹는 것도 추천한다. 한국보다 조금 더 얼얼하고 진한 마라의 진수를 느낄 수 있을 것이다.

현지 방송에서 자주 소개된 브런치 식당

꼬프악 꼬담 GopuekGodum โกเผือกโกดำ [꼬프악 꼬담]

주소 인근 Ban Nam mae Soi 3, Huaykaew Rd, Tambon Chang Phueak, Muang Chiang Mai **위치** 마야 쇼핑센터 정문을 등지고 오른쪽 후아이 깨우 로드(Huay Kaew Rd) 따라 550m 직진 후 홀리데이 가든 호텔(Holiday Garden Hotel) 간판이 있는 삼거리에서 오른쪽 골목(Soi Sudjai)으로 도보 3분 **시간** 07:30~14:00 **휴무** 화요일 **가격** 55밧~(쌀국수), 35밧(차 & 커피), 55밧(커스터드 크림 & 토스트 세트) **전화** 090-891-9622

오전 8시에 문을 열어 재료가 떨어지면(보통 12시) 문을 닫는 조식 식당이다. 외관은 부실해 보이지만 태국 및 국내 방송에서도 소개된 치앙마이에서 제법 유명한 곳이다. 12개 남짓한 테이블을 놓고 쌀국수, 토스트, 커피 등 브런치 메뉴를 판매한다. 인기 메뉴인 국수도 괜찮지만 이 가게가 가장 유명해진 건 시그니처 메뉴인 타이식 커스터드 세트인데, 함께 나오는 토스트는 선택(구운 토스트 또는 스팀 토스트) 가능하고 메인인 커스터드 크림은 형형색색 4색 파스텔 톤 칼라로 색도 예쁘고 맛도 훌륭하다. 워낙 유명한 메뉴라 9시 이전에 조기 품절되는 경우도 발생하니 이왕 방문을 계획한다면 조금 일찍 방문하자. 테이블이 적기 때문에 웨이팅은 기본이고 메인 메뉴와 함께 태국식 밀크 티Thai Milk Tea(35밧)나 태국 꽃차인 버터플라이 피 티Butterfly pea Tea(35밧)와 함께 맛보길 추천한다.

치앙마이의 청담동이라 불리는 핫한 거리

님만해민 로드 일대 Nimmanhaemin Rd Area

주소 일대 Nimmanhaemin Road, Tambon Su thep, Muang Chiang Ma **위치** 올드 시티 서쪽 수안 독 게이트(Suan Dok Gate)로 나와 약 1.5km 직진 **시간** 상점마다 다름 **가격** 상점마다 다름

치앙마이의 청담동이라 불릴 만큼 가장 핫한 곳으로, 골목 곳곳에 레스토랑과 카페, 고급 게스트 하우스 등 현대 시설이 가득하다. 예술가, 디지털 노마드의 성지로 불리며 태국 방콕에서도 볼 수 없는 한층 높은 수준의 치앙마이 예술과 문화 그리고 편안함을 만끽할 수 있다. 올드 시티와 비교했을 때 물가는 조금 높은 편이지만 치앙마이 대학교 근처에 위치해 가성비 좋은 스폿도 여럿 있다. 한 번 들러 보면 헤어 나올 수 없는 님만해민만의 매력 포인트가 가득하니 여유가 있다면 하루 정도 이곳에서 한가로이 시간을 보내보길 추천한다.

태국 라테 아트 챔피언이 운영하는 인기 카페

리스트레토 커피 Ristr8to Original

주소 15/3 Nimmanhaemin Road, Tambon Su thep, Muang Chiang Mai **위치** 마야 쇼핑센터 맞은편 님만해민 로드(Nimmanhaemin Rd)로 약 350m 직진 후 아디다스 오리지널 매장 맞은편 **시간** 07:30~18:30 **가격** 98밧~(시그니처 라테) **홈페이지** www.facebook.com/Ristr8to **전화** 053-215-278

장기 여행자들 사이에서 커피 맛으로는 님만해민에서 최고로 손꼽는 카페다. 태국을 대표하는 바리스타라 불러도 손색없을 정도로 라테 아트, 월드 커피 배틀 등 커피 관련 국제 대회에서 화려한 수상 경력을 보유한 아론 티띠쁘라셋 Arnon Thitiprasert이 운영하는 곳이다. 이곳의 시그니처 커피는 역시 라테. 챔피언의 라테 아트가 그려진 3종 시그니처 커피는 부드러운 거품과 커피 맛도 일품이지만 무엇보다 거품 위에 그려진 그림이 귀엽고 화려해 마시기에 아까울 정도다. 폐점 시간이 오후 6시 30분으로 다른 카페에 비하면 조금 일찍 문을 닫는 편이다. 한 가지 기억할 것은 바리스타 겸 주인장의 말에 의하면 무더운 기후로 아이스커피를 팔긴 하지만 리스트레토가 제일 잘하고 진정한 라테 맛을 즐기고 싶다면 뜨거운 커피를 선택하길 추천한다고 한다. 가게를 정면으로 왼쪽 골목 멀지 않은 곳에는 더 큰 규모의 3호점 매장인 리스트레토 랩Ristr8to LAB도 있으니 참고하자.

태국의 닭구이 까이양 전문점

위치안부리 로스트 치킨 Wichianburi Roast Chicken

주소 Nimmana Haeminda Rd Lane 11, Suthep, Mueang Chiang Mai District, Chiang Mai **위치** 님만해민 사거리 대로에서 올드 시티 방면 대로를 따라 도보 10분 후 스리 마카라잔 로드(Sri Mangkalajarn Rd)에서 도보 8분 후 좌측 **시간** 09:30~17:00 **휴무** 월요일 **전화** 086-207-2026

겉은 바삭하고 속은 촉촉한 태국식 숯불구이 치킨인 '까이양'을 판매하는 곳으로, 여행자와 현지인을 불문하고 사랑받는 가게이다. 외관이 다소 허름하고 에어컨이 없어서 조금 덥고 답답하다는 느낌을 받을 수 있지만, 이런 불편을 감수하고서라도 먹어 볼 만한 맛집이다. 반 마리 단위로도 판매하고 있어 1인 여행객도 부담 없이 방문할 수 있다. 부위별로 구이를 판매하고 있어 촉촉한 부위를 좋아하는 사람도, 뻑뻑하고 담백한 부위를 좋아하는 사람도 기호에 맞게 구매할 수 있다. 이곳의 또 하나의 별미는 옥수수 쏨땀이다. 달달한 옥수수를 새콤매콤한 소스에 버무린 옥수수 쏨땀은 독특한 풍미의 동남아시아 음식을 즐기지 못하는 사람도 먹을 수 있을 정도의 초심자 레벨이다. 한국의 치킨 무와 같은 역할을 해 주니 이곳을 방문한다면 꼭 함께 도전해 보자.

우리의 입맛에도 잘 맞는 태국식 치킨 까이양 전문점

청 도이 로스트 치킨 Cherng Doi Roast Chicken ไก่ย่างเชิงดอย [까이양 청도이]

주소 2, 8 Suk Kasame Rd, Tambon Su Thep, Mueang Chiang Mai **위치** 마야 쇼핑센터 맞은편 님만해민 로드(Nimmanhaemin Rd) 따라 약 350m 직진 후 아디다스 오리지널 매장 지나 첫 번째 오른쪽 골목(Sukkasame Rd)으로 도보 2분 **시간** 11:00~22:00 **휴무** 월요일 **가격** 60밧~(솜 땀), 95밧(까이양 반마리), 15밧(찹쌀밥) **전화** 081-881-1407

태국 동북부 이산 음식을 전문으로 하는 식당이다. 태국 내에서도 맛있기로 소문난 이산 음식 중 숯불로 구워 기름기를 빼내 겉은 바삭하고 속은 촉촉한 닭 요리인 까이양을 메인으로 한다. 오랜 시간 구워 내 기름기가 없어 담백한 까이양은 매콤한 특제 소스에 찍어 먹는데 그 맛이 일품이다. 시원한 맥주와 입맛을 자극하는 솜 땀에 쫀득한 찹쌀밥인 스티키 라이스Sticky Rice(15밧)와 함께하면 금상첨화다. 메인 메뉴인 까이양 외에도 돼지고기 바비큐, 카레 등 다양한 메뉴가 준비돼 있고 가격 또한 합리적이니 취향에 맞게 다양한 요리를 선택해 즐겨 보자. 참고로 늦은 저녁 시간에는 치맥이 그리워 찾는 여행자들이 여럿 있으니 조금 일찍 방문하자.

맑은 국물의 돼지뼈국 전문점

바미 수프 끄라둑 Bami Soup Kraduk

주소 28/3 Nimmanahaeminda Road, Tambon Su Thep, เมือง Chiang Mai **위치** 마야 백화점 사거리에서 님만해민 로드를 따라 도보 8분 후 13번 도로에서 우측 첫 번째 건물 안쪽 **시간** 09:30~20:30 **휴무** 일요일 **전화** 053-216-416

우리나라의 제주도 향토 음식인 접착뼈국과 흡사한 태국의 돼지뼈국 전문점이다. 고기가 매우 야들야들하여 아이들과 먹기에도 안성맞춤이다. 태국어로 계란면을 의미하는 '바미'와 돼지 등뼈를 의미하는 '끄라둑'으로 작명한 간판을 본다면 단번에 이곳의 대표 메뉴를 알 수 있다. 고기를 삶는 기술이 일품이므로 다른 메뉴보다 국물이 있는 요리를 주문하길 추천한다. 육향이 진하게 배긴 국물에는 따로 조미하지 않은 순수 고기의 맛이 가득하지만 놀라운 정도로 잡내가 나지 않는다. 영어가 잘 통하지 않고 가게도 작은 편이라 단기 여행자들에게는 그다지 유명하지 않은 식당이지만, 저렴한 가격에 비해 만족도 높은 메뉴들 덕분에 장기 체류하는 여행자라면 한 번쯤 방문해 보기를 추천하는 곳이다.

치앙마이 한복판의 일본풍 사진 맛집

트랜짓 넘버 8 Transit Number 8

주소 56, 19 Soi Sanam Bin Kao 8, Tambon Su Thep, Chiang Mai **위치** 올드 시티 동쪽 수안 독 게이트(Suan Dok Gate)에서 수텝 로드(Suthep Rd)를 따라 2km 직진 후 사거리에 있는 톤 파욤 시장(Ton Phayon Market)을 좌측으로 끼고 도보 2분 후 좌측 **시간** 08:00~18:00 **요금** 50밧 **전화** 062-592-4259

아기자기한 일본의 거리를 잘 구현해 둔 카페 거리로 총 3곳의 상점이 입점해 있다. 입구에서 점원에게 입장료 50밧을 지불하면 들어갈 수 있는데, 입장권은 카페에서 음료를 구매할 때 해당 금액만큼 차감해서 사용할 수 있다. 화이트 앤 우드 톤의 정갈하고 깨끗한 인테리어 덕분에 인스타그램 감성의 포토 스폿이 많아, 여행자와 현지인을 가리지 않고 특히 젊은 여성들에게 인기가 많다. 다양한 원두를 보유하고 있는 카페와 아이스크림 상점 그리고 에스프레소 바가 있어 취향대로 구매해서 먹을 수 있다. 아이스크림도 일본 현지에서 파는 것 같은 농후한 우유 맛을 잘 구현했다. 말차를 사용한 메뉴도 있어 일본 느낌의 사진을 찍고 싶다면 말차 아이스크림을 주문하는 것을 추천한다.

란나 스타일의 향토 음식을 맛볼 수 있는 인기 식당
똥 뗌 또 Tong Tem Toh ต๋องเต็มโต๊ะ [떵 뗌 또]

주소 11 Nimmanhaemin Soi 13, Nimmanhemin Rd, Tambon Su thep, Muang Chiang Mai **위치** 마야 쇼핑센터 맞은편 님만해민 로드 (Nimmanhaemin Rd)로 약 550m 직진 후 더 샐러드 콘셉트(The Salad Concept) 매장 지나 왼쪽 골목(Soi 13)으로 도보 2분 **시간** 08:00~23:00(숯불구이 11:00~) **가격** 120밧~(1인 기준)

태국 북부 특유의 음식을 맛볼 수 있는 향토 음식점이다. 옛 란나 왕국 시대의 맛을 되살린 음식 전문점으로, 건강식은 물론 맛도 좋아 여행자들 사이에선 최고의 맛집으로 불린다. 메뉴판에 표시된 음식 수만 수백 개가 넘어 골라 먹는 재미도 이곳만의 매력 포인트다. 한국인 여행자에게 가장 인기가 좋은 메뉴는 숯불에서 구워 낸 돼지 숯불구이인 목심구이와 곱창이며 이들을 동시에 맛보고 싶다면 믹스 메뉴를 추천한다. 도전적인 메뉴를 선택하고 싶다면 향신료와 허브를 가득 넣어 끓인 카레에 돼지고기가 들어간 깽 항 레이Kaeng hang lay도 강추한다. 약간 느끼할 수 있으니 찹쌀밥인 스티키 라이스Sticky Rice(15밧)와 채소 모둠과 함께 곁들이길 추천한다. 평소 30분 정도 대기줄은 기본이니 식사 시간보다 조금 일찍 방문하자. 참고로 저녁 시간대보다는 점심시간 때가 그나마 대기가 짧다.

방콕에서도 가성비로 유명한 토스트 전문점
몬 놈솟 Mont Nomsod นมสด [몬 놈쏫]

주소 45/21 Nimmanhaemin Rd, Tambon Su thep, Muang Chiang Mai **위치** 마야 쇼핑센터에서 님만해민 로드(Nimmanhaemin Rd) 따라 약 400m 직진 **시간** 14:00~23:30 **가격** 55밧~(우유), 27밧~(토스트) **전화** 053-214-410

1964년 방콕에서 시작해 지금은 방콕과 치앙마이에 여러 지점(직영)을 운영하고 있는 우유 & 빵집이다. 가족 경영을 원칙으로 하고 있는 몬 씨 가족의 가게로, 처음에는 신선하고 달콤한 우유(제조 업체)에서 시작해 지금은 부드럽고 담백한 여러 종류의 빵과 달콤한 연유나 초콜릿을 얹어 먹는 태국식 토스트인 카놈빵삥을 메인으로 하고 있다. 무엇보다 이곳의 매력은 저렴한 가격. 달콤하고 고소한 우유가 단돈 55밧이고 두껍게 썬 기본 토스트가 27밧부터 시작되는데 꼭 찾아가서 먹어야 할 정도의 맛은 아니지만 가격 대비 만족도는 높다. 님만해민을 둘러보다 단것이 생각난다면 들러 태국 No.1 토스트를 맛보도록 하자. 참고로 우유의 단 정도는 주문 시 조절 가능하고 본점인 방콕 지점은 대기줄이 생길 정도로 인기가 대단하다.

한국식 육수에 국수를 전문으로 하는 가게
시아 피시 누들 Sia Fish Noodles เซี่ยะ ก๋วยเตี๋ยวปลา [씨야 꾸이띠여우쁠라]

주소 17 Nimmana Haeminda Rd Lane 11, Tambon Su Thep, Mueang Chiang Mai **위치** 마야 쇼핑센터에서 님만해민 로드(Nimmanhaemin Rd)) 따라 약 500m 직진 후 스타벅스 님만해민점 옆을 지나 바로 왼쪽 골목(Soi 11)으로 도보 3분 **시간** 10:00~15:00 **휴무** 일요일 **가격** 50밧~(국수), 45밧(갈비탕), 7밧(공깃밥) **전화** 091-138-7002

고기로 우려낸 진한 육수에 어묵과 국수를 넣어 끓인 태국식 국수 전문점이다. 우리 입맛에도 잘 맞는 국물 맛과 저렴한 가격이 매우 괜찮은 곳으로, 공깃밥을 포함해 단돈 50밧이면 한 끼 식사로 괜찮을 정도로 맛과 양도 괜찮다. 인기 국수는 맑은 육수에 생선 볼이 들어간 맑은 피시볼 국수Clean Soup Fish Noodle(50밧)와 우리의 갈비탕과 유사한 메뉴 갈빗살 수프Pork Ribs with Soup(45밧)다. 특히 갈빗살 수프는 고기의 형태만 다를 뿐 국물 맛이 갈비탕과 유사해 한국 여행객 사이에서 인기다. 치앙마이의 다른 로컬 식당과 비교하면 위생 관리가 잘 되어 있는 것도 매력이라면 매력. 태국 음식이 질리거나 저렴한 비용으로 가볍게 한 끼 해결하고 싶은 여행자라면 강력 추천한다.

빙수와 버블티가 맛있는 감성 카페
브라운 카페 Brown Café

주소 7/3 Nimmanhaemin Rd Soi 9, Tambon Su thep, Muang Chiang Mai **위치** 마야 쇼핑센터 맞은편 님만해민 로드 (Nimmanhaemin Rd) 따라 약 400m 직진 후 스타벅스가 있는 건물 왼쪽 골목(Soi 9)으로 도보 2분 **시간** 10:00~20:30 **가격** 129밧~(대만식 빙수), 60밧~(티) , 70밧~(버블티) **전화** 098-842-2265

님만해민 로드 소이 9Soi 9에 위치한 분위기 좋은 카페다. 모던하고 심플한 인테리어로 대만 스타일의 각종 빙수와 커피, 케이크와 유기농 버블티를 판매한다. 입구에서부터 실내까지 세련된 분위기가 치앙마이가 맞나 의심이 들 정도로 깔끔한 곳이다. 다양한 고명을 넣고 녹는 맛이 일품인 대만식 빙수와 전용병에 담아 판매하는 유기농 버블티가 인기다. 그중 시그니처이자 스페셜 메뉴는 대만식 빙수인 밀크티 빙수이다. 입안에서 사르르 녹아내리는 빙수에 떡, 버블티의 재료인 타피오카펄, 시럽 등이 따로 나와 취향에 맞는 나만의 빙수를 만들어 먹을 수 있다. 달콤한 케이크를 좋아한다면 예쁜 나무 그릇에 나오는 티라미수도 추천한다.

한국 음식이 그립다면 가 볼 만한 뷔페집

미소네 레스토랑 Misone Restaurant

주소 36/1 Nimmanhaemin Rd Soi 11, Tambon Su thep, Muang Chiang Mai **위치** 마야 쇼핑센터 맞은편 님만해민 로드(Nimmanhaemin Rd) 따라 약 500m 직진 후 스타벅스 님만해민점 옆을 지나 바로 왼쪽 골목(Soi 11)으로 도보 4분 **시간** 10:00~21:00 **가격** 199밧(아침 뷔페), 279밧(저녁 고기 뷔페) **전화** 084-045-7361, 070-8258-3700(한국 번호), cmisone(카카오톡)

한국인 사장님이 운영하는 한식당이다. 치앙마이 터줏대감인 한인 게스트 하우스 미소네에서 운영하며, 하루 두 타임 한식 뷔페와 닭갈비 세트 그리고 삼계탕, 냉면 등 단품 메뉴가 준비돼 있다. 뷔페는 각종 한국 음식이 준비 된 점심 뷔페(11:00~14:00)와 삼겹살이 무제한 제공되는 고기 뷔페(14:30~22:00)로 진행되는데, 그중 런치 뷔페는 다른 가게와 비교했을 때 가성비가 괜찮다. 태국 현지식 물가에 비하면 가격대는 높지만 한국 음식이 그리운 여행자라면 합리적인 가격으로 한국 음식을 무한대로 즐길 수 있어 오아시스 같은 곳이다. 15년 이상 치앙마이에서 사업을 하고 계신 사장님이 운영하기에 현지 투어나 최신 여행 정보는 덤으로 받을 수 있다. 직접 담근 김치도 판매하는데, 마트에서 판매하는 김치에 비해 훨씬 한국적인 맛을 잘 구현했기 때문에, 한국의 향수가 그리운 장기 여행자라면 하루쯤 미소네에서 머물면서 한국 식당을 이용하는 것도 좋은 방법이 될 수 있다.

푸드 트럭으로 시작해 치앙마이 맛집이 된 수제 버거 전문점

비스트 버거 카페 Beast Burger Cafe

주소 14 Nimmanhaemin Rd Soi 17, Tambon Su thep, Muang Chiang Mai **위치** 마야 쇼핑센터 맞은편 님만해민 로드(Nimmanhaemin Rd) 따라 약 700m 직진 후 비어 랩(Beer Lab) 맞은편 골목(Soi 17)으로 도보 3분 **시간** 11:00~14:00, 17:00~22:00 **가격** 235밧~(수제 버거), 30밧(음료) **홈페이지** www.beastburgercafe.com **전화** 080-124-1414

햄버거 마니아를 위한 수제 버거를 만드는 버거 카페다. 주문과 동시에 조리가 시작된다. 육즙 가득한 패티와 푸짐함으로 현지인들과 여행자들의 입맛을 사로잡은 곳이다. 원래 이곳은 치앙마이 대학교에서 푸드 트럭으로 시작했는데, 맛과 양으로 급 유명세를 타면서 지금의 자리에 안착했다. 단독 건물 전체(1층과 옥상)를 사용할 정도로 맛으로 성공한 가게로 로컬 푸드와 비교했을 때 가격대는 약간 높지만 푸짐하게 들어간 내용물과 맛을 보면 수긍할 수 있을 정도로 내용물이 충실하다. 8종류의 수제 버거 주문 시 기본으로 감자튀김이 포함되고 음료(30밧)는 따로 주문해야 한다. 인기 메뉴는 블루치즈크림이 듬뿍 들어간 크리미 블루 치즈Creamy Blue Cheese 버거와 두꺼운 패티가 2장이나 들어간 더블Double 버거다. 가장 기본인 비스트Beast 버거도 괜찮다.

치앙마이 중심지의 한국 상품 전문 마트

보라 마트 Bora Korean Mart

주소 5/1, Soi 9, Mueang, Chiang Mai **위치** 마야 백화점 사거리에서 님만해민 로드를 따라 도보 6분 후 9번 도로에서 좌측 3번째 건물 **시간** 11:00~20:00 **전화** 065-478-0688

일주일 이내의 짧은 여행을 즐긴다면 고국의 맛이 그립지 않을 수 있지만, 한 달 이상 길어지는 장기 여행은 향수를 느끼게 한다. 그럴 때쯤 방문하면 좋은 보라 마트는 마치 한국의 마트를 통째로 옮겨 놓은 듯한 인상을 준다. 치앙마이 편의점에서도 한국의 소주와 불닭볶음면 같은 유명한 메뉴는 판매하고 있지만 품목이 다양하지 못하다는 아쉬움을 느낄 수 있는데, 이곳은 소스부터 냉동 식품과 아이스크림까지 정말 모든 제품을 한국산으로 꽉꽉 채워 넣었다. 2020년 방콕에서 처음 문을 연 보라 마트는 치앙마이 내에도 님만해민과 미촉 플라자에 각각 프랜차이즈 매장을 오픈했다. 여행에서 만난 현지 친구들에게 한국 요리를 만들어서 대접하고 싶거나 한국 과자를 선물하고 싶다면 이곳을 눈여겨보는 게 좋다.

치앙마이 최고의 면 요리점으로 불리는 가게

크레이지 누들 crazy noodle ก๋วยเตี๋ยวไร้เทียมทาน [꾸이띠여우 라이티얌탄]

주소 6 Siri Mangkalajarn Rd, Tambon Su Thep, Mueang Chiang Mai **위치** 마야 쇼핑센터 맞은편 님만해민 로드(Nimmanhaemin Rd) 따라 약 700m 직진 후 비어 랩(Beer Lab) 맞은편 골목(Soi 17)으로 가다 빅토리아 호텔(Victoria Hotel) 지나 오른쪽 골목(Siri Mangkalajarn Rd Lane)으로 85m 직진 후 두 번 째 사거리에서 왼쪽 골목(Siri Mangkalajarn Rd Lane 13)으로 도보 1분 **시간** 10:00~21:00 **가격** 60밧~(국수), 220밧(시그니처 크레이지 국수) **전화** 088-978-7996

면 요리로는 치앙마이 최고라 불리는 국수 전문점이다. 30종이 넘는 다양한 메뉴와 쾌적하고 넓은 공간, 게다가 다른 가게는 따라올 수 없는 맛까지 더해져 그야말로 크레이지한 면 요리를 저렴한 가격에 즐길 수 있다. 가장 인기 메뉴는 시그니처 메뉴인 2번 크레이지 누들Crazy Noodle(220밧). 새우와 홍합 등 가게에서 사용하는 거의 모든 토핑이 풍부하게 더해져 인기다. 또 하나 이 가게의 특징은 면과 육수, 토핑까지 선택해 내 입맛에 맞는 국수를 주문할 수 있다. 6종류의 면은 취향에 맞게 선택하고, 국물은 태국 음식을 좋아한다면 똠 얌 꿍Tom Yum Soup을, 자극 없는 맑은 육수를 원한다면 클리어 수프Clear Soup를 추천한다. 개인적으로 면은 계란 면Egg Noodls과 쌀 면을 강추한다. 여러 명이 간다면 스페셜 3인 국수Special For 3 Person(555밧)도 괜찮다.

부드럽고 촉촉한 닭고기가 인기인 덮밥 전문점

치킨 라이스 코이 Chicken rice Koyi ข้าวมันไก่ โกยี [카우만까이 꼬이]

주소 69, 3 Siri Mangkalajarn Rd Lane 13, Suthep, Mueang Chiang Mai **위치** 마야 쇼핑센터 맞은편 님만해민 로드(Nimmanhaemin Rd) 따라 약 700m 직진 후 비어 랩(Beer Lab) 맞은편 골목(Soi 17)으로 가다 빅토리아 호텔(Victoria Hotel) 지나 오른쪽 골목(Mangkalajarn Rd)으로 도보 1분 **시간** 08:00~14:00 **가격** 45밧(덮밥 小), 55밧(덮밥 大) **전화** 082-527-1412

가성비 좋은 식당으로 유명한 닭고기덮밥 전문점이다. 태국어로 기름에 튀긴 닭을 밥 위에 올려 먹는 덮밥인 카이만 까이를 전문으로 하는 가게로, 45밧이라는 저렴한 가격에 닭고기가 가득한 덮밥을 즐길 수 있다. 짭조름한 육수를 넣고 조리한 윤기 있는 찰밥과 그 위에 덮인 부드럽고 촉촉한 닭고기, 거기에 닭을 넣고 우려낸 국물이 함께 나와 저렴한 한 끼를 해결해 준다. 닭고기와 소스 외에는 다른 반찬이 없어 약간 아쉬울 수 있지만 가볍게 한 끼 식사로는 부족함이 없는 곳으로 조금 이른 시간인 오후 2시에 문을 닫으니 참고하자. 독립점 외에도 마야 쇼핑센터 지하 식당에도 작은 매장이 있다.

현지 20~30대에게 핫 플레이스로 불리는 클럽

웜 업 카페 Warm Up Cafe

주소 40 Nimmanhaemin Rd, Tambon Su thep, Muang Chiang Mai **위치** 마야 쇼핑센터 맞은편 님만해민 로드(Nimmanhaemin Rd) 따라 약 800m 직진 후 오른쪽 **시간** 18:00~다음 날 02:00 **가격** 무료 입장, 100밧~(주류) **전화** 053-400-677

치앙마이 20~30대 사이에서 님만해민 핫 플레이스로 불리는 클럽 & 카페다. 클럽 하면 빠지지 않는 태국에서 방콕 못지않게 근사한 인테리어와 화려한 조명, 무대까지 겸비해 라이브 공연을 감상하며 간단한 식사와 주류를 즐길 수 있는 라운지와 다채로운 레이저와 함께 유명 DJ의 디제잉이 열리는 클럽으로 구분돼 있다. 드레스 코드가 정해져 있지 않아 편안한 복장으로도 이용 가능해 언제든지 방문하기 괜찮은 곳이다. 현지인 비율이 매우 높으며 요일에 따라 변동이 있지만 자정 전에는 주로 라이브 공연이 열리고 자정이 지나면 힙합과 EDM이 흐르며 본격적인 파티가 시작된다. 내부 컨디션은 아쉬운 부분이 있지만 가볍게 몸도 풀 겸 한 번 방문해 보자. 여권 지참은 필수며, 1층 구석에는 댄스 마니아를 위한 전용룸(공간)도 있다. 공연 정보는 공식 페이스북(www.facebook.com/warmupcafe1999)을 참고하자.

수십 종의 드래프트 비어를 맛볼 수 있는 곳

비어 랩 BEER LAB

주소 44/1 Nimmanhaemin Rd , Tambon Su thep, Muang Chiang Mai **위치** 마야 쇼핑센터 맞은편 님만해민 로드(Nimmanhaemin Rd) 따라 약 700m 직진 후 오른쪽 **시간** 17:00~24:00 **가격** 130밧~(안주류), 150밧~(맥주) **홈페이지** www.facebook.com/beerlabchiangmai **전화** 097-997-4566

님만해민 거리에서 가장 핫한 맥주집으로 불리는 곳이다. 잘 꾸며진 현대식 인테리어와 야외 공간에서 수십 종의 드래프트 비어와 전 세계 병맥주를 판매한다. 특히 주목해야 할 것은 이곳에서 판매하는 드래프트 비어인데, 치앙마이에 위치한 양조장에서 매일 생산되는 수준 높은 드래프트 비어라는 것이다. 접근성은 물론 분위기도 좋아 맥주 한잔하기 딱 좋은 곳으로 다른 곳과 비교하면 가격대는 약간 높은 편이다. 8시 이후에는 웨이팅이 기본일 정도로 인기다. 추천 맥주는 독일 맥주인 바이엔슈테판 비투스Weihenstephaner Vitus, 전 세계 맥주 랭킹에서 늘 이름을 올리는 벨기에 맥주 트라피스트 로슈포르 8Trappistes Rochefort 8과 치앙마이 로컬 드래프트 맥주인 효모가 여과되지 않은 헤페바이젠hefeweizen을 추천한다. 이곳 역시 나이 검사는 엄격하니 여권을 꼭 지참하고 방문하자.

님만해민 내의 한국어 메뉴판이 있는 마사지 숍

라파스 마사지 Lapas Massage

주소 24 11 Nimmanahaeminda Road, Suthep, Mueang Chiang Mai **위치** 마야 백화점 사거리에서 님만해민 로드를 따라 도보 8분 후 삼거리에서 우측 **시간** 10:00~23:00 **전화** 089-955-6679

아담한 규모의 마사지 숍으로 대단히 특별한 매력 포인트는 없지만 가정집 같은 편안한 분위기에서 휴식하며 다양한 타입의 마사지를 받을 수 있다. 장기 여행자가 많은 치앙마이에서 접근성이 좋고 분위기가 안락하기로 제법 소문이 난 가게다. 발 마사지를 비롯해 타이 마사지, 허벌 스팀Herbal Steam 등 웬만한 마사지 및 스파 코스가 준비되어 있다. 가장 인기 있는 상품은 미니 패키지Mini Package 4번 코스(1시간 30분)로 발과 전신, 등과 머리를 집중 마사지하는데 450밧으로 이용할 수 있다.

3대째 태국 북부 가정식을 전문으로 하는 가게
꾸아까이 KUAKAI ค่วไก่ นิมมาน [쿠어까이]

주소 9/1 Sainamphung Soi 9, Siri Mangkalajarn Rd, Tambon Su thep, Muang Chiang Mai **위치** 마야 쇼핑센터 맞은편 님만해민 로드(Nimmanhaemin Rd) 따라 약 700m 직진 후 비어 랩(Beer Lab) 맞은편 골목(Soi 17)으로 가다 플로라 호텔(Flora Hotel) 앞 사거리에서 오른쪽 골목(Mangkalajarn Rd)으로 직진 후 첫 번째 사거리에서 왼쪽 골목(Sainamphung Soi 9)으로 도보 1분 **시간** 09:00~21:00(주문 마감 20:30) **가격** 100밧~(1인 기준) **전화** 082-180-1177

3대째 태국 북부 지방 전통 요리를 전문으로 하는 음식점이다. 할머니로부터 전수 받은 특제 육수와 소스를 기반으로 태국 북부 가정식을 선보이며 여행자들에게는 잘 알려지지 않았지만 국내 매체(매거진, 신문) 등에 여러 번 소개될 정도로 맛으로는 꽤 유명하다. 오래된 가게임에도 깔끔한 인테리어와 위생 상태가 매우 좋고 가성비 또한 괜찮다. 인기 메뉴는 카레를 베이스로 한 북부 국수 카오 소이Khao Soi(100밧~)와 각종 재료가 더해진 볶음 요리, 새콤하면서도 매콤한 태국식 샐러드인 얌 운 센Yam woon sen을 추천한다.

디지털노마드들의 성지 카페
와코 베이크 Wako Bake

주소 16 Mueang Chiang Mai District, Chiang Mai **위치** 마야 쇼핑몰 사거리에서 서쪽 훼이 께우 로드(Huay Kaew Rd)를 따라 도보 8분 후 우측 건물 뒤편 **시간** 07:00~21:00 **전화** 094-624-9524

디지털 노마드들이 작업하기 좋은 카페이다. 식당 겸 카페로 운영하기 때문에 작업을 하다 배가 고프면 자리를 비우지 않고 바로 음식을 시켜 먹을 수 있다는 것도 이곳의 장점이다.이름에서 알 수 있듯 다양한 일본 메뉴를 취급하고 있기 때문에, 간장을 베이스로 한 동북아의 맛이 그리울 때 방문하면 좋다. 카페 중앙에는 작은 일본풍 정원이 있어 일을 하다 싫증나면 한 바퀴 걸으며 산책하기 좋다. 마야 쇼핑몰 근처의 카페들은 대부분 사람이 많아 시끄럽고 집중하기 어려운 환경이지만, 이 카페는 전체적으로 조용하고 차분한 분위기를 유지해서 디지털 노마드의 각광을 받고 있다. 다만, 작업실로 이용하는 손님들이 많다 보니 통화나 잡담과 같은 소음을 발생하는 행동은 눈총을 살 수 있으니 주의하자.

커플족이 즐겨 찾는 마사지 숍

님만 하우스 타이 마사지 Nimman House Thai Massage

주소 59/8 Nimmanhaemin Rd, Tambon Su thep, Muang Chiang Mai **위치** 마야 쇼핑센터 맞은편 님만해민 로드 (Nimmanhaemin Rd) 따라 800m 직진 후 웜 업 카페(Warm Up Cafe) 맞은편 공터 안쪽 **시간** 10:30~22:00 **가격** 250밧(타이 전통 마사지, 1시간) **홈페이지** www.nimmanhouse.com **전화** 053-218-109

오래된 태국 북부 전통 가옥을 개조한 마사지 숍이다. 2003년부터 운영하고 있는 제법 오래된 가게로 태국 전통 마시지를 비롯해 얼굴 마사지, 스크럽 등 다양한 스파 코스를 제공한다. 다소 높은 물가의 지역인 님만해민에서 제법 합리적인 가격대와 괜찮은 실력을 자랑하고 있다. 고급풍이나 세련함은 부족하지만 깔끔한 디테일과 분위기도 좋아 인기다. 패지키 상품의 경우 2인 또는 커플이 가면 할인도 받을 수 있어 이득이다. 카운터에는 스크럽과 보디로션 등 스파용품도 판매하고 있다. 참고로 입구가 골목 공터 옆에 위치해 도로에서는 보이지 않으니 님만해민 로드 쪽에 설치된 가판대를 유심히 살펴보자.

태국 북부 지방의 국수 카오 소이 전문점

카오 소이 매 사이 Khao Soi Mae Sai ร้านข้าวซอยแม่สาย [카우 써이 매 싸이]

주소 29/1 Ratchaphuek Rd, Tambon Su thep, Muang Chiang Mai **위치** 마야 쇼핑센터 정문을 등지고 대각선 올드 시티 방향 후아이 깨우 로드(Huay Kaew Rd) 따라 780m 직진 후 홉인(Hop INN) 간판이 있는 왼쪽 골목(Saijai)으로 가다 삼거리에서 좌회전 후 다음 삼거리에서 오른쪽 골목(Ratchaphuek Rd)으로 도보 1분 **시간** 08:00~16:00 **휴무** 일요일 **가격** 50밧~(국수) **전화** 053-213-284

태국 북부 지방의 음식인 국수 카오 소이 전문점이다. 현지인들 사이에 알려진 가성비 좋은 카오 소이를 50밧이라는 저렴한 가격에 먹을 수 있는 곳이다. 대표 메뉴인 카오 소이는 닭고기 육수를 기본으로 한 카레 국물에 쌀국수와 고기가 들어가 깔끔하면서도 담백한 맛이 일품이다. 고기는 소고기, 닭고기, 돼지고기 중 선택이 가능하고 숙주와 채 썬 양배추는 무한 리필(셀프)이 가능하다. 태국식 국수가 처음이라면 가장 노멀하고 인기인 1번 카오 소이 치킨 또는 소고기를 추천한다. 국수에는 고수가 기본으로 들어가니 고수가 입에 맞지 않는다면 "마이 싸이 팍치(고수를 빼주세요)"라고 말하자.

멕시코 분위기가 물씬 풍기는 멕시칸 요리 전문점

살사 키친 Salsa Kitchen

주소 26/4 Huaykaew Rd, Tambon Su thep, Muang Chiang Mai **위치** 마야 쇼핑센터 정문을 등지고 대각선 올드 시티 방향 후아이 깨우 로드(Huay Kaew Rd) 따라 770m **시간** 11:00~23:00 **가격** 100밧~(1인 기준) **홈페이지** www.thesalsakitchen.com **전화** 053-216-605

후아이 깨우 로드에서 핫한 전통 멕시칸 요리를 전문으로 하는 레스토랑이다. 붉은 계열의 멕시코풍의 인테리어와 현지 스타일의 멕시칸 요리를 선보이는 곳으로 매일 저녁 대기 줄이 생길 만큼 인기다. 아보카도가 통째로 들어간 맥시코식 샐러드인 과카몰리Guacamole, 토르티야에 여러 가지 재료를 넣고 싸 먹는 타코Taco(289밧~) 등 유명한 멕시칸 요리가 거의 다 있으며 채식주의자를 위한 특별 메뉴도 준비돼 있다. 가격대는 요리당 150~300밧 수준. 치앙마이 물가에 비하면 가격대가 약간은 높은 편이지만 2명이 먹어도 될 정도로 양이 충분하니 태국 음식이 입맛에 맞지 않거나 전통 멕시칸 음식을 즐겨 보고 싶다면 한 번쯤 들러 보자.

프랑스 여행자가 운영하는 피자 전문점

크로코 피자 Croco Pizza

주소 8/4 Ratchaphuek Rd, Tambon Su thep, Muang Chiang Mai **위치** 마야 쇼핑센터 정문을 등지고 대각선 올드 시티 방향 후아이 깨우 로드(Huay Kaew Rd) 따라 780m 직진 후 홉인(Hop INN) 간판이 있는 왼쪽 골목(Saijai)으로 가다 삼거리에서 좌회전 후 도보 1분 **시간** 12:00~14:00(런치), 16:00~22:00(디너) **가격** 149밧~(피자), 99밧~(샌드위치) **전화** 085-920-4077

프랑스 국적의 여행자가 운영하는 피자 전문점이다. 가게 규모는 작지만 야외 테이블까지 운영하는 피자 전문점으로 이탈리아 나폴리에서 유래된 피자Pizza Margherita를 비롯한 12종 피자와 바게트 빵으로 만든 베트남식 샌드위치인 반미bánh mì, 스파게티를 판매하고 있다. 정말 훌륭하다 할 정도의 맛은 아니지만 합리적인 가격과 맛도 괜찮아 치앙마이에서 1달 이상 머무는 장기 여행족들에게 인기인 곳으로 살짝 아쉬운 것이 있다면 주문에서부터 나오기까지 시간이 제법 걸리고 피자 크기가 생각보다 작다. 2인 기준으로 방문한다면 피자+스파게티 또는 피자+반미 등 2가지 메뉴 조합을 추천한다. 할인, 음료 무료 제공 등 상시 열리는 프로모션 정보는 페이스북(www.facebook.com/pizza.99.chiangmai)을 참고하자.

가성비 좋은 알짜 마사지 숍

치바 스파 Cheeva Spa

주소 4/2 Hussadhisewee Rd, Tambon Su thep, Muang Chiang Mai **위치** 마야 쇼핑센터 정문을 등지고 대각선 올드 시티 방향 후아이 깨우 로드(Huay Kaew Rd) 따라 1.2km 직진 후 전자제품 매장 왼쪽 골목(Hussadhisewee Rd)으로 도보 3분 **시간** 10:00~21:00 **가격** 1,400밧~(타이 전통 마사지, 1시간) **홈페이지** www.cheevaspa.com **전화** 053-211-400

화려한 수상 경력을 보유한 마사지 & 스파 숍이다. 여행 사이트 트립어드바이저를 비롯해 태국 관광 대상, 치앙마이 브랜드 어워즈 등 다양한 수상 경력을 자랑하는 곳으로, 태국 북부 전통 가옥에 아담하면서도 분위기 있는 인테리어와 전문 마사지, 스파를 제공해 여행자들에게 사랑받는 인기 숍으로 자리 잡았다. 입구에서 실내로 연결되는 작은 공간에는 힐링이라는 단어가 어울리는 작은 정원이 조성돼 있고 내부에는 북부 스타일의 그림과 다양한 소품이 장식돼 있다. 전용 차량을 운영하고 있으며 마사지를 받고 나면 망고 밥과 차를 제공하고 머리를 묶어 꽃으로 마무리하는 서비스까지도 무료로 제공된다. 다른 로컬 숍과 비교하면 가격대는 높지만 가격 이상의 전문적이고 고급스러운 서비스를 받을 수 있는 곳이다. 마사지도 좋지만 치유와 치료에 가까운 에센셜Essential이나 스크럽Scrub을 추천한다. 피부 관리 패키지, 체험 패키지 등 할인 코스도 여럿 있고 홈페이지에서는 프로모션 소개와 쿠폰 코드, 예약과 동시에 무료 픽업 신청도 가능하니 참고하자.

란나 왕국의 과거와 마주할 수 있는 곳
치앙마이 국립 박물관 Chiang Mai National Museum

주소 451 Moo 2, Super Highway Rd, Tambon Chang Phueak, Muang Chiang Mai **위치** 마야 쇼핑센터 정문을 등지고 왼쪽 슈퍼 하이웨이 로드(Super highway Road) 따라 1.4km 직진 후 왼쪽 **시간** 09:00~16:00 **휴무** 월, 화요일 **요금** 100밧(성인), 아동 무료 **전화** 053-221-308

치앙마이의 역사와 북부 특유의 문화가 담긴 유물이 전시된 국립 박물관이다. 각각의 테마를 가진 6개의 전시관으로, 선사 시대부터 찬란했던 란나 왕국의 기록과 미술 양식, 태국 북부에서 살아가는 여러 고산족들의 생활 풍습과 옛 모습도 전시돼 있다. 역사에 관심이 많거나 태국 북부 지역과 란나 왕국의 역사와 문화를 만나고 싶다면 가 볼 만한 곳이다. 조각상이나 일부 전시품은 다른 박물관이나 전시장과는 달리 유리창 너머가 아닌 실제 모습을 바로 눈앞에서 볼 수 있는 특별한 박물관이다. 찾는 사람이 많지 않아 여유롭게 돌아볼 수 있는 것도 매력이라면 매력. 단점이 있다면 돌아오는 썽태우나 툭툭이 많지 않아 약간의 인내심이 필요하다.

호수로 둘러싸인 고산족 박물관
치앙마이 고산족 박물관 The Highland People Discovery Museum

주소 Lanna Rama 9 Park, Chotana Rd, Tambon Chang Phueak Muang Chiang Mai **위치** 마야 쇼핑센터에서 택시로 10분 내외 **시간** 08:30~16:00 **휴무** 토, 일요일 **요금** 무료(자율 기부금) **전화** 053-210-872

태국 북부 산간 지방에 모여 사는 10개 고산족의 문화와 역사를 소개한 박물관이다. 최근 리뉴얼 작업 후 재 오픈해 총 3개 층에 각각의 테마로 전시장을 꾸며 놓았다. 1층은 농기구와 악기, 고산족의 각기 다른 의복 등 생활 풍습 위주로 꾸며져 있고, 2층은 태국 정부에서 추진한 고산족의 자립과 생활 향상을 위한 다양한 프로젝트가 소개된다. 3층은 태국 왕실이 지원하고 함께한 고산족 커피 재배, 수공예품 등 홍보관으로 구성돼 있고 마지막으로 실외 정원에는 고산족들의 전통 가옥이 세워져 흥미로운 볼거리를 제공한다. 시내에서 조금 멀리 떨어져 여행자들의 발길은 뜸하지만 태국 북부의 고산족에 관심 있거나 한가로이 시간을 보내고 싶은 여행자라면 들러 볼 만한 곳이다. 시내에서 제법 거리가 되니 택시나 툭툭을 이용해 방문하도록 하자.

넓은 자연 캠퍼스를 자랑하는 태국 명문 대학

치앙마이 대학교 Chiang Mai University

주소 239 Huaykaew Rd, Tambon Su thep, Muang Chiang Mai **위치** 마야 쇼핑센터에서 택시로 5분 또는 도보로 20분 내외 **시간** 24시간(트램 운영 시간 08:00~18:00) **요금** 무료 입장(트램 60밧) **홈페이지** www.cmu.ac.th **전화** 053-941-300

치앙마이의 중심인 올드 시티 서쪽에 위치한 대학교다. 1964년 태국 북부에 설립된 최초의 지방 종합 대학이자 전 총리인 탁신이 졸업한 학교로 유명하다. 자유롭고 편안한 분위기의 지금의 치앙마이가 만들어지는 데 있어 중추적인 역할을 한 치앙마이 대학교는 우리나라 대학교 주변처럼 저렴하고 가성비 좋은 식당과 카페들이 밀집해 있다. 넓은 규모 녹지와 학교 전반을 둘러볼 수 있는 트램을 운영하는데, 자연 캠퍼스를 구경하기 위해 방문하는 중국 여행자들로 언제나 가득 찬다. 캠퍼스 내에는 주변 경관이 큰 규모의 호수가 있고 저 멀리 도이수텝산을 조망할 수 있어 웨딩 촬영 장소로 인기고, 반나절 투어로도 인기다. 학교 근처 네일 숍과 구내 식당은 가성비 좋기로 유명하다.

대학교 앞 골목에서 열리는 야시장

치앙마이 대학교 야시장(나머 마켓) Chiang Mai University Night Market

주소 100/20 Huaykaew Rd, Tambon Su thep, Muang Chiang Mai **위치** 마야 쇼핑센터에서 택시로 5분 또는 도보로 20분 내외 **시간** 18:00~24:00 **가격** 상점마다 다름

치앙마이 대학교 정문 맞은편 골목에 열리는 야시장이다. 빼곡히 들어선 작은 규모의 숍과 각종 음식을 판매하는 노점이 가득하다. 현지인을 대상으로 열리지만 주 고객층이 치앙마이 대학생인 만큼 가격대는 다른 야시장보다 저렴한 편이다. 주로 의류와 액세서리, 휴대전화 케이스 등 젊은 층을 타깃으로 한 물건들이 많아 마치 우리나라 동대문을 연상시킨다. 구제 의류 매장도 있으니 관심 있으면 둘러보자. 야시장 한쪽 푸드존Food Zone에는 맛있는 식당도 여럿 있다. 대부분의 가게는 오후 6시쯤 영업을 시작하니 오후 7시 이후에 방문하자. 참고로 대학생이 많이 이용하는 곳인 만큼 흥정도 가능하다.

저렴한 가격으로 호텔식 스테이크를 맛볼 수 있는 곳

스테이크 바 Steak Bar

주소 99 Huay Kaew Rd, Tambon Chang Phueak, Mueang Chiang Mai **위치** 마야 쇼핑센터에서 택시로 5분 **시간** 18:00~21:30 **휴무** 토요일 **가격** 129밧~(스테이크) **전화** 068-6307-0786

치앙마이 대학교 야시장(나머 마켓)에서 운영하는 노점 스테이크 바. 국내 여행 방송 프로그램에 소개된 이후 인기를 얻고 있는 간이식당이다. 저렴한 가격으로 호텔 못지않은 고급스러운 맛을 자랑한다. 5성급 호텔 출신 셰프가 창업을 해 운영하는 만큼 맛은 보장. 노점이라고는 믿기 어려운 플레이팅과 맛으로 꾸준히 인기가 높아지고 있다. 인기 메뉴는 가성비가 좋은 돼지고기 스테이크(129밧)와 라구 블로네제 스파게티(99밧). 수제 버거인 비프버거(99밧)도 괜찮다. 한국인에게 유명해진 식당인 만큼 식사시간에는 약간의 웨이팅은 기본이고 재료가 떨어지면 일찍 문을 닫는 경우도 있으니 조금 일찍 방문하자.

치앙마이 전망을 한눈에 담을 수 있는

도이뿌이 뷰 포인트 Doi Pui View Point

주소 Pui View Point, Sriwichai Soi, Tambon Su thep, Muang Chiang Mai **위치** 동물원 입구 또는 치앙마이 대학교 정문에서 도이수텝 전용 빨간 미니 버스인 썽태우로 약 25분(편도 60밧, 왕복 100밧) **시간** 24시 개방 **요금** 무료

왓 프라탓 도이수텝으로 올라가는 산길 중턱에 위치한 전망 포인트다. 그림 같은 시티 뷰를 만날 수 있으며, 산 정상에 위치한 왓 프라탓 도이수텝 전망과는 다른 탁 트인 전망을 볼 수 있다. 특히 이곳은 일출 때 해가 도시를 비추는 모습이 유난히 아름답기로 소문이 나 이른 아침에도 찾는 사람이 많다. 단, 교통편이 좋지 않아 오토바이를 대여해 방문하거나 숙소 – 뷰 포인트 – 왓 프라탓 도이수텝 노선으로 차량을 대절해 방문하도록 하자. 조용한 공간에서 그림 같은 풍경을 즐기고 싶다면 해 질 무렵 방문을 추천한다. 도이수텝을 운행하는 썽태우 기사에게 부탁하면 오가는 중 잠시 정차해 주는 기사도 있다.

치앙마이 랜드마크이자 관광 명소인 불교 사원

왓 프라탓 도이수텝 Wat Phra That Doi Suthep วัดพระธาตุดอยสุเทพ [왓 프라탓 더이숫텝]

주소 Wat Phra That Doi Suthep Road, Tambon Su thep, Muang Chiang Mai **위치** ❶동물원 입구 또는 치앙마이 대학교 정문에서 도이수텝 전용 빨간 미니버스인 썽태우로 약 30분(편도 60밧, 왕복 100밧) ❷창 푸악 게이트(Chang Phueak Gate) 맞은편 세븐일레븐 편의점 앞에서 도이수텝 전용 빨간 썽태우로 약 45분(편도 60밧)
시간 06:00~18:00 **요금** 30밧(입장료), 20밧(케이블카 왕복)

치앙마이에서 가장 높은 산인 도이수텝산 1,053m에 '부처의 사리를 모신 사원'이라는 뜻을 가진 곳. 거대한 황금빛 불탑과 크고 작은 불상들이 있다. 전설에 따르면 부처의 사리를 발견한 수코타이 왕국의 승려가 사리를 두 조각으로 나누어 하나는 란나 왕국의 왕 누 나온Nu Naone에게 주어 왓 수안 독Wat Suan Dok 사원에 안치하고 남은 한 조각은 흰 코끼리 등에 묶어 정글로 풀어 주었다고 한다. 그런데 부처의 사리를 지닌 코끼리가 도이수텝산 정상에 올라 3번 크게 울며 소리치고 주변을 돌다 쓰러져 숨을 거두었다고 한다. 이 이야기를 전해들인 란나 왕국의 왕은 지금의 자리에 부처의 사리를 모실 성전과 체디를 지으라 명했고 몇 해 뒤인 1383년 왓 프라탓 도이수텝의 시초가 된 성전이 세워졌다. 사원으로 가기 위해서는 두 가지 방법이 있는데 1935년 지어진 두 마리의 용이 지키고 서 있는 309개의 돌계단을 오르거나 계단 옆 유료 케이블카를 이용하면 된다. 신성시 되는 공간인 만큼 사원에 들어가기 위해서는 복장을 갖추어야 하며 경내는 신발을 벗고 들어가야 한다. 사원 주변에는 33개의 종으로 둘러싸여 있는데 이 종을 치면 복을 준다는 전설과 이 사원에서 기도하거나 다녀간 후 전생을 보았다는 후기도 여럿 있지만 진실의 유무를 떠나 치앙마이를 대표하는 사원이자 성스러운 공간이며 지금의 태국이 있게 된 불교를 만날 수 있는 곳이니 경건한 마음으로 방문해 보자.

아름다운 정원을 갖춘 치앙마이 3대 사원

왓 수안독 Wat SuanDok วัดสวนดอก พระอารามหลวง [왓 쑤언덕 프라아람루엉]

주소 139 Suthep Rd, Tambon Su thep, Muang Chiang Mai **위치** 마야 쇼핑센터에서 택시로 5분 내외 **시간** 06:00~17:00(경내), 24시간(사원) **요금** 무료 **홈페이지** www.watsuandok.com

스리랑카 불교를 들여온 수코타이 왕국의 승려인 마하 수마나 테라Maha Sumana Thera가 가져온 부처님의 사리를 모시기 위해 지은 사원이다. '꽃 정원 사원'이라는 호칭이 붙을 정도로 잘 정돈된 정원과 오랜 역사를 가진 란나 왕국의 불교 사원이다. 내부에는 스리랑카 양식을 이어받은 종 모양을 한 수코타이 양식의 웅장한 황금빛 체디에 부처의 사리가 모셔져 있고, 주변으로 태국에서도 걸작으로 유명한 란나 왕국이 만든 수십 종의 불상과 란나 왕족의 유골탑인 흰색 체디가 빼곡히 자리 잡고 있다. 가장 큰 규모의 본당에는 황금으로 치장한 불상이 있는데, 태국 북부에서는 가장 크고 성스러운 불상으로 유명하다. 치앙마이를 방문하는 거의 모든 여행객이 들르는 대표 사원으로 도이수텝과는 달리 현지인이 즐겨 찾아 오전 시간보다는 평일 낮 시간에 방문하면 조용한 분위기에서 사원을 돌아볼 수 있다. 해가 진 이후 조명이 들어오면 웅장하면서도 묘한 분위기가 매우 인상적이다.

아이들과 함께하면 자연 속 동물원

치앙마이 동물원 Chiang Mai Zoo

주소 100 Huaykaew Rd, Tambon Su thep, Muang Chiang Mai **위치** 마야 쇼핑센터에서 택시로 6분 또는 도보로 25분 내외 **시간** 08:00~18:00 **요금** 동물원: 150밧(성인), 70밧(135cm 미만 어린이) / 아쿠아리움: 450밧(성인), 350밧(135cm 미만 어린이) / 모노레일: 60밧(성인), 40밧(135cm 미만 어린이) / 판다 하우스: 100밧(성인), 50밧(135cm 미만 어린이) **홈페이지** www.chiangmai.zoothailand.org **전화** 053-221-179

©태국관광청

1974년 태국 북부에서 최초로 문을 연 동물원이다. 연간 70만 명 정도가 다녀갈 정도로 현지인들에게 인기가 많은 곳으로, 도이수텝 산속에 자리한 자연 친화적인 공간이다. 내부에는 약 7,000여 마리의 동물들이 지내고 있으며 약 2,000여 종의 대규모 조류 공원과 아쿠아리움도 조성돼 있다. 우리의 동물원과 비교하면 시설 면에서 약간의 아쉬움이 있지만 울창한 숲처럼 조성 된 자연 공간으로 이루어져 있어 가벼운 트레킹을 하듯 걸어 다니며 관람하기 괜찮다. 20밧을 내면 동물 바로 앞에서 먹이를 주는 체험을 할 수 있고, 전 세계 어느 동물원보다 가까이에서 동물을 만날 수 있으니 자녀가 있는 가족은 해당 내용을 참고해서 방문해도 좋다. 그리고 모기가 제법 많으니 긴팔이나 모기 퇴치제를 챙겨 가자.

도심에서 멀지 않은 예술가 공동체 마을

반캉왓 Baan Kang Wat บ้านข้างวัด [반 캉 왓]

주소 Wat U Mong Soi 191, Tambon Su thep, Muang Chiang Mai **위치** 마야 쇼핑센터에서 택시로 15분 내외 **시간** 10:00~18:00(일부 상점마다 다름), 08:00~13:00(선데이 마켓) **휴무** 월요일 **요금** 무료 입장 **홈페이지** www.facebook.com/Baankangwat **전화** 053-210-374

치앙마이 시내에서 택시로 15분 거리에 있는 예술인 공동체 마을이다. 예술과 농촌이라는 두 키워드가 접목돼 조성된 커뮤니티 공간으로, 식물들로 둘러싸인 전통 가옥에 아기자기한 서점과 핸드메이드 공방, 감각적인 소품이 인상적인 카페를 비롯해 다양한 예술 공간이 열려 있다. 북 스튜디오Bookoo Studio라 불리는 도자기 공방을 운영하는 태국 예술가 나타웃 룩프라삿Nattawut Ruckprasit이 중심이 돼 2014년부터 조성된 마을로 지금은 예술가들의 안락하고 평온한 작업 공간이자 여심을 사로잡는 마을로 자리매김했다. 작은 규모지만 예술에 관련된 다양한 제품, 수업, 워크숍 등 다양한 프로그램이 상시 운영되고 유기농 제품은 물론 맛있는 커피, 간단한 음식을 판매하는 레스토랑까지 운영 중이다. 매주 일요일 오전 8시부터 오후 1시까지는 작은 규모의 모닝 마켓도 열려 인기다. 예술 관련 수업에 흥미가 있거나, 사진 찍는 걸 좋아하고 한적하게 쉬고 싶은 여행자라면 추천한다. 마을 한 곳에는 세 아이를 둔 한국인 부부가 운영하는 카페 겸 호스텔이자 감각적인 인테리어 소품으로 인기인 이너프 포 라이프Enough for Life도 있으니 참고하자.

명상으로 유명한 동굴 사원

왓 우몽 Wat Umong วัดอุโมงค์ สวนพุทธธรรม [왓 우몽 쑤언풋타탐]

주소 135 Moo 10, Tambon Su thep, Muang Chiang Mai **위치** 마야 쇼핑센터에서 택시로 20분 **시간** 06:00~18:00 **요금** 무료 **홈페이지** www.watumong.org **전화** 053-810-965

치앙마이 국제공항 근처에 위치한 동굴 사원이다. 1297년 란나 왕조에 의해 세워진 오랜 역사를 가진 사원으로, 숲이 우거진 자연 속에 동굴을 파 내부에 불상을 모신 동굴 사원으로 유명하다. 3개의 입구가 있는 벽돌로 만들어진 아치형 동굴 내부에는 구석구석 오래된 불상이 자리하고 벽에는 오랜 시간의 흔적이 고스란히 남아 있다. 사원 주변에는 크진 않지만 작은 호수도 있고 영어와 태국어로 운영되는 명상 센터가 있을 정도로 명상과 자연 치유 장소로도 인기다. 숙식과 간단한 명상 교육을 제공하는 명상 센터의 교육 프로그램 이용(매일 4:00~21:30) 요금은 1일 310밧(옷: 구매 시 350밧, 대여 200밧)으로 참여 및 자세한 문의는 전화 또는 이메일(umongmedcenter@yahoo.com)로 하면 된다.

넓은 정원을 둔 전원주택 스타일의 카페

No.39 카페 No.39 Cafe

주소 39, 2, Suthep, Mueang Chiang Mai **위치** 마야 쇼핑센터에서 택시로 20분 **시간** 09:30~21:00 **가격** 70밧~(커피) **홈페이지** www.facebook.com/no39chiangmai **전화** 069-1919-3939

예술인 공동체 마을인 반 캉 왓Baan Kang Wat 근처에 위치한 치앙마이 인기 카페다. 최근 국내에서도 유행하고 있는 산속 전원주택 카페 스타일로, 메인 건물 뒤편 작은 호수를 중심으로 한 이층집에 해먹 등 특색 있는 휴식 공간이 가득하다. 자연 공간에서 책을 읽거나 나만의 시간을 보내기 괜찮으며 커피 맛은 살짝 아쉽지만 프렌치 프라이와 같은 간단한 스낵류는 맛이 괜찮다. 나무가 많고 호수가 있어 모기가 좀 있는 것이 흠이다. 실내는 에어컨과 와이파이가 잘 터지고 라이브 공연, 핸드메이드 미니 숍 등 행사도 상시 열린다. 행사 정보는 페이스북을 참고하자.

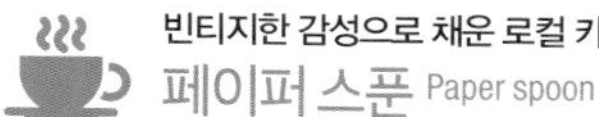

빈티지한 감성으로 채운 로컬 카페

페이퍼 스푼 Paper spoon

주소 36/14 Moo 10, Tambon Su thep, Muang Chiang Mai **위치** 마야 쇼핑센터에서 택시로 20분 **시간** 11:00~17:00 **휴무** 화, 수요일 **가격** 55밧~(커피) **전화** 068-9112-9108

허름해 보이는 외관과 달리 빈티지한 소품으로 감성이 물씬 풍기는 분위기 좋은 카페다. 오래된 집을 개조해 1층을 비롯 별채에는 핸드메이드 제품을 판매하고, 메인 건물 2~3층은 카페로 구성돼 있다. 이 카페의 특징은 곳곳에 흩어져 있는 소품들인데 10년은 족히 돼 보이는 선풍기에서부터 오래된 그릇까지 전혀 정리돼 있지 않는 듯 뿌려진 빈티지한 소품이 시골집에 온 듯 편안함을 자아낸다. 커피와 스콘, 숍에서 판매하는 옷, 인테리어 소품 등 수제로 만든 제품도 인기다. 작은 규모지만 나무 그네와 야외 테이블이 있는 뒷마당도 있다. 가게 곳곳에 숨겨진 테이블이 여럿 있으니 여유롭게 취향에 맞는 자리에서 시간을 보내 보자.

빵 마니아라면 꼭 가 봐야 할 토요 마켓

나나 정글 Nana Jungle

주소 인근 202/14 Moo1, Tambon Su thep, Muang Chiang Mai **위치** 마야 쇼핑센터에서 택시로 20분 내외 **시간** 매주 토요일 07:00~10:00(날씨에 따라 오픈 시간 변동) **휴무** 일~금 **가격** 25밧~(빵)

매주 토요일 오전에만 열리는 빵과 유기농 제품을 메인으로 하는 토요 마켓이다. 이곳이 특별하고 재미있는 건 장소와 판매하는 제품에 있다. 자연 그대로의 공간인 정글에서 신선한 과일을 비롯해 치앙마이에서도 꽤 유명한 나나 베이커리에서 만드는 크루아상과 바게트, 파이 등 갓 구운 수십 종의 맛있는 빵을 판매한다. 대기 번호표를 나누어 주는 것은 물론 마켓이 시작 되는 오전 7시 이전부터 기다리는 사람이 있을 정도로 인기인 곳이다. 판매하는 빵의 양이 상당함에도 보통 오픈 후 2~3시간이면 완판이 될 정도로 찾는 사람이 많다. 빵 외에도 생과일 즙을 넣은 요거트, 유기농 잼이나 유기농 우유 등 안전 먹거리도 판매되고 있으니 빵 마니아거나 몸에 좋은 먹거리를 찾는다면 이른 아침 나나 정글을 방문해 보자.

Tip. 디지털 노마드를 위한 코워킹 스페이스

치앙마이를 설명할 수 있는 단어는 많이 있지만 그중에서도 한국 여행자들에게 가장 매력적인 부분은 바로 물가. 치앙마이는 저렴한 물가에 비해 인터넷 인프라만큼은 방콕에 뒤지지 않을 정도로 디지털 시대를 준비하는 도시로도 잘 알려져 있다. 뿐만 아니라 중부나 남부 지역보다 향신료를 덜 쓰고 우리나라 입맛에 맞는 음식들도 정말 많아 여행자뿐만 아니라 영어 교육을 위한 학부모와 아이들, 골프 여행자 등 다양한 부류의 사람들을 모으고 있는 중이다. 그중에서도 가장 눈에 띄는 유형은 바로 디지털 노마드. 노트북과 인터넷만 있으면 수익을 창출할 수 있는 이들이 치앙마이로 모이는 중이다. 우리나라의 디지털 노마드 또한 '치앙마이에서 한 달 살기' 프로젝트에 힘입어 최근 많이 정착하고 있는데, 이러한 이들을 위해 코워킹 스페이스와 24시간 카페를 준비했다.

더 브릭 스페이스 The Brick Space

일반적인 카페 중심의 코워킹 공간이 아닌 인큐베이팅부터 사업화까지 창업에 필요한 전반적인 도움을 주는 스타트업 중심의 코워킹 스페이스다. 교육부터 체계적인 도움을 제공하며, 빠른 인터넷 환경과 쾌적하고 아담한 공간으로 치앙마이의 다른 창업팀과 교류할 수 있도록 자리 마련도해 줄 정도로 스타트업 지원을 아끼지 않는다. 시내의 다른 공간에 비해 다소 한적한 분위기지만 스타트업을 위한 프로그램도 자주 열리고 내부 파트너십 프로그램도 있어 창업 쪽으로는 꽤 괜찮은 코워킹 공간이다. 창업 프로그램 정보는 페이스북 www.facebook.com/thebrickspace을 참고하자.

주소 31 Sirimangklachan Rd. Lane 13., Suthep, Mueang Chiang Mai **위치** 마야 쇼핑센터 맞은편 님만해민 로드(Nimmanhaemin Rd) 따라 약 700m 직진 후 비어 랩(Beer Lab) 맞은편 골목(Soi 17)으로 가다가 막다른 골목에서 오른쪽 골목(Sirimangkalajarn Soi 13)으로 도보 2분 **시간** 08:30~17:00 **요금** 250밧(1일권), 1,500밧(7일권), 2,500밧(1개월), 4,900밧(3개월) **전화** 066-5269-5616

사람 사는 냄새가 물씬 풍기는 현지인 주거 지역

산띠탐 Santitham

과거 치앙마이 현지인들이 주로 거주하거나 활동했던 치앙마이 북쪽 산띠탐 지역. 님만해민 지역의 인기가 점점 커짐에 따라 상권이 점차 올드시티의 북쪽 부분인 산띠탐 지역으로 옮겨가고 있어 핫해지는 지역이다. 여행자들을 위한 상권으로 집중되어 있는 님만해민이나 올드시티와 다르게 이곳을 거닐다보면 낮이건 밤이건 현지인들의 생활도 함께 엿볼 수 있고, 그만큼 저렴한 가격의 시장이나 길거리 음식점도 많이 있어 장기 여행자들이 머물기에도 그만이다. 이 지역의 또 하나의 특징은 바로 저녁인데 여행자들로 가득 차있는 치앙마이의 다른 지역들과 다르게 타닌 마켓 서쪽 부근은 저녁만 되면 현지인들과 여행자들이 섞여 식사와 술을 마시는 레스토랑이 상대적으로 많이 보이는 편이다. 에어컨이 없는 야외 테이블이 있는 레스토랑과 술집이 상대적으로 많고 가격도 저렴한 편이라 동네에서 술 한잔하는 기분을 느낄 수 있다. 지리적으로 서쪽에는 님만해민 지역이 있고, 남쪽에는 올드시티, 동쪽에는 나이트바자와 핑 강이 있기 때문에 올드시티가 부담스러운 뚜벅이 여행자들에게 숙박 장소로 추천할만하다.

교통편 올드 시티의 북쪽에 위치한 창푸악 게이트를 따라 대로가 있어 택시나 썽태우, 오토바이 등으로 접근하기 쉬운 지역이다. 무엇보다 치앙마이 제1터미널인 창푸악 터미널이 있어 다른 도시로 나가거나 들어오는 여행자들에게는 더욱 안성맞춤이다. 다만 올드 시티에 버금갈 만큼 오래전에 개발된 지역이라 대로를 벗어나 안쪽으로 들어올 수록 유턴이나 막다른 길이 나오기 쉬워서, 항상 구글 지도를 켜고 내가 어디 있고 어디로 가는지 체크하지 않으면 낭패를 볼 수 있으니 주의하자.

동선 TIP 골목과 골목 사이가 좁고 자동차를 주차할 공간이 적기 때문에 붐비는 시간에는 소규모 교통 체증이 발생하는 편이다. 만약 택시를 잡는다면 출퇴근 시간에는 시간 여유를 갖고 부르는 것을 추천한다. 대로 쪽은 상대적으로 사람이 걷기에 좋지 않은 편이기 때문에 너무 늦은 시간이 아니라면 대로 바로 옆 길을 따라 이동하는 것을 추천한다. 나무 그늘도 있고 인도도 상대적으로 깔끔한 편이므로, 비가 온다면 특히 골목길로 방향을 틀어 보자.

현지인들도 즐겨 찾는 일본식 야키니쿠 전문점

치앙마이 호루몬 Chiangmai Horumon

주소 43 19-20 Sodsueksa Rd, Chang Phueak, Mueang Chiang Mai **위치** 마야 쇼핑센터에서 택시로 10분 내외 **시간** 17:30~22:30 **가격** 79밧~(소고기), 59밧~(내장류), 59밧~(돼지고기), 39밧(반찬류) **홈페이지** www.bbqatchiangmai.shichihuku.com **전화** 085-439-4803

현지인 주거 지역 산띠탐 골목 안쪽에 위치한 고기집이다. 이름에서도 알 수 있듯 일본식 야키니쿠를 전문으로 한다. 갈빗살, 대창, 소 혀 등 부위별 소고기를 비롯해 돼지고기 부위인 삼겹살과 목살, 오니기리 등 간단한 일식 단품 요리와 육개장까지 한식도 준비돼 있다. 인기 메뉴는 갈비 3종 세트(198밧)와 삼겹살(139밧). 특제 소스를 찍어 먹는 별미 소 혀(59밧~)와 대창 등 내장류를 좋아한다면 호르몬 3종 세트(98밧)도 괜찮다. 가성비 좋은 고깃집으로 꽤 유명해 저녁 시간엔 자리가 없으니 조금 일찍 갈 것. 테이블 위로 미니 화로가 올라가는 만큼 열기가 뜨거운 곳이니 무더운 시간대 방문은 비추한다.

가격과 맛으로 입소문난 치앙마이 인기 베이커리

나나 베이커리 Nana Bakery

주소 3 Sodsueksa Rd, Tambon Chang Phueak, Mueang Chiang Mai **위치** 마야 쇼핑센터에서 택시로 8분 내외 **시간** 06:00~17:00 **가격** 32밧~(크루아상), 45밧~(빵) **홈페이지** www.nana-bakery-chiang-mai.com **전화** 066-4131-9739

토요일 아침 도이수텝 근처 정글에서 문을 여는 이색 빵집으로, 나나 정글이 운영하는 카페 겸 베이커리다. 산띠탐의 한적한 골목에 위치해 있으며 바삭하고 가성비 좋기로 소문난 크루아상을 포함해 바게트, 유기농 곡물로 만든 빵 등 보기에도 먹음직스러운 여러 종류의 빵과 음료가 준비돼 있다. 가격도 저렴해 빵 마니아라면 꼭 가 봐야 할 치앙마이 인기 베이커리로 문을 여는 아침 6시부터 찾아오는 사람이 많아 11~13시 사이 조기 완판되는 경우가 종종 있으니 방문을 계획한다면 조금 일찍 들러 보길 추천한다. 가게 이름처럼 베이커리 외에도 카페와 함께 운영되니 잠시 쉬어 갈 수 있는 테이블과 커피 등 각종 차와 심플한 브런치 메뉴도 준비돼 있다. 간판 외에는 가게 이름 표기가 없어 그냥 지나치기 쉬우니 골목에 들어서면 주변 간판을 유심히 살펴보자.

치앙마이 3대 커피이자 공정 무역을 실천하는 착한 카페

아카 아마 커피 Akha Ama Coffee

주소 Hussadhisawee Soi 3, Chang Phueak, Mueang Chiang Mai **위치** 마야 쇼핑센터에서 택시로 7분 내외 **시간** 08:00~17:00 **휴무** 수요일 **가격** 50밧~(커피) **홈페이지** www.akhaama.com **전화** 068-8267-8014

태국 북부에서 생산되는 커피 중 다수의 마니아를 보유한 아카 아마Akha Ama 원두를 사용하는 커피 전문점이다. 고산족인 아카족이 생산하고 수확한 원두를 공정 거래해 사용하는 로컬 브랜드로 고객에게는 양질의 품질과 맛을 제공하고 아카족에게는 재정적 도움을 주는 사회적 기업이며 착한 카페다. 맛도 좋지만 젊은 사회적 기업가이자 잘생긴 청년 아유 리 대표가 감각적인 인테리어와 편안한 분위기로 이끌고 있어 이곳을 찾게 되는 매력 중 하나다. 참고로 가게 이름 아카 아마는 아카(고산족)+아마(엄마)라는 뜻을 가지고 있다.

저렴한 가격의 현지식 샤부샤부

무임찜쭘 식당 Mooyim Jimjum Hotpot

주소 Taewan Rd, Tambon Chang Phueak, Mueang Chiang Mai District, Chiang Mai **위치** 마야 쇼핑몰 사거리 북쪽 11번 국도를 따라 도보 12분 후 태완로드(Taewam Rd)에서 우측으로 도보 5분 후 좌측 **시간** 17:00~다음 날 03:00 **전화** 068-1716-6971

'찜쭘'이란 태국의 전통 요리로 황토 항아리에 재료를 넣어 숯불에 끓여 먹는 것을 말한다. 이곳에선 재료를 접시당 19밧의 저렴한 가격에 판매하며, 원하는 재료를 선택하여 항아리에 담아 맛있게 끓여 먹을 수 있다. 샤부샤부와 흡사하지만 양이 많고 다양한 고기와 동남아에서 나는 야채를 선택해서 먹을 수 있다는 것이 장점이다. 여러 가지 재료가 우러난 국물에 계란과 밥을 넣어 부드러운 계란죽을 만들어 식사를 마무리하면 만족스러운 한 끼가 된다. 대부분의 치앙마이 맛집들은 오후 5시만 되면 문을 닫아 늦은 저녁을 먹기 애매한데, 이곳은 새벽 3시까지 운영하니 술을 마시다가 해장이 필요하다고 생각될 때 방문하기도 좋다. 저렴한 가격에 현지인들 맛집으로 유명하고 문밖까지 포장 손님이 줄을 서 있기 때문에, 여유롭게 먹고 싶다면 저녁 시간을 피해 6시 이전이나 9시 이후 방문하는 것을 추천한다.

도심 속 자연에서 즐기는 요가 클래스

사트바 요가 Satva Yoga

주소 19 Taewarit Rd, Tambon Chang Phueak, Mueang Chiang Mai District, Chiang Mai **위치** 마야 쇼핑몰 사거리 북쪽 11번 국도를 따라 도보 12분 후 태와릿 로드(Taewarit Rd)에서 우측으로 도보 5분 후 좌측 **시간** 09:00~18:30 **휴무** 일요일 **전화** 080-673-6516

식물로 가득 찬 정원과 친근한 목조 건물이 있는 요가 스튜디오이다. 오전에는 스트레칭 위주의 수업이 진행되며 한국에서 사용해 보지 못한 대나무 바와 같은 소도구를 이용하여 온몸 구석구석을 시원하게 풀어 준다. 오후에는 플라잉 요가 수업이 있어 다양한 요가 클래스를 체험해 보고 싶은 사람에게 추천하고 싶은 요가 스튜디오이다. 열정 넘치는 선생님의 강습을 듣고 있으면 처음에는 안 되던 동작도 몸이 이완되며 가능해지는 신기한 경험을 할 수 있는 곳이다. 한국인들의 방문이 많아 영어를 잘 하지 못하더라도 충분히 보디랭귀지로 설명하며 자세를 잡아 준다. 클래스 중에 보조 강사가 사진을 찍어 주기 때문에 치앙마이에서 요가를 했다는 경험을 멋지게 남기고 싶다면 수업 15분 전에 미리 가서 앞자리를 선점하는 것을 추천한다. 모기가 많아 입구에 모기 기피제를 비치해 두었으니 요가 사용하기 전에 뿌리고 시작하면 좋다.

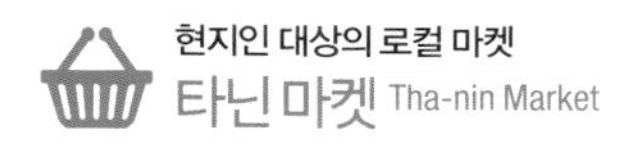

현지인 대상의 로컬 마켓

타닌 마켓 Tha-nin Market

주소 193 Changpuak Rd, Tambon Chang Phueak, Mueang Chiang Mai District, Chiang Mai
위치 창푸악 게이트(Changphuak Gate)에서 북쪽 창푸악 로드를 따라 도보 15분 후 좌측 **시간** 05:00~20:00 **전화** 066-5322-1298

저렴한 과일과 현지 음식을 맛볼 수 있는 로컬 마켓으로, 동남아의 신선한 과일을 맛보고 싶은 사람에게 추천한다. 야시장에서 과일을 사면 종류가 다양하지 않고 미리 잘라져 있어 싱싱하지 못한 경우가 많아 아쉬울 때가 종종 있는데, 이곳에서는 신선하고 저렴한 과일을 잔뜩 먹을 수 있다. 그리고 현지인 대상인 만큼 다른 야시장에서 볼 수 없었던 현지식 먹거리를 좀 더 다양하게 볼 수 있다. 음식과 과일뿐만 아니라 가방, 의류, 액세서리 등 여행 중에 필요한 소모품도 저렴하게 팔기 때문에 장기 여행자들에게 특히 추천한다. 다만 영어가 잘 통하지 않아 휴대폰의 계산기 어플을 사용하여 흥정하는 등 다양한 보디랭귀지를 사용해서 의사소통해야 한다는 불편함이 있지만, 이런 것도 여행에서의 재미이니 로컬 분위기를 충분히 경험하고 싶다면 방문해 보자.

나이트바자 & 삥강

Night Bazaar & Ping River

치앙마이의 밤을 활기차게 밝혀 주는 나이트 바자와 고즈넉한 삥강

나이트 바자는 치앙마이에서 가장 활기찬 지역 중 하나다. 창 클란 로드를 따라 줄지어 선 상점들 사이를 걷다 보면 어느새 두 손에는 기념품과 먹거리가 한가득이다. 야시장 문화가 발달한 태국에서도 손꼽히는 규모를 자랑하는 이 지역은 쇼핑뿐만 아니라 라이브 음악, 세계 음식을 즐길 수 있는 푸드 마켓, 마사지 숍, 레스토랑, 바 등 가장 태국적인 방법으로 여행자들을 유혹한다. 나이트 바자에서 동쪽으로 도보 10분 거리에 위치한 삥강은 예전부터 중국과 동남아시아를 오가는 상인들에게 휴식처였던 유서 깊은 교류의 장소로, 차이나타운, 와로롯 시장 등 저렴한 시장과 볼거리가 위치해 있다. 또한 아름다운 강변을 배경으로 리버 뷰 카페와 레스토랑, 호텔 등이 밀집해 있어 여행 중 꼭 한 번은 들러 봐야 할 곳으로 꼽힌다.

나이트 바자&삥강

삥강

Muang Samut Rd

방콕 은행
Bangkok Bank

TCDC 치앙마이
TCDC Chiang Mai

치앙마이 자치구청
Chiang Mai Municipality Office

Wichayanon Rd

Kaeo Nawarat Rd

나콘 삥 다리 Nakorn Ping Bridge

더 하이드 아웃
The Hideout

호텔 데스 아티스트 핑 실루엣
Hotel des Artists Ping Silhouette

카페 반 피엠숙
Cafe Baan Piemsuk

위엥 줌 온 티하우스
Vieng Joom On Teahouse

137 필라스 하우스
137 pillars House

사이 핑 레스토랑
Sai Ping Bar & Restaurant

우 카페-아트 갤러리
Woo Cafe-Art Gallery

Chaiyapoom Rd

썽태우 정류장

7-Eleven
편의점

차이나타운
ChinaTown

완라문 림 남
Wanlamun
Rim Nam

더 굿 뷰 바 앤 레스토랑

와로롯 마켓
Warorot Market

라린진다 스파
RarinJinda Wellness Spa

창 모이 로드 Chang Moi Rd

와위 커피
Wawee Coffee

더 데크 1
The Deck 1

Kuang Men Rd

라밍 티 하우스 시암 셀라돈
Raming Tea House Siam Celadon

스타벅스
Starbucks

로띠 파 데이
Rotee Pa Day

타 패 로드 Tha Phae Rd

타 패 게이트
Tha Phae Gate

자바이 타이 마사지 앤 스파
Zabai Thai Massage & Spa

스트리트 피자 앤 와인 하우스
Street Pizza & Wine House

나라왓 다리 Narawat Bridge

맥도날드
Mcdonald's

삥강
Ping River

플론 루디 야시장
Ploen Ruedee Night Market

치앙마이 야시장 일대

Chang Khlan Rd

콧차산 로드 Kotchasarn Rd

아룬 (라이) 레스토랑
Aroon (Rai) Restaurant

Lamphun Rd

Tha Phae Rd Lane 1

치앙마이 야시장
Chiang Mai
Night Bazaar

VT 남느엉
VT Namnueng

Charoen Prathet Rd

락 미 버거
Rock Me Burger

르 메르디앙 치앙마이
Le Merdien Chiang Mai

더 듀크스 삥 리버
The Duke's Ping River

슈퍼 리치
Super rich

창 클란 로드

보이 블루스 바
Boy Blues Bar

소 호스텔
SO HOSTEL

로이 끄론 로드 Loi Kroh Rd

사판 렉 철교
Sapaan Lek

렛츠 릴렉스 스파
Let's Relax Spa

아누산 마켓
Anusarn Market

빅 C 마켓
Big C market

아난타라 리조트 치앙마이
Anantara Chiang Mai

판팁 플라자
Pantip Plaza

창 클란 로드 Chang Khlan Rd

더 서비스 1921
레스토랑 앤 바

시돈차이 로드 Sridonchai Rd

시돈차이 로드 Sridonchai Rd

로페라 프렌치 베이커리
L'opera French Bakery

매 핑 리버 크루즈
Mae Ping River Cruise

나카라 자딘
Nakara Jardin

교통편 나이트 바자는 태국 도시 특유의 좁은 골목들과 일방통행로 등으로 운전하기 쉬운 지역이 아니다. 특히 저녁의 나이트 바자는 왕복 4차선 도로가 양옆 간이 점포로 가득 차 2차로로 변하기 때문에 자주 막히니 선선한 저녁 시간대에는 도보 이동을 추천한다. 다른 지역처럼 툭툭이나 썽태우보다는 우버나 그랩을 통해 이동하는 것이 더 효율적이다. 짜오프라야강을 오가는 수상 택시들이 많은 방콕과 달리 치앙마이에서는 삥강을 이용한 교통편은 발달되지 않았다. 삥강을 둘러보고 싶다면 구시가지 기준 동남쪽에 있는 매 삥 선착장Mae Ping River Cruise에서 크루즈 투어를 할 수 있으니 참고하자.

동선 팁 치앙마이의 삥강은 방콕의 짜오프라야강과 달리 수상 택시가 없기 때문에 다리를 이용해야 한다. 하지만 출퇴근 시간에는 아무래도 통행량이 몰리기 때문에 삥강 주변 레스토랑을 갈 때는 가까운 다리를 목적지로 하고 걸어가는 것이 더 빠르다. 삥강 주변 인도는 상태가 좋고 나무 그늘도 많은 편이니 경치를 즐기며 걷는 것도 괜찮다.

Best Course

친구와 함께

위엥 줌 온 티하우스
도보 5분
와로롯 마켓
도보 5분
자바이 타이 마사지 앤 스파
휴식 (또는 다른 지역 탐방)
치앙마이 야시장
도보 1분
플론 루디 야시장
도보 10분
더 굿 뷰 바 앤 레스토랑

연인과 함께

나카라 자딘
택시 10분
우 카페 - 아트 갤러리
도보 3분
라린진다 스파
휴식 (또는 다른 지역 탐방)
치앙마이 야시장
도보 10분
더 서비스 1921 레스토랑 앤 바

치앙마이 방문 1순위 나이트 바자

치앙마이 야시장 Chiang Mai Night Bazaar

주소 일대 31 Chang Khlan Rd, Tambon Chang Moi, Mueang Chiang Mai **위치** 타 패 게이트로 나와 타 패 로드(Tha Phae Rd) 따라 1km 직진 후 스트리트 피자(STREET Pizza)가 있는 건물을 지나 사거리에서 오른쪽 창 클란 로드(Chang Khlan Rd)로 도보 4분 **시간** 17:00~24:00

태국 여행 시 빠질 수 없는 즐거움 야시장. 치앙마이 곳곳에서 열리는 수많은 야시장 중 가장 크고, 태국 내에서도 세 손가락 안에 들 정도로 큰 규모를 자랑하는 대표 야시장이다. 한 공간에서 열리는 것이 아닌 창클란 로드 양옆 인도와 주변 건물까지 포함된 넓은 공간으로 각종 의류와 패션 소품은 물론 고산족이 만든 수공예품과 섬유 제품, 태국산 티크로 만든 가구까지 다양하게 준비돼 있다. 특히 고산족이 만든 제품은 퀄리티도 좋아 인기가 많다. 잘 찾다보면 세상에 단 하나뿐인 레어템도 발견할 수 있다. 많은 사람이 찾는 야시장인 만큼 흥정은 필수. 참고로 제품마다 다르긴 하지만 흥정만 잘하면 50~70%까지 저렴한 가격으로 구매할 수 있다. 이른 시간부터 문을 여는 가게도 있지만 해가 질 무렵부터 본격적인 시장 거리가 형성되고, 깔라레 나이트 바자Kalare Night Bazaar 등 건물 안쪽에는 약간 가격대가 있긴 하지만 야시장 분위기를 느낄 수 있는 노천 식당, 맥주 바 등 먹거리 공간도 있으니 참고하자.

세계의 다양한 먹거리가 메인인 마켓

플론 루디 야시장 Ploen Ruedee Night Market

주소 24 Chang Khlan Rd, Tambon Chang Moi, Mueang Chiang Mai **위치** 타 패 게이트로 나와 타 패 로드(Tha Phae Rd) 따라 1km 직진 후 스트리트 피자(STREET Pizza)가 있는 건물을 지나 사거리에서 왼쪽 창 클란 로드(Chang Khlan Rd)로 도보 3분 **시간** 18:00~24:00(상점마다 다름) **휴무** 일요일 **홈페이지** www.facebook.com/ploenrudeenightmarket **전화** 068-6448-5882

세계의 다양한 음식을 맛볼 수 있는 치앙마이 야시장Chiang Mai Night Bazaar 초입에 위치한 야시장이다. 쇼핑에 특화된 다른 야시장과는 달리 세련된 디자인과 깔끔한 환경에서 세계 각국의 요리를 메인으로 한다. 우리나라의 푸드 코트처럼 테이블이 놓인 홀을 중심으로 양옆에 설치된 부스를 돌아보고 마음에 드는 음식을 주문한 후 빈 테이블에 앉아 음식을 즐기는 타입이다. 중국식 꼬치, 미국식 BBQ 등 다국적 음식이 가득하다. 마켓 가운데는 라이브 공연이 열리는 무대가 있어 더욱 인기다. 무료 공연치고 실력은 물론 관객들의 호응도 괜찮다. 예쁘고 아기자기한 디자인 소품과 다른 곳에 비해 외관에 신경을 많이 써 나름 고급스러운 공간이다. 아쉽게도 가격은 약간 비싼 편이다. 맥주나 칵테일을 파는 펍, 가게도 여럿 있으니 쇼핑 후 잠시 들러 간단한 식사나 라이브 음악을 들으며 맥주 한잔 즐겨 보자. 공연 정보는 홈페이지(페이스북)를 참고하자.

차 전문 회사와 도자기 전문 회사의 컬레버래이션

라밍 티 하우스 시암 셀라돈 Raming Tea House Siam Celadon

주소 158 Tha Phae Rd Soi 4, Tambon Chang Moi, Mueang Chiang Mai **위치** 타 패 게이트로 나와 타 패 로드(Tha Phae Rd) 따라 700m **시간** 08:30~17:30 **가격** 190밧~(애프터눈 티 세트, 1인) **홈페이지** www.ramingtea.co.th **전화** 066-5323-4518

유기농 차와 커피를 판매하는 라밍 티Raming tea와 도자기로 유명한 시암 셀라돈Siam Celadon이 컬레버래이션한 카페다. 1915년 완공된 고택을 리모델링한 이곳은 치앙마이 북쪽 해발 1,000m 매 땡 지역Mae Taeng District에서 라후 고산족이 재배하는 맛 좋은 유기농 차와 커피를 사용하고 시암 셀라돈의 자기 제품만을 사용한다. 유럽풍으로 꾸며진 예쁜 실내 공간과 작은 정원, 거기에 맛과 분위기 또한 괜찮다. 쿠키나 샌드위치 등 디저트와 함께 나오는 애프터눈 티 세트Afternoon Tea Set 1번(190밧)과 태국 핑거푸드가 나오는 아시안 세트(450밧)를 추천한다. 세트 메뉴 외에도 홍차 계열인 이곳 시그니처 티인 라밍 티Raming Tea(60밧~), 간단한 식사류(120밧~)도 좋다. 티 세트 주문 시 유기농 블랙티나 커피 선택이 가능하고 가게 한쪽에선 유기농 티와 원두, 도자기도 판매한다.

상시 할인 행사가 열리는 알짜 마사지 숍

자바이 타이 마사지 앤 스파 Zabai Thai Massage & Spa

주소 1/8 Tha Phae Rd Soi 1, Tambon Chang Moi, Mueang Chiang Mai **위치** 타 패 게이트로 나와 타 패 로드(Tha Phae Rd) 따라 750m 직진 후 편의점 탑스 데일리(Tops Daily) 지나 오른쪽 골목(Tha Phae Rd Soi 1)으로 도보 1분 **시간** 10:00~22:00 **가격** 500밧(태국 전통 마사지, 1시간) ※ 상시 할인 프로모션 진행 **홈페이지** zabaithai.com **전화** 068-6921-9149

한국 여행자들에게는 알려지지 않았지만 여행자 리뷰 사이트 트립어드바이저에는 꽤 상위에 랭크된 중급 마사지 & 스파다. 가격이 정해져 있지만 거의 1년 내내 할인된 가격으로 마사지를 받을 수 있는 가성비 좋고 실력 또한 수준급인 곳이다. 또 하나의 특징은 상시 열리는 프로모션 중 1+1 행사가 상시 열려 커플족이라면 눈여겨볼 만하다. 인기 코스는 발마사지와 타이 마사지(1시간)+머리와 손(20분)+목과 어깨(40분) 코스인 타이 오리지널Thai Original(900밧)과 타이 마사지(1시간)+오일 마사지(1시간) 코스인 이스트 미츠 웨스트East Meets West(1,350밧)가 있다. 피부 관리를 함께 받고 싶은 여행자라면 2.5시간으로 진행되는 시그니처Signature(2,050밧)를 추천한다. 행사 소식은 홈페이지를 통해 확인 가능하고 인기 숍인 만큼 최소 방문 하루 전 예약은 필수다.

과거부터 이어져 온 중국인 거주 지역

차이나타운 Chinatown

주소 일대 17 Chang Moi Rd, Tambon Chang Moi, Mueang Chiang Mai **위치** 타 패 게이트로 나와 타 패 로드(Tha Phae Rd) 따라 600m 직진 후 왓 샌 팡(Wat Saen fang) 사원 지나 왼쪽 골목(Chang Me Tud Mai Rd)으로 도보 3분 **시간** 상점마다 다름

오래 전부터 중국과의 교류가 많았던 태국. 그중 지리적으로 가까운 치앙마이는 중국과 많은 교역이 이루어졌던 지역 중 하나였다. 육로뿐 아니라 북에서 남으로 흐르는 삥강이 있어 수상 교역의 통로로 이용되기도 했는데 그 이유로 삥강 주변에는 상업이 발달되고 중국에서 건너온 많은 상인이 조성한 주거 지역이자 상업 지역인 차이나타운이 생겨났다. 창 모이 로드Chang Moi Rd 한쪽 붉은색을 띤 중국식 패루가 서 있고 그 안으로 중국 음식을 파는 식당을 시작으로 의복 상점, 저렴한 기념품과 공산품 시장으로 알려진 와로롯 마켓Warorot Market, 생활용품 시장인 똔 람 야이 마켓Ton Lam Yai Market 등 제법 큰 규모로 조성된 시장이 여럿 모여 있다. 현지인들이 즐겨 찾는 시장인 만큼 저렴한 물가와 가격도 저렴해 지갑이 얇은 배낭족에게는 식사와 쇼핑을 동시에 즐길 수 있는 지역으로 통한다. 건물 안쪽으로 여러 시장이 밀집해 있고 제법 규모가 큰 지역이니 길을 잃어버리지 않도록 주의하자.

각종 차와 건과일을 저렴하게 살 수 있는 재래시장

와로롯 마켓 Warorot Market ตลาดวโรรส [딸랏 왓라롯]

주소 일대 90 Wichayanon Rd Rd, Tambon Chang Moi, Mueang Chiang Mai **위치** 타 패 게이트로 나와 타 패 로드(Tha Phae Rd) 따라 1km 직진 후 스트리트 피자(STREET Pizza)가 있는 건물을 지나 사거리에서 왼쪽 골목(Wichayanon Rd)으로 도보 3분 **시간** 04:00~18:00, 17:00~24:00(야시장) **가격** 상점마다 다름 **홈페이지** www.warorosmarket.com

태국 북부 지역에서 가장 큰 재래시장으로 알려졌다. 우리의 남대문 시장처럼 여러 상점가가 모여 있는 거리 한쪽 3층 건물을 사용하고 있다. 1층은 건과일, 차, 과일 등 먹거리와 패션용품, 생필품 매대로 구성돼 있고, 2층과 3층은 의류 등 패션용품 매장이 주를 이룬다. 여행자들에게 가장 인기인 1층에는 태국 북부에서 생산하는 품질 좋은 실크를 비롯해 향신료, 고산족들이 만든 패션 소품 등 매력적인 아이템이 가득하다. 특히 고산족이 재배한 유기농 차와 건과일, 나무로 만든 그릇 등 주방용품은 가격과 퀄리티가 좋아 인기다. 현지인들의 생활 물가에 맞춘 아이템이 주를 이루니 구매 전 제품 상태를 꼼꼼히 살펴보고 선택하자. 와로롯 마켓 주변 현지인들이 즐겨 찾는 마켓 똔 람 야이 마켓Ton Lam Tai Market과 고산족이 만든 수공예품 마켓, 꽃 시장도 있으니 시간 여유가 된다면 함께 돌아보도록 하자.

빕 구르망에 선정된 태국식 팬케이크 로띠 맛집

로띠 파 데이 Rotee Pa Day

주소 Tha Phae Road, Chang Moi Sub-district, Mueang Chiang Mai District, Chiang Mai **위치** 타 패 게이트에서 나이트 바자 방면 타 패 로드를 따라 도보 7분 후 좌측 왓 마하완(Was Mahawan) 앞 도로 **시간** 18:00~24:00 **전화** 081-021-9496

미쉐린 가이드에서 선정하는 빕 구르망Bib Gourmand은 합리적인 가격에 질 좋은 음식을 서비스하는 가게를 말한다. 현지인들의 방문이 많은 이곳은 저녁에 오픈하여 밤늦은 시간까지 영업하기 때문에 저녁에 야시장을 둘러보고 달달한 게 당길 때 방문하기 좋은 맛집이다. 다만 현지에서도 워낙 유명한 맛집이고 가격이 저렴하다 보니 단체 주문이 많고, 주인이 장인 정신으로 한 장 한 장 굽기 때문에 꽤 오래 기다릴 수 있다는 단점이 있다. 그래서 이곳의 로띠를 먹고 싶다면 저녁 9시 이후 아예 늦은 시간에 방문하거나 근처 숙소에 묵을 경우 푸드판다를 이용해 배달시키는 것을 추천한다. 다른 로띠 가게와 비교했을 때 재료는 크게 다르지 않지만 로띠의 바삭함은 확실히 다르게 느껴질 만큼 크리스피하고 쫀득함을 자랑한다. 한국인들은 로띠를 디저트로 생각하기 때문에 누텔라와 바나나가 있는 조합을 가장 많이 먹지만, 사실은 치즈가 들어간 짭조롬한 로띠가 유명하니 현지의 맛을 먹어 보고 싶다면 도전해 보자.

분위기 좋은 피자 전문점

스트리트 피자 앤 와인 하우스 STREET Pizza & Wine House

주소 7-15 Tha Phae Rd, Tambon Chang Moi, Mueang Chiang Mai **위치** 타 패 게이트에서 나와 타 패 로드(Tha Phae Rd)를 따라서 950m **시간** 12:00~22:00 **휴무** 월요일 **가격** 무료 입장, 75밧~(맥주) **홈페이지** streetpizza.restaurantwebx.com **전화** 085-073-5746

타패 이스트ThaPae East 맞은편에 위치한 피자 전문점이다. 현지인들은 물론 외국인 여행자들도 맛집이라 극찬하는 곳이다. 화덕에 구운 전통 이탈리안 피자를 메인으로 하며 추천 메뉴는 이 가게의 대표 피자인 마르게리타Margherita(229밧)와 해산물이 올라간 시푸드 피자Seafood(329밧)다. 이 외에도 토핑이 듬뿍 올려진 약 30종의 피자가 준비돼 있다. 캐주얼하면서도 고풍스러운 인테리어와 뷰는 물론 분위기 좋은 테라스까지 갖추고 있어 커플족도에게도 인기다. 피자 사이즈는 10인치, 12인치로 나뉘고 테라스가 있는 실외는 에이컨이 없어 낮 시간에는 더운 편이니 분위기 좋은 테라스 테이블을 원한다면 해 질 무렵에 방문하자.

쇼핑과 식사를 동시에 해결할 수 있는 야시장

아누산 마켓 Anusarn Market ตลาดอนุสาร [딸랏 아누싼]

주소 149/24 Tha Phae Rd, Tambon Chang Moi, Mueang Chiang Mai **위치** 타 패 게이트로 나와 타 패 로드(Tha Phae Rd) 따라 1km 직진 후 스트리트 피자(STREET Pizza)가 있는 건물 지나 사거리에서 오른쪽 창클란 로드(Chang Khlan Rd)로 도보 8분 **시간** 08:30~23:00, 17:00~23:00(야시장) **휴무** 상점마다 다름 **전화** 068-6429-4792

치앙마이 야시장Chiang Mai Night Bazaar이 열리는 창 클란 로드 끄트머리에 위치한 종합 몰이다. 약 1,000개의 매장이 입점해 있을 정도로 제법 큰 규모다. 낮 시간에는 식재료와 옷을 판매하는 매장 중심의 시장으로, 저녁 시간에는 매대로 건물 내부를 빼곡히 채운 야시장으로 변신한다. 이곳만의 매력 포인트는 바로 해산물. 입구로 들어가 매대가 깔려 있는 지역을 지나면 인도, 파키스탄 등 다국적 음식점과 해산물 식당이 모여 있는데 그중 해산물 식당 대형 수족관에는 살아 있는 물고기와 갑각류를 비롯해 신선한 해산물로 가득 차 있다. 지리적 특성상 해산물을 만나기 힘든 치앙마이에서 몇 안 되는 신선한 해산물을 취급하며 가격대도 괜찮아 현지인들도 즐겨 찾는다. 이 외에도 가성비 괜찮은 식당과 규모면에서는 아쉽지만 바 형태로 트렌스젠더 쇼가 열리는 카바레Cabaret도 있으니 참고하자. 야시장에서 판매하는 제품과 가격대는 깔라레 나이트 바자Kalare Night Bazaar 등 주변 야시장과 비슷하다.

치앙마이에서 만나는 프렌치 베이커리와 브런치

로페라 프렌치 베이커리 L'opera French Bakery

주소 98/7 Sridonchai Rd, Tambon Chang Moi, Mueang Chiang Mai **위치** 타 패 게이트로 나와 타 패 로드(Tha Phae Rd) 따라 1km 직진 후 스트리트 피자(STREET Pizza)가 있는 건물 지나 사거리에서 오른쪽 창 클란 로드(Chang Khlan Rd)로 350m 후 판팁 플라자(Pantip Plaza) 지나 사거리에서 왼쪽 도로(Sridonchai Rd)로 도보 5분 **시간** 07:00~19:00 **가격** 90밧~(팬케이크 조식 세트), 60밧~(커피) **홈페이지** www.facebook.com/Loperafrenchbakery **전화** 087-455-7645

프렌치 베이커리 이름을 단 빵집답게 바게트를 주력으로 다양한 파이, 케이크류를 취급하는 브런치 카페 겸 베이커리다. 이른 오전부터 아침 식사를 할 수 있기 때문에 오전부터 사람들이 많은 편이다. 바게트 외에도 파이, 케이크, 샌드위치, 잼 등 다양한 식사 및 디저트류도 호평을 받고 있다. 에클레어와 같은 정통 프렌치 메뉴가 많아 치앙마이의 다른 빵집과 차별화되며 충분히 방문할 가치가 있는 빵집이다. 너무 오전에 방문하면 빵이 구워지기 이전이기 때문에 갓 구운 빵을 사려면 오전 11시 이후에 방문하는 것을 추천한다.

독특한 콘셉트를 가진 고급 레스토랑

더 서비스 1921 레스토랑 앤 바 The Service 1921 Restaurant & Bar

주소 123 Charoen Prathet Rd, Tambon Chang Khlan, Mueang Chiang Mai **위치** 타 패 게이트에서 택시로 10분 후 아난타라 리조트(Anantara Resort) 내부 **시간** 12:00~14:30(런치), 17:30~22:00(디너), 12:00~24:30(바) **가격** 650밧~(1인 식사), 150밧~(주류) **홈페이지** chiang-mai.anantara.com **전화** 053-253-333

1921년 영국 영사관으로 지어진 콜로니얼 양식의 건물을 리뉴얼해 사용하고 있는 아난타라 리조트에 위치한 고급 레스토랑이다. 1921년에 활동했던 영국의 비밀 첩보원이라는 독특한 콘셉트에 맞춰 비밀스러우면서도 고급스러운 분위기로 비밀 책장을 열어야 내부로 들어갈 수 있는 영화 같은 공간까지도 연출해 놓았다. 메뉴는 그릴 메뉴를 메인으로 하여, 애피타이저와 디저트까지 직접 골라 구성할 수 있도록 하나의 메뉴판으로 정리되어 있다. 가격대는 약간 높지만 분위기와 맛에 비하면 괜찮은 곳이다. 참고로 가게 내부에 진열된 가구와 소품들은 과거 영국 정보원이나 외교관들이 실제 사용했던 것들로 엔티크하게 꾸며져 있다. 비밀 책장을 열고 들어가는 시크릿 룸을 이용하고 싶거나 주말 방문을 계획한다면 사전 예약은 필수다. 식사가 아니어도 바에서는 칵테일, 와인을 즐길 수 있으니 분위기 좋은 곳을 찾는다면 우선적으로 고려해 보자.

자연 속에서 브런치를 즐길 수 있는 곳

나카라 자딘 Nakara Jardin

주소 11 Charoen Prathet Rd Soi 9, Tambon Chang Khlan, Mueang Chiang Mai **위치** 타 패 게이트에서 택시로 12분 **시간** 11:00~19:00 **가격** 240밧~(브런치 메뉴), 1,150밧(애프터눈 티 세트/2인) **홈페이지** www.pingnakara.com/nakara_jardin **전화** 066-1370-6466

앤티크한 가구들과 소품들로 여심을 사로잡은 러블리한 분위기가 가득한 리버 뷰 비스트로 & 카페다. 유유히 흐르는 삥강 바로 옆 버드나무를 중심으로 우거진 녹음과 색색의 꽃을 심어 아름다운 정원으로도 유명하다. 자연 친화적인 호텔 삥 나카라 부티크 호텔Ping Nakara Boutique Hotel에서 운영하는 곳에, 120년 전통의 프랑스 요리 학교인 르 꼬르동 블루 출신의 셰프가 만든 음식까지 더해져 맛과 분위기 모두 잡았다. 3단 트레이에 스콘과 케이크로 가득 채워진 애프터눈 티 세트(2인 세트)는 특히 여성 여행자들에게 사랑받고 있는 인기 메뉴다. 브런치 메뉴인 비네그레트vinaigrette 소스를 뿌린 프랑스 니스 샐러드인 니수아즈 살라드nicoise salad와 파스타도 맛있다.

삥강을 둘러볼 수 있는 리버 크루즈

매 삥 리버 크루즈 Mae Ping River Cruise

주소 133 Charoen Prathet Rd, Tambon Chang Khlan, Mueang Chiang Mai **위치** 타 패 게이트에서 택시로 10분(예약 시 호텔 무료 픽업) **시간** 09:00~17:00, 매시 정각 출발 **요금** 550밧(성인) **홈페이지** www.maepingrivercruise.com **전화** 053-274-822

치앙마이 북에서 남으로 흐르는 삥강을 둘러볼 수 있는 크루즈다. 아난타라 호텔 옆 왓 차이 몽콘Wat Chai Mongkhon 안쪽에 있는 선착장에서 출발해 약 1시간 30분을 유랑하는 코스다. 1인 550밧에 잔잔한 강 위에서 크루즈 운행을 즐길 수 있으며, 중간 휴식처에서 간단한 아이스크림과 티가 제공된다. 다른 지역의 크루즈와 비교했을 때 규모나 볼거리가 특별한 것은 없지만 힐링과 휴식을 목적으로 치앙마이를 방문했다면 한가로이 시간을 보내기 괜찮다. 공식 요금이 있지만 여행사를 통해 예약하면 가격이 더 저렴하고 예약 시 요청하면 호텔까지 무료 픽업 서비스를 제공한다. 식사가 포함된 디너 타임에는 어린이 요금이 있지만 낮 시간대에는 120cm 이하 어린이 및 영유아는 무료 탑승이 가능하다.

나이트 바자 근처 중형 마트

빅 C 마켓 Big C Market

주소 152/1 Chang Khlan Rd, Tambon Chang Moi, Mueang Chiang Mai **위치** 타 패 게이트로 나와 타 패 로드(Tha Phae Rd) 따라 1km 직진 후 스트리트 피자(STREET Pizza)가 있는 건물 지나 사거리에서 오른쪽 창 클란 로드(Chang Khlan Rd)로 도보 8분 **시간** 09:00~23:00 **홈페이지** www.bigc.co.th **전화** 068-0060-1507

나이트 바자와 삥강 근처에 숙소를 잡은 여행자라면 들러 볼 만한 중형 마트다. 쾌적하고 정돈된 마트로 조리 식품을 비롯해 각종 소스, 인스턴트식품, 신선한 과일 등 식재료가 가득하다. 동남아 전역에 체인점을 보유한 기업에서 운영하는 만큼 제품 수도 많고 가격도 저렴해 현지인도 즐겨 찾는 곳이다. 늦은 시간까지 영업하니 하루 일정을 마치고 숙소로 돌아가는 길에 잠시 들러 마음에 드는 간식거리를 골라 보자. 숙소까지 구매한 물건을 배송해주는 무료 배송 서비스도 있다. 똠 얌 꿍Tom yam kung 라면이나 칠리소스, 스낵류는 선물용으로 괜찮다.

각종 전자제품과 액세서리를 구매할 수 있는 곳

판팁 플라자 Pantip Plaza

주소 152/1 Chang Khlan Rd, Tambon Chang Moi, Mueang Chiang Mai **위치** 타 패 게이트로 나와 타 패 로드(Tha Phae Rd) 따라 1km 직진 후 스트리트 피자(STREET Pizza)가 있는 건물 지나 사거리에서 오른쪽 창 클란 로드(Chang Khlan Rd)로 도보 8분 **시간** 10:00~21:00 **홈페이지** www.facebook.com/PantipChiangMai/ **전화** 053-288-383

주로 휴대 전화와 카메라 액세서리를 취급하는 전자제품 전문 몰이다. 휴대 전화 케이스, 셀카봉, 삼각대 등 여행 중에 추억을 남기기 위해 필요한 각 종 카메라 액세서리를 저렴한 가격에 팔기 때문에 한 번쯤 들러도 괜찮은 곳이다. 1층은 주로 가벼운 전자기기 액세서리가 주를 이루고, 2층과 3층은 카메라나 노트북 등 가격대가 있는 물건을 취급한다. 전자제품의 경우 국내 가격보다 저렴하지 않아 구매는 추천하지 않지만 노트북 수리나 긴급한 카메라 수리 정도는 맡겨 볼 만하다. 1층 매장의 경우 정찰제가 아닌 것도 많아 흥정은 필수다. 같은 건물에는 새벽 2시까지 운영하는 중형 마트인 빅 C 마켓Big C Market이 입점해 있으니 시간이 된다면 함께 둘러보자.

라이브 음악을 들을 수 있는 리버 뷰 레스토랑

사이 핑 레스토랑 Sai Ping Bar & Restaurant

주소 91 Wat Ket, Mueang Chiang Mai District, Chiang Mai **위치** 와로롯 시장(Warorot Market)에서 삥강 방면 다리 건넌 후 바로 우측 **시간** 11:00~24:00 **전화** 099-246-3522

삥강 근처에 위치해 있는 이 레스토랑은 매우 넓어서 단체 관람객들에게 추천할 만한 장소이다. 시원한 바람이 불어오는 삥강 옆의 편안한 좌석에 앉아 식사하며 라이브 음악을 들을 수 있기 때문에 어른들을 모셔와 식사 대접을 하기도 알맞다. 강변에 있는 레스토랑은 시설이 금방 부식되어 약간 허름하다는 느낌을 받을 수 있는데, 이곳은 매우 깔끔히 관리되어 그런 느낌이 전혀 없다. 저녁에 방문하면 라이브 밴드의 음악을 감상할 수 있기 때문에 낮보다는 저녁에 방문하기를 추천한다. 삥강 주변의 멋진 조명이 잔잔한 수면에 반사되어 만들어 내는 야경과 라이브 음악을 감상하며 술 한잔 기울이기 좋은 장소이다. 다만 강 근처이기 때문에 오랜 시간 머물 예정이라면 모기 기피제를 들고 가길 추천한다.

코코넛 크림 파이가 맛있는 케이크 맛집

카페 반 피엠숙 Cafe Baan Piemsuk

주소 165 167 Tambon Chang Moi, Mueang Chiang Mai District, Chiang Mai **위치** 와로롯 시장(Warorot Market)에서 삥강 방면 다리 건넌 후 차로엔 라즈드 로드(Charoen Rajd Rd)를 따라 좌측으로 도보 1분 후 좌측 **시간** 09:30~18:30 **전화** 085-525-0752

코코넛 과육이 잔뜩 들어간 코코넛 크림 파이가 유명한 디저트 맛집이다. 다양한 케이크 또한 일품이지만, 이곳을 방문한다면 동물성 생크림이 가득 들어간 풍부한 유크림과 코코넛의 조합이 일품인 코코넛 크림 파이를 꼭 먹어 보길 추천한다. 크림 층이 생크림과 커스터드 크림의 2개 층으로 되어 있어서 물리지 않게 먹을 수 있고, 잘 만들어진 커스터드 크림에서는 고급스러운 계란의 맛과 향이 나서 풍미가 더욱 깊다. 크림이 많이 들어가서 다소 느끼할 수 있지만 그렇게 달지 않은 코코넛 크림의 맛이 1인 1조각을 충분히 할 수 있도록 도와준다. 흔히 디저트를 먹었을 때 할 수 있는 최고의 찬사인 '너무 달지 않다'라는 말이 어울리는 파이이다. 게다가 와이파이와 에어컨도 잘 갖춰져 있어서 항상 사람이 항상 붐비는 편이다. 주말에 간다면 항상 만석이기 때문에 가급적 평일 사람이 없는 시간에 방문하는 것을 권장한다.

1957년부터 지켜온 북부 커리의 자존심

아룬 (라이) 레스토랑 Aroon (Rai) Restaurant ร้านอรุณไร [란 아룬라이]

주소 49/9 Chiang Mai-Lam Phun Rd, Tambon Si Phum, Mueang Chiang Mai **위치** 타 패 게이트로 나와 오른쪽 꼿차산 로드(Kotchasarn Rd)로 도보 2분 **시간** 11:00~21:00 **휴무** 일요일 **가격** 85밧~(1인 기준) **전화** 053-276-947

1957년에 오픈해 지금까지 카레를 비롯해 태국 북부 음식을 전문으로 하는 식당이다. 허름해 보이는 외관에 내부 역시 특별함은 없지만 맛과 가격, 거기에 전통까지 더해져 현지인은 물론 여행자들의 마음을 사로잡은 로컬 식당이다. 추천 메뉴는 자박한 카레 국물에 생강, 타미린, 견과류를 넣고 고기를 넣어 푹 끓인 깽 항 레이Kaeng Hang Lay. 치앙마이 여행 시 한 번쯤은 맛봐야 하는 북부 카레 카오 소이Khao Soi도 놓칠 수 없는 인기 메뉴다. 생각보다 양이 많지 않으니 볶음밥이나 찹쌀밥인 스티키 라이스Sticky Rice를 곁들이길 추천한다. 유명한 식당으로 늘 사람이 붐비니 식사 시간보다 조금 이른 시간에 방문하도록 하자.

합리적인 가격의 수제 버거 전문점

락 미 버거 Rock Me Burger

주소 17-19 Loikroh Rd, Tambon Chang Khlan, Mueang Chiang Mai **위치** 타 패 게이트로 나와 오른쪽 꼿차산 로드(Kotchasarn Rd) 따라 300m 직진 후 옐로우 치앙마이(Yellow Chiang mai) 지나 왼쪽 도로(Loikroh Rd)로 도보 1분 **시간** 11:00~22:00 **가격** 210밧~(수제 버거 세트) **홈페이지** www.facebook.com/Rockmeburger/ **전화** 080-630-0125

가성비 넘치는 수제 버거 세트로 유명한 치앙마이 대표 버거 맛집이다. 더운 날씨에 지쳐 맥주와 푸짐한 음식이 생각날 때 들르기 좋다. 한국 돈 약 5천 원(210밧) 정도면 어니언·감자튀김과 함께 나오는 맛 좋은 수제 버거 세트를 즐길 수 있다. 이곳의 특징은 꽉 차게 들어간 재료다. 육즙이 흐르는 두툼한 패티와 체다 치즈, 양상추, 토마토, 피클, 수제 번을 기본으로 비주얼이 대단하다. 구운 파인애플이 들어간 락 알로하Rock Aloha(210밧) 세트도 인기이고, 캐러멜라이즈드된 양파와 더블 패티의 고기 맛이 어우러진 패티 멜트(280밧) 세트도 추천한다. 버거 주문 시 패티의 익힘 정도도 선택 가능하고, 맥주나 음료 또한 선택의 폭이 넓으니 취향에 맞게 주문해 보자.

건강한 샌드위치로 아침을 시작하는 곳

더 하이드 아웃 The HIDEOUT

주소 95/10 Sithiwongse Rd, Tambon Si Phum, Mueang Chiang Mai **위치** 타 패 게이트로 나와 왼쪽 차이야품(Chaiyapoom Rd) 따라 650m 직진 후 마이애미 호텔(Miami Hotel) 지나 오른쪽 골목(Sithiwongse Rd)으로 도보 1분 **시간** 08:00~15:00 **휴무** 월요일 **가격** 70밧~(샌드위치), 55밧~(커피) **홈페이지** www.thehideoutcm.com **전화** 066-3895-2456

내용물에 충실한 샌드위치와 설탕이 들어가지 않은 건강한 과일주스로 유명한 브런치 레스토랑이다. 크림치즈나 잼을 발라먹는 심플한 메뉴부터 각종 재료가 듬뿍 들어간 푸짐한 샌드위치까지 약 25종의 샌드위치를 판매한다. 맛은 기본이요, 재료도 신선해 건강식 못지않다. 추천 메뉴는 노르웨이산 훈제 연어와 아보카도에 크림치즈가 더해진 죠스JAWS(185밧)와 설탕을 넣지 않고 100% 과일로만 만드는 과일 주스(65밧)다. 주문 시 빵 선택(베이글 또는 식빵 또는 바게트)이 가능하고 토핑 추가도 가능하니 취향에 맞게 선택하자.

태국 전역에서 인정받은 스파 체인점

렛츠 릴렉스 스파 Let's Relax Spa

주소 145/37 Chang Khlan Rd, Tambon Chang Moi, Mueang Chiang Mai **위치** 타 패 게이트로 나와 타 패 로드(Tha Phae Rd) 따라 1km 직진 후 스트리트 피자(STREET Pizza)가 있는 건물 지나 사거리에서 오른쪽 창 클란 로드(Chang Khlan Rd)로 도보 5분 **시간** 10:00~22:00 **가격** 1,200밧(타이 마사지, 2시간) **홈페이지** www.letsrelaxspa.com **전화** 053-818-498

태국 전역에서 인정받은 마사지 체인점이다. 마사지사에 따라 호불호가 갈리는 다른 숍과는 달리 기본 이상의 실력으로 현지인들도 즐겨 찾는 대중적인 숍으로 자리 잡았다. 심플하면서도 편안한 분위기, 거기에 합리적인 가격까지 매력적인 곳이다. 기본 마사지인 타이 마사지(750밧-1시간)를 비롯해 다양한 패키지가 준비돼 있다. 인기 코스는 가볍게 받을 수 있는 발마사지(500밧-45분)와 발(45분)과 손(15분), 어깨와 등(30분)으로 이어지는 90분 드림 패키지Dream Package(900밧)다. 패키지 상품은 온라인 예약 시 15% 할인되니 잊지 말자. 나이트 바자 근처에 있으니 쇼핑 후 숙소로 돌아가기 전 잠시 들르는 일정을 고려해 보자. 주말에 방문 예정이라면 예약은 필수다.

한국 돈 환전이 가능한 환전소

슈퍼 리치 Super Rich

주소 34/4 Loikroh Rd, Tambon Chang Khlan, Mueang Chiang Mai **위치** 타 패 게이트로 나와 오른쪽 꼿차산 로드(Kotchasarn Rd) 따라 300m 직진 후 옐로우 치앙마이(Yellow Chiang mai) 지나 왼쪽 도로(Loikroh Rd)로 도보 2분 **시간** 08:30~17:30 **전화** 053-206-799

치앙마이 시내에 위치한 환전소 중 환율 좋기로 소문난 곳이다. 태국 전역에 지점이 있을 정도로 믿고 이용할 수 있는 안전한 곳이다. 미국 달러부터 한국 원화까지 취급하며, 특히 한국 원화를 태국 밧으로 환전이 가능해 인기다. 환율도 좋고 소액 환전(1만 원~)도 가능해 여행자는 물론 교민들도 자주 이용한다. 1만 원권보다는 5만 원권 적용 환율이 더 좋으니 참고하자. 주말에는 환전율이 좋지 않으니 되도록 평일에 이용하고 환전 시 여권 제출과 현장에서 환전 금액을 꼭 확인하는 것을 잊지 말자.

디자이너들을 위한 창의적 공간

TCDC 치앙마이 TCDC Chiang Mai

주소 1/1 Muang Samut Rd, Tambon Chang Moi, Mueang Chiang Mai **위치** 타 패 게이트로 나와 왼쪽 차이야품(Chaiyapoom Rd) 따라 850m 직진 후 왓 차이 시 품(Wat Chai Si Phum) 사원 지나 오른쪽 도로(Wichayanon Rd)로 가다 첫 번째 사거리에서 왼쪽 도로(Muang Samut Rd)로 도보 1분 **시간** 10:30~19:00 **휴무** 월요일 **요금** 100밧(1일권), 600밧(연간 회원권) **홈페이지** www.tcdc.or.th/chiangmai **전화** 052-080-500

디자이너, 학생, 기업 등 디자인 분야에서 활동하는 사람들을 위해 설립된 센터다. 2005년 방콕에 설립 후 두 번째로 오픈한 곳이다. 전시, 교육, 네트워킹이 열리는 공간을 비롯해 9,000여 권의 디자인 관련 출판물과 1,000여 종의 멀티미디어 디자인 자료, 태국 정부 디자인 DB까지 모두 갖춰져 있다. 여행자들 사이에서 이곳이 주목 받는 이유는 누구나 이용 가능한 도서관이 있기 때문이다. 심플하면서 모던한 공간에 전 세계에서 발행되는 매거진을 비롯해 고가의 디자인 서적, 노트북을 사용 할 수 있는 오픈 좌석과 미팅 룸, 창의적 발상을 위한 리딩 룸, 미디어 룸까지 학습자와 작업자를 위한 시설이 잘 구비돼 있다. 이용 방법은 3층 도서관 입구에서 1일 권을 구매하거나 연회원 가입 후 이용할 수 있고 연회원의 경우 매달 정해진 기간에 지정석 배정을 신청하면 개인 PC 설치가 가능한 좌석으로도 이용 가능하다. 표지판 하나에서부터 신경을 썼다는 것이 느껴질 정도로 감각적이고 분위기 또한 괜찮으니 작업 공간이 필요하거나 디자인 분야에 관심 있다면 한 번쯤 들러 보자.

치앙마이 번성의 중심지

삥강 Ping River

주소 일대 Chiangmai-Lamphun Rd, Tambon Chang Moi, Mueang Chiang Mai **위치** 타 패 게이트로 나와 타 패 로드(Tha Phae Rd) 따라 1.3km 직진 **시간** 24시간

방콕의 젖줄이라 불리는 짜오프라야강Chao Phraya River의 지류가 되는 658km의 강이다. 삥강은 미얀마와의 경계가 있는 태국 최북단 도이 치앙 다오Doi Chiang Dao에서 발원했다. 산악 지형으로 이루어진 북부 지역을 관통해 인접 국가 상인들의 교역로로도 사용됐던 곳으로, 찬란한 역사와 문화를 만들어 낸 란나 왕국의 근간이 된 곳이기도 하다. 지금은 차도가 생겨 교역로의 역할은 하지 않지만 태국 북부 지방의 상수도를 책임지는 여전히 중요한 곳이다. 경치가 좋은 레스토랑이 여럿 있고, 가벼운 산책을 하기 좋아 시민들이 많이 찾는 곳이기도 하다.

푸짐한 양으로 인기인 미국식 레스토랑

더 듀크스 삥 리버 The Duke's Ping River

주소 49/4-5 Chiang Mai-Lamphun Rd, Tambon Chang Moi, Mueang Chiang Mai **위치** 타 패 게이트에서 택시로 10분 **시간** 10:30~22:00 **가격** 315밧~(피자), 345밧(립 하프) **홈페이지** www.thedukes.co.th **전화** 053-249-231

피자와 스테이크, 립을 즐길 수 있는 미국식 레스토랑이다. 치앙마이 시내에만 3개 지점이 있고, 시 외곽에 2개 지점이 있을 정도로 현지인들이 즐겨 찾는 가게다. 맛도 괜찮지만 양도 푸짐해 만족도가 상당히 높다. 가장 인기 메뉴는 피자. 추천 메뉴는 이탈리안 피자Italian Pizza와 엑스트라 치즈 피자Extra Cheese Pizza다. 그 외에도 기본 치즈 피자에 마음에 드는 재료를 선택해 세상에 하나뿐인 나만의 피자도 주문 가능하다. 접근성 좋은 님만해민 마야 쇼핑센터(4층)와 나이트 바자 근처에도 지점이 있다.

나이트 마켓 한복판에서 즐기는 강렬한 라이브 바

보이 블루스 바 Boy Blues Bar

주소 Chang Moi Sub-district, Mueang Chiang Mai District, Chiang Mai **위치** 타 패 로드(Tha Phae Rd) 따라 1km 직진 후 스트리트 피자(STREET Pizza)가 있는 건물을 지나 사거리에서 오른쪽 창 클란 로드(Chang Khlan Rd)로 도보 4분 **시간** 19:00~24:00 **휴무** 일요일 **전화** 069-4634-4555

록과 팝, 재즈를 아우르는 수준급 아티스트들의 라이브 공연을 볼 수 있는 곳이다. 라이브 재즈 바가 유명한 치앙마이에서 그 명맥을 이어 가는 유명한 블루스 바인 이곳은 특히 서양 여행자들에게 인기가 많다. 블루스에만 국한되지 않고 록, 메탈, 블루스, 재즈 등 하루에도 몇 개의 밴드가 장르를 바꿔 가며 공연하기 때문에 방문 전에 가게 앞 스케줄을 확인하는 것도 이곳을 더욱 취향에 맞게 즐기는 방법이다. 나이트 마켓 거리 한복판에 위치해 있기 때문에 접근성도 좋고, 특별한 입장료 없이 맥주 한 병만 시켜도 되기 때문에 라이브 음악을 사랑하는 여행자라면 한 번쯤 방문하는 것을 추천한다. 다만 서양 여행자, 그중에서도 나이 든 아저씨가 많고 흡연자의 비율이 상당하기 때문에 담배 연기는 피하기 힘들 테니, 최대한 바람을 등지는 자리에 앉거나 미리 흡연자 근처를 피해 앉는 것이 좋다.

여심을 저격하는 플라워 카페 겸 갤러리

우 카페-아트 갤러리 Woo Cafe-Art Gallery

주소 80 Charoenprathet Rd, Tambon Chang Moi, Mueang Chiang Mai **위치** 타 패 게이트에서 택시로 10분 **시간** 10:00~18:00 **휴무** 수요일 **가격** 60밧~(커피), 250밧(식사류) **홈페이지** www.woochiangmai.com **전화** 052-003-717

플라워 카페라 이야기해도 될 정도로 많은 꽃이 장식돼 있는 카페 & 갤러리다. 감성적인 인테리어와 리버뷰를 자랑하는 삥강 유역 카페 중 유독 여성 여행자들이 즐겨 찾는 곳이다. 개성 넘치는 소품과 빈틈없이 장식된 꽃과 식물들로 마치 다른 세상에 온 것 같은 기분이 든다. 커피는 저렴한 편이지만, 음식 가격에는 해당 장소에 대한 관람료가 녹아 있어 다소 비싼 편이다. 요기를 해결할 수 있는 브런치 및 태국 음식은 수준급 이상의 플레이팅과 맛으로 인기다. 1층은 카페 겸 식당 그리고 편집 숍이 운영 중이고, 2층 갤러리는 각종 전시가 열리니 카페 이용 전후로 가볍게 둘러보자. 참고로 점심시간에는 중국 여행자들이 너무 많아 붐비니 오전이나 늦은 저녁에 방문하는 것을 추천한다.

핑크색으로 가득 채워진 애프터눈 티 하우스

위엥 줌 온 티하우스 Vieng Joom On Teahouse เวียงจูมออน ทีเฮาส์ [위양쭘언 티하오]

주소 53 Charoenprathet Rd, Tambon Chang Moi, Mueang Chiang Mai **위치** 타 패 게이트에서 택시로 7분 **시간** 10:00~18:00 **가격** 490밧(애프터눈 티 세트), 95밧~(차 단품) **홈페이지** www.vjoteahouse.com **전화** 066-5324-6392

건물 외관부터 실내까지 핑크 빛으로 가득한 카페다. '핑크 시티'라는 별명을 가진 인도 자이푸르에서 영감을 얻어 이국적인 소품과 독특한 인테리어가 돋보이는 곳이다. 벽면을 가득 채운 50종이 넘는 프리미엄 차를 전문으로 하며 가장 인기 메뉴는 각종 디저트 류가 3단 트레이에 가득 나오는 애프터눈 티 세트VJO High Tea(490밧)다. 디저트가 포함된 세트 메뉴가 아니어도 단품 차(95밧)도 있으니 부담 없이 들러 보자. 실내 공간은 각종 차와 관련된 상품을 파는 미니 숍과 에어컨이 있는 실내 테이블로 운영되고, 실외에는 삥강을 보며 느긋하게 티타임을 즐길 수 있는 테이블도 준비돼 있다.

밤에는 클럽으로 변신하는 레스토랑

더 굿 뷰 바 앤 레스토랑 The GOOD VIEW BAR & RESTAURANT

주소 13 Charoenprathet Rd, Tambon Chang Moi, Mueang Chiang Mai **위치** 타 패 게이트에서 택시로 12분 **시간** 17:00~다음 날 02:00 **가격** 160밧~(1인 식사), 90밧~(주류) **홈페이지** www.goodview.co.th **전화** 099-9271-0666

삥강 리버 뷰를 자랑하는 500석 규모의 대형 레스토랑이다. 강과 바로 연결되는 야외 테이블을 운영하고 있어 분위기 또한 괜찮다. 태국 음식부터 아시아(중식, 일식), 웨스턴 등 다국적 음식을 선보인다. 음식 종류만 약 200개로 메뉴판 두께가 어마어마하다. 그중 인기 메뉴는 돼지 발목 부위를 프라이드 치킨처럼 튀긴 197번 딥 프라이드 폭스 너클Deep Fried Pork's Knuckle과 카레 소스에 게살을 넣고 끓인 87번 뿌팟퐁 커리가 잘 나간다. 생선 튀김이나 야채 볶음류도 좋다. 저녁 9시 즈음부터는 라이브 공연이 펼쳐져 현지 젊은이들도 많이 방문하는 핫 플레이스로 변신하니 식사와 동시에 공연을 즐기고 싶은 여행자라면 저녁 7~8시에 방문해 보자.

깔끔하게 정돈된 고급 리버 뷰 레스토랑

더 데크 1 The Deck 1

주소 1, 14 Charoenprathet Rd, Tambon Chang Moi, Mueang Chiang Mai **위치** 타 패 게이트에서 택시로 8분 **시간** 08:00~22:00 **가격** 220밧~(브런치) **홈페이지** www.thedeck1.com **전화** 053-302-788

조식 뷔페부터 풀코스 디너까지 선보이는 고급 다이닝 레스토랑이다. 삥강 주변의 다양한 고급 레스토랑 중에서도 현대적이고 심플한 외관과 내부 인테리어로 단연코 돋보이는 분위기 좋은 레스토랑이다. 오전 7~10시까지는 올 데이 브런치(220밧~), 10시~오후 5시까지는 브런치와 단품 메뉴, 애프터눈 티 세트가 포함된 카페 & 레스토랑, 저녁 시간에는 근사한 분위기에서 풀코스로 각종 요리를 즐길 수 있는 고급 레스토랑으로 운영된다. 리버 뷰와 멋진 분위기, 정갈한 음식으로 가격대는 높은 편이다. 하지만 가격이 아깝지 않은 좋은 서비스와 캐주얼하면서 럭셔리한 분위기로 30~40대 직장인에게 인기다. 매주 금, 토요일 저녁 시간에는 라이브 재즈 공연이 열리니 라이브 음악과 함께 식사를 즐기고 싶다면 해당 시간을 기억해 두었다가 방문하도록 하자.

방콕 유명 레스토랑을 운영하는 살라 그룹의 리버 뷰 레스토랑

완라문 림 남 Wanlamun Rim Nam

주소 37 Charoenprathet Rd, Tambon Chang Moi, Mueang Chiang Mai **위치** 타 패 게이트에서 택시로 7분 **시간** 12:00~21:00 **가격** 400밧~(1인 기준), 1,130밧~(애프터눈 티 세트) **홈페이지** www.salahospitality.com/lanna/dine **전화** 066-5326-2947

방콕에서 리버 뷰 레스토랑으로 유명한 살라 그룹이 오픈한 레스토랑이다. 오랜 경험을 바탕으로 편안한 분위기를 멋지게 연출한 곳이다. 전 좌석이 삥 강을 바라보는 편안한 빈 백Bean Bag과 테이블로 구성돼 있다. 테이블 구성이 계단식이라 어떤 자리에 앉더라도 시야를 가리지 않고 삥강을 감상할 수 있다. 방콕에서 가장 유명한 루프톱 레스토랑 시로코의 셰프였던 액Eak 셰프가 최근 이곳에 합류하면서 음식 또한 상당한 수준을 자랑한다. 삥강 주변 레스토랑들과 마찬가지로 아침 식사부터 저녁 식사까지 다양한 무드에 따른 메뉴를 제공하고 그중 애프터눈 티 세트와 저녁 식사는 특히 인기다. 천장이 없고 파라솔만 있는 야외 자리가 예쁘기 때문에 날씨가 좋은 날에는 야외 자리 방문을 추천한다. 살라 그룹이 운영하는 완라문 림 남뿐 아니라 오후 5시부터 영업하는 살라 란나 리조트 3층 루프톱 바도 삥강을 한눈에 내려다 볼 수 있는 뷰를 가진 멋진 장소로 유명하니 한번 둘러봐도 좋다.

현지인들이 즐겨 찾는 베트남 체인 레스토랑

VT 남느엉 VT Namnueng

주소 49/9 Chiangmai-Lamphun Rd, Tambon Chang Moi, Mueang Chiang Mai **위치** 타 패 게이트에서 택시로 10분 **시간** 08:30~21:30 **휴무** 화요일 **가격** 50밧~(음료), 120밧~(1인 기준) **홈페이지** vietnamese-restaurant-3.business.site **전화** 087-433-7111

깔끔하기로 유명한 베트남 음식을 전문으로 하는 레스토랑이다. 베트남 현지 맛과 가장 가깝고 맛있어 현지인들도 즐겨 찾는 곳이다. 가격 또한 저렴해 인기다. 추천 메뉴는 가게 이름에도 있는 베트남식 고기 튀김인 남느엉(5개-210밧)과 돼지고기 수육, 새우나 생선이 들어간 스프링롤이다. 특히 대표 요리인 남느엉은 다진 돼지고기를 꼬치에 꿰어 튀긴 어묵 스타일의 요리로 각종 채소와 라이스 페이퍼, 상추 등과 함께 싸먹으면 맛이 기가 막히다. 향신료가 덜하고 한국인 입맛에도 잘 맞아 태국 음식이 입에 안 맞는 사람에게 강력 추천한다. 에어컨이 있는 2층과는 달리 1층은 선풍기만 돌아가니 되도록 쾌적한 2층을 요청하자.

라린진다 그룹에서 운영하는 고급 스파 브랜드

라린진다 스파 RarinJinda Wellness Spa

주소 14 Charoenprathet Rd, Tambon Chang Moi, Mueang Chiang Mai **위치** 타 패 게이트에서 택시로 12분 **시간** 10:00~24:00 **가격** 2,000밧(타이 마사지, 1시간), 2,800밧~(패키지) **홈페이지** www.rarinjinda.com/spa/chiangmai **전화** 053-303-030

고급 리조트와 스파로 유명한 라린진다 그룹에서 운영하는 스파 브랜드다. 삥강을 마주보는 라린진다 리조트 입구 독립된 건물에 있으며, 대형 그룹에서 운영하는 곳답게 시설이나 서비스는 흠잡을 데가 없는 럭셔리 스파다. 이용 방법은 단일 마사지를 선택하거나 다양한 서비스를 묶은 패키지를 선택할 수 있는데, 패키지의 경우 종종 20% 할인 프로모션이 열려 고려해 볼 만 하다. 다른 로컬 마사지 숍과 비교하면 가격대는 높지만 한 번쯤 사치를 부려도 후회 없을 정도의 서비스와 실력을 보유한 곳이다. 여행사를 통하면 할인된 요금으로 이용 가능하고, 요청 시 간단한 식사(망고 밥), 간식거리, 차는 무료로 제공된다.

치앙마이 외곽

Around Chiang Mai

자연과 한 걸음 더 가까워질 수 있는 치앙마이의 진짜 매력

치앙마이는 산이 많기로 유명한 태국 북부 지역의 문화 중심지이다. 이러한 치앙마이의 외곽 지역에서는 험준한 산부터 계곡, 온천, 유서 깊은 사원까지 도시에서는 발견할 수 없는 매력을 곳곳에서 발견할 수 있어 여행자에게 늘 새로운 경험을 선사해 준다. 치앙마이 서북쪽에는 계단식 폭포로 잘 알려져 있는 매 사 폭포를 비롯해서 각종 자연과 문화를 체험할 수 있는 매림 지역이 있고, 동쪽에는 우산 마을로 유명한 보상 마을과 산깜팽 온천 등이 있으며, 남쪽으로도 멀지 않은 거리에 다양한 즐길 거리들이 숨겨져 있다. 치앙마이 외곽에는 다른 지역과 다르게 맛집과 쇼핑보다는 체험, 탐방 위주의 일정이 기다리고 있다. 도심 관광에서 벗어나고 싶다면 이제 태국의 자연과 문화를 느낄 수 있는 외곽으로 향해 보자.

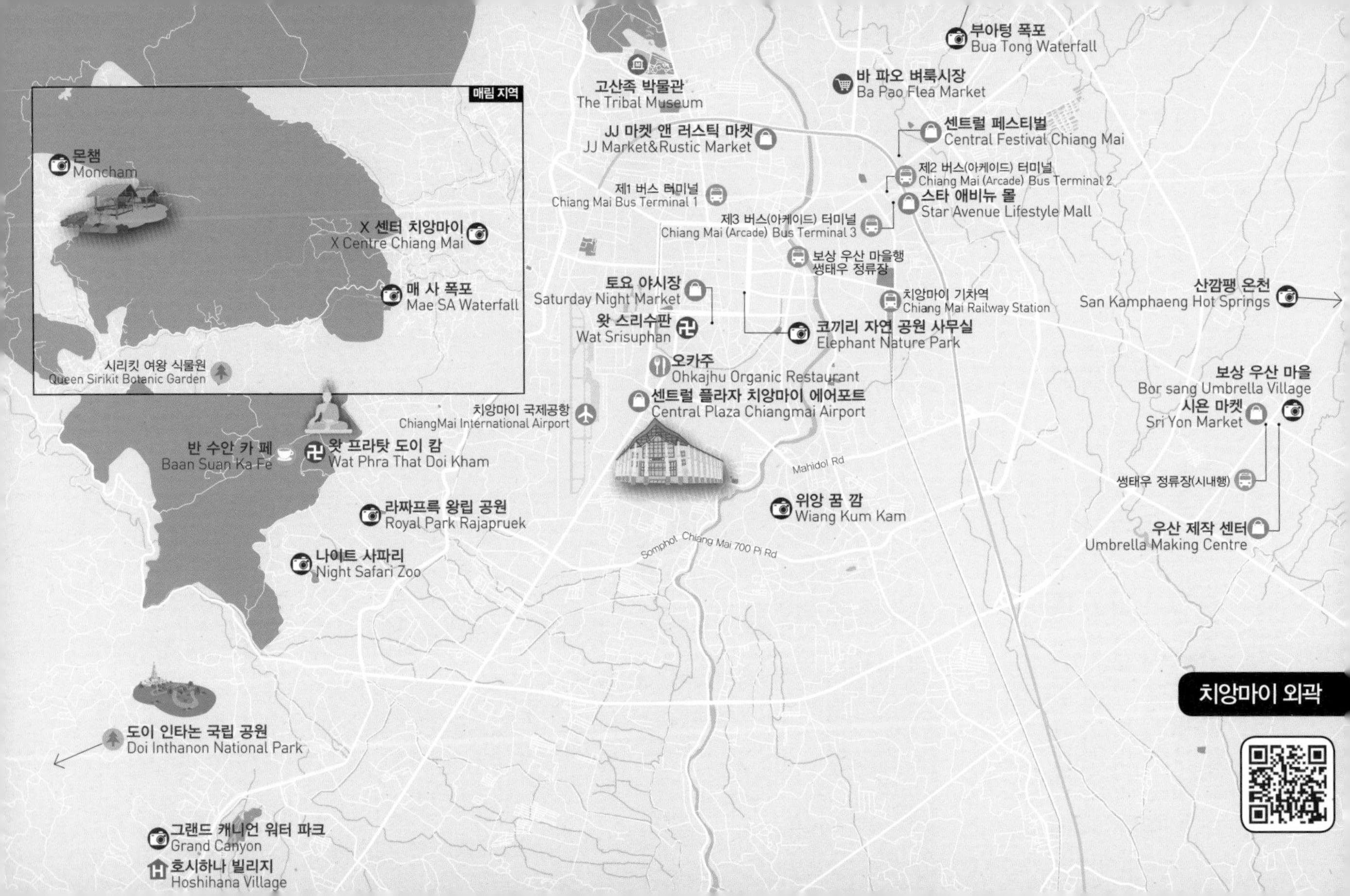

치앙마이 외곽
매림 지역
몬챔
Moncham
X 센터 치앙마이
X Centre Chiang Mai
매 사 폭포
Mae SA Waterfall
시리킷 여왕 식물원
Queen Sirikit Botanic Garden
반 수안 카 페
Baan Suan Ka Fe
왓 프라탓 도이 캄
Wat Phra That Doi Kham
치앙마이 국제공항
ChiangMai International Airport
라짜프르룩 왕립 공원
Royal Park Rajapruek
나이트 사파리
Night Safari Zoo
도이 인타논 국립 공원
Doi Inthanon National Park
그랜드 캐니언 워터 파크
Grand Canyon
호시하나 빌리지
Hoshihana Village
고산족 박물관
The Tribal Museum
JJ 마켓 앤 러스틱 마켓
JJ Market&Rustic Market
제1 버스 터미널
Chiang Mai Bus Terminal 1
토요 야시장
Saturday Night Market
왓 스리수판
Wat Srisuphan
오카주
Ohkajhu Organic Restaurant
센트럴 플라자 치앙마이 에어포트
Central Plaza Chiangmai Airport
Mahidol Rd
Somphot Chiang Mai 700 Pi Rd
위앙 꿈 깜
Wiang Kum Kam
부아텅 폭포
Bua Tong Waterfall
바 파오 벼룩시장
Ba Pao Flea Market
센트럴 페스티벌
Central Festival Chiang Mai
제2 버스(아케이드) 터미널
Chiang Mai (Arcade) Bus Terminal 2
스타 애비뉴 몰
Star Avenue Lifestyle Mall
제3 버스(아케이드) 터미널
Chiang Mai (Arcade) Bus Terminal 3
보상 우산 마을행
썽태우 정류장
치앙마이 기차역
Chiang Mai Railway Station
코끼리 자연 공원 사무실
Elephant Nature Park
산깜팽 온천
San Kamphaeng Hot Springs
보상 우산 마을
Bor sang Umbrella Village
시욘 마켓
Sri Yon Market
썽태우 정류장(시내행)
우산 제작 센터
Umbrella Making Centre

교통편 교통편이 발달하지 않은 치앙마이에서 외곽 지역을 둘러보기 위해 선택할 수 있는 교통편은 적다. 가장 저렴한 방법으로는 목적지까지 왕복 운행하는 썽태우를 타는 것이지만 출발 인원수를 채워야 하고 승차감이 불편하기 때문에, 혼자 여행을 하거나 시간이 많은 여행자가 아니라면 추천하지 않는다. 가장 일반적으로는 그랩이나 우버 앱을 사용해서 목적지로 향하는 방법이 있고, 주변 인원을 모아서 차를 대절하거나, 자동차나 오토바이를 빌리는(해당 면허증 소지 필수) 방법이 있다.

동선 팁 치앙마이 외곽 지역을 집중적으로 돌아다니기 위해서는 오토바이나 자동차 렌트가 필요하다. 우버나 그랩을 포함한 택시를 타고 장거리 운행을 하게 되면 교통비가 많이 나오고 너무 먼 지역은 호출도 어렵기 때문이다. 산깜팽 온천이나 보상 마을 같은 스폿은 대중교통(버스, 썽태우)을 이용하는 것도 좋은 방법이니 스폿 소개에 있는 위치 설명을 참고하자.
한 가지 명심할 점은, 워낙 넓은 지역이기 때문에 도심에 숙소가 있는 여행자라면 하루에 1~2개 정도의 스폿만 둘러보는 것으로 계획을 짜야 한다는 점이다. 너무 무리한 스케줄은 자칫 이동하는 데만 시간과 돈과 체력을 낭비하는 여행이 되기 십상이다.

Best Course

자연을 느끼는 매림 코스

몬챔
↓ 자동차 25분
매사폭포

↓ 자동차 10분
X 센터 치앙마이 (액티비티)
↓
치앙마이 시내 탐방

여유와 휴식의 남쪽 코스

그랜드 캐니언 워터파크 (수영 및 휴식)
↓ 자동차 30분
반 수안 까페
↓ 자동차 10분
라짜프륵 왕립 공원
↓ 자동차 5분
왓 프라탓 도이 캄
↓ 자동차 10분
나이트 사파리
↓ 자동차 20분
No.39 카페

매주 토요일마다 열리는 치앙마이 야시장

토요 야시장 Saturday Night Market

주소 인근 Wua Lai Rd, Tambon Hai Ya, Muang Chiang Mai **위치** 올드 시티 남동쪽 치앙마이 게이트(Chiang Mai Gate)부터 우아 라이 로드(Wua Lai Rd) 끝까지 약 1km **시간** 17:00~22:00(매주 토요일)

쁘라뚜 치앙마이 인근 성벽 외곽에 자리한 우아 라이 로드Wua Lai Rd에서 토요일마다 열리는 시장이다. 길 이름을 따서 우아 라이 마켓Wua Lai Market이라고 불리기도 하는 이 토요 야시장은 특히 은 세공 제품과 알루미늄으로 만든 조각상을 많이 취급하기로 유명하다. 액세서리나 독특한 모양의 기념품을 찾는 여행자에게 잘 맞는 편이다. 그 외에 다른 제품들은 선데이 마켓, 나이트 바자와 거의 같고 상점에 따라 가격 차이만 있을 뿐이니 일반적인 쇼핑이라면 세 곳 중 편한 곳을 택하자. 토요 시장이 열렸을 때는 우아 라이 로드 골목 골목에 갖가지 길거리 음식을 파는 좌판이 즐비해서 쇼핑 중에 식사도 가능하다. 다른 야시장과 마찬가지로 오후 6시부터 9시까지는 사람들로 상당히 붐비니 어느 정도 각오하고 가야 한다. 시장 곳곳에 마사지사들에게 간이 마사지를 받을 수 있는 공간이 있어 30분에 100밧 정도의 발마사지를 해주니 저렴한 맛에 받아도 괜찮다. 주변에 ATM을 찾기 어려우니 미리 현금을 챙겨 가자.

은으로 만들어진 빛나는 사원
왓 스리수판 Wat Srisuphan วัดศรีสุพรรณ [왓 싸리쑤판]

주소 100 Wua Lai Rd, Tambon Hai Ya, Muang Chiang Mai **위치** 올드 시티 남동쪽 치앙마이 게이트(Chiang Mai Gate)에서 우아 라이 로드(Wua Lai Rd) 따라 450m 직진 후 오른쪽 표지판 왓 스리수판(Wat Srisuphan) 따라 골목으로 진입 **시간** 06:00~18:00(토요일 ~11:00) **요금** 부분 한정 무료 / 실버 사원 50밧 **전화** 053-200-332

1502년에 지어진 사원으로, 사원 전체가 은으로 덮여 있어 '실버 템플'이라고 불리기도 하는 왓 스리수판. 은 세공 기술이 뛰어난 태국의 또 다른 아름다움을 발견할 수 있는 사원으로 많은 여행자가 이곳을 방문한다. 사원 내에는 은 세공을 배울 수 있는 학교가 있어 젊은 스님들이 야외에서 은 세공을 하는 모습을 종종 볼 수 있다. 낮에는 햇빛에 반사된 빛으로 눈이 아플 정도여서 감상을 위해 선글라스가 필요할 정도다. 토요일 저녁 시간에 방문한다면 푸른색 조명이 빛나는 실버 템플의 신비한 아름다움도 감상할 수 있다. 조금 아쉬운 점은 외부는 남녀 구분 없이 관람이 가능하지만, 실버 사원 내부에는 여성의 출입이 불가능하다. 불교 규정이기 때문에 이해하지만, 역시나 아쉬움을 금할 수 없는 규칙이다.

치앙마이를 떠나기 전 마지막 쇼핑 스폿

센트럴 플라자 치앙마이 에어포트

Central Plaza Chiangmai Airport [센탄 플라자 치앙마이 에어퐛]

주소 252-252/1 Wua Lai Rd, Tambon Hai Ya, Muang Chiang Mai **위치** ❶ 올드 시티 남쪽 수안 쁘룽 게이트(Saen Pung Gate)에서 성곽 바깥쪽으로 이어지는 티빠넷 로드(Thipanet Rd) 따라 1.5km 직진 후 정면 ❷ 타패 게이트에서 택시로 15분 내외 **시간** 11:00~21:00(평일), 10:00~21:00(주말) **홈페이지** www.centralplaza.co.th **전화** 053-999-199

치앙마이 국제공항 입구에서 도보 20분 거리에 있는 대형 백화점이다. 센트럴 플라자, 노튼 빌리지, 로빈슨 백화점 그리고 태국식 이케아인 반 & 비욘드Baan & Beyond로 구성돼 있는 복합 쇼핑 단지로, 현지인들에게는 영화관부터 레스토랑까지 다양한 서비스를 즐길 수 있는 멀티플렉스로 사랑받고 있다. 공항과 가까운 곳에 위치한 탓에 여행자들에게는 치앙마이를 떠나기 전 남은 밧을 사용해서 기념품을 사고 편하게 공항까지 갈 수 있는 마지막 목적지로 유명하다. 마야 쇼핑센터나 센트럴 페스티벌보다 세련된 모습은 아니지만 유니클로, 나이키 같은 국제 브랜드뿐만 아니라 소규모 편집 숍들이 빼곡히 들어서 있어 꼼꼼히 찾아본다면 못 구하는 것이 없을 정도로 다양한 품목을 취급한다. 노튼 빌리지 지하와 센트럴 플라자 4층에서는 충전식 카드로 이용할 수 있는 푸드 코트가 있는데 마지막 만찬을 즐기기에 나쁘지 않은 장소이니 들러 보자.

Tip. 쇼핑 전에 여행자 전용 할인 카드 신청은 필수!

태국의 많은 백화점은 여행자들의 소비 진작을 목표로 다양한 혜택을 제공한다. 그중 가장 쉽게 할인받을 수 있는 방법이 바로 할인 카드 신청이다. 백화점 곳곳에 위치한 인포메이션 데스크에서 여권을 보여 주고 간단한 서류를 작성하면 할인 카드와 백화점 와이파이 비밀번호를 알려 준다. 5분도 안걸리는 간단한 작업이니 잊지 말고 신청하자.

- **무료 셔틀버스** 공항 – 센트럴 플라자 / 호텔 – 센트럴 플라자

치앙마이의 유기농 맛집 NO. 1 레스토랑

오카주 Ohkajhu Organic Restaurant สวนผักโอ้กะจู๋สาขา [쑤언팍 오까쭈]

주소 199/9 Mahidol Rd. Tambon Hai Ya, Muang Chiang Mai **위치** ❶ 올드 시티 남쪽 수안 쁘룽 게이트(Saen Pung Gate)에서 성곽 바깥쪽으로 이어지는 티빠넷 로드(Thipanet Rd) 따라 1km 직진 후 오른쪽 배터리 숍(Battery Shop)을 끼고 오른쪽 골목으로 들어가 도보 10분 후 오른쪽 ❷ 타 패 게이트에서 택시로 15분 내외 **시간** 09:00~21:00 **가격** 255밧~(과일 샐러드), 395밧~(립) **홈페이지** www.ohkajhuorganic.com **전화** 098-545-2492

철저하게 유기농 채소만을 사용해 건강하고 푸짐한 한 끼를 먹을 수 있는 유기농 레스토랑 오카주. 직접 운영하는 텃밭에서 기른 야채들과 직접 계약한 유기농 채소 농장에서 기른 깨끗한 재료들로 대접한다는 설립 이념을 가지고 있다. 건강한 식단을 중시하는 태국 현지인들에게 큰 인기를 끌고 있으며, 최근에는 여행자들도 자주 찾는 맛집으로 유명세를 타고 있다. 2층짜리 커다란 건물이지만 점심시간과 저녁 시간이면 언제나 대기표를 들고 있는 손님들을 볼 수 있을 정도니 식사 시간 전후로 방문하는 것이 좋다. 이곳의 대표 메뉴는 돼지갈비로 만든 립Rib인데, 립의 종류가 다양하고 양과 맛 모두 만족할 만해서 무조건 한 종류는 꼭 시킬 것을 추천한다. 유기농 레스토랑답게 과일과 야채가 듬뿍 담겨 나오는 과일 샐러드와 디톡스 주스도 다소 기름진 립과 먹기에 좋은 선택이다. 1층은 스테이크부터 간단한 채소, 디톡스 주스까지 집에서 쉽게 먹을 수 있게 포장 판매도 한다.

일요일 오전에만 열리는 유기농 마켓과 빈티지 마켓

JJ마켓 앤 러스틱 마켓 JJ Market & Rustic Market

주소 45, Atsadathon Rd, Tambon Chang Phueak, Muang Chiang Mai **위치** 올드 시티 남쪽 창 푸악 게이트(Chang Phueak Gate)에서 택시로 10분 내외 **시간** JJ 마켓 07:00~13:00(주말) / 러스틱 마켓 08:30~13:00(일요일) **가격** 상점마다 다름 **홈페이지** www.facebook.com/jjmarketchiangmai/ **전화** 053-231-520

평화로운 일요일 아침의 여유로운 분위기와 활기참을 느낄 수 있는 색다른 시장 러스틱 마켓. 간단한 식사부터 옷가지, 액세서리, 드립 커피 등 먹거리와 살 것들이 즐비하고 마켓 한편에서는 라이브 공연도 볼 수 있다. 러스틱 마켓 반대편에는 매주 JJ 마켓Jing Jai Farmer's Market도 열린다. 직접 재배한 신선한 채소와 과일이 있어 현지인들에게 인기가 많다. 숙소에서 먹을 간단한 과일을 사 간다면 이 시장을 추천한다. JJ 마켓은 매주 토요일과 일요일에 열리는 반면 러스틱 마켓은 일요일에만 열리니 혼동하지 말자.

치앙마이에서 가장 큰 규모를 자랑하는 백화점

센트럴 페스티벌 Central Festival Chiang Mai [센탄 페스티웡 치앙마이]

주소 209 Tambon Fa Ham, Muang Chiang Mai **위치** 타 패 게이트에서 택시로 20분 내외 **시간** 11:00~21:30(평일), 11:00~22:00(금요일), 10:00~22:00(주말) **가격** 상점마다 다름 **홈페이지** www.centralfestival.co.th **전화** 053-999-499

치앙마이에서 가장 최근에 지어지고 가장 큰 규모를 자랑하는 백화점이다. 다양한 국제 브랜드와 태국 로컬 브랜드가 입점해 있고, 태국에서 가장 인기 있는 레스토랑이나 디저트 전문점이 있기 때문에 느긋하게 쇼핑하기 좋은 조건을 갖추었다. 저렴하고 이국적인 패턴의 동전지갑부터 핸드백까지 여성 여행자들에게 사랑받는 나라야Naraya, 태국의 대표적인 실크 제품 브랜드 짐 톰슨Jim Thompson, 가성비 좋은 로컬 SPA 브랜드 자스팔Jaspal 등 태국에서 유명한 로컬 브랜드가 전부 입점해 있어 지인들 선물 구매하기에도 좋다.
시내에서 동북쪽으로 약 5km 정도 떨어져 있어 시내에서 이곳을 방문하려면 무료 셔틀버스를 타거나 대중교통을 이용해야 한다. 셔틀버스는 나이트 마켓 방면, 님만해민 방면, 올드 시티 방면, 치앙마이 국제공항 방면 총 4개의 노선이 있기 때문에 대부분의 지역을 커버한다. 현재는 코로나19로 인해 운행이 중단된 상태인데 조만간 운행이 재개될 수 있으니, 만약 이용을 원한다면 사전에 인터넷에서 운행 여부를 확인하고 계획을 짜도록 하자.

버스를 1시간 이상 기다리는 여행자의 안락한 쉼터

스타 애비뉴 몰 Star Avenue Mall

주소 10 Tambon Wat Ket, Mueang Chiang Mai **위치** 타 패 게이트에서 택시로 15분 내외 **시간** 17:00~24:00(바 & 술집), 24시간(일부 매장) **가격** 상점마다 다름 **홈페이지** www.facebook.com/StarAvenue.LifestyleMall **전화** 094-635-5589

어딘가를 가기 위해 차를 기다리고 마중 나올 친구를 기다리는 바로 그곳, 버스 터미널이다. 제2, 3 버스 터미널에서 도보 3분 거리에 위치한 스타 애비뉴 라이프 스타일 몰Star Avenue Life style Mall은 이런 기다림에 지친 여행자에게 휴식의 손길을 내민다. 이곳은 휴대 전화를 충전하고 빵빵한 와이파이를 즐길 수 있는 각종 레스토랑과 카페가 입점해 있다. 오전 7시부터 저녁 10시까지 이용할 수 있다. 1층에 자리 잡은 탐 앤 탐스와 맥도날드는 24시간 운영하기 때문에 언제 방문하든 식사와 와이파이를 즐길 수 있다. 이 외에도 신선한 과일과 간식을 살 수 있는 슈퍼마켓 체인 림핑 슈퍼마켓Rimping Grocery, 화장품 및 의약품을 파는 드러그 스토어 부츠Boots, 최상층에 위치한 루프톱 바에서 맥주 한잔도 가능하다.

태국에서 즐기는 유황 온천

산깜팽 온천 San Kamphaeng Hot Springs น้ำพุร้อนสันกำแพง อ.แม่ออน [남푸런 싼깜팽 암퍼이 메언]

주소 1 Ban Sa Ha Khon, Mae On **위치** ❶ 타 패 게이트에서 택시로 1시간 ❷ 와로롯 마켓 옆 세븐 일레븐을 끼고 삥강 방면으로 우회전 후 도보 1분 후 노란색 썽태우 탑승(55밧/ 미니 밴-80밧, 창 푸 악 터미널[제1버스 터미널] 6번 플랫폼에서 7:30, 11:30, 15:30, 18:10 매일 출발, 18.79102, 99.00155) ❸ 오는 법: 썽태우가 내린 곳에서 다시 타거나, 같은 장소에서 미니 밴이 매일 4:30~16:30 출발(약 30분 간격, 18.814424, 99.229741) **시간** 07:00~18:00 **요금** 입장료: 100밧(성인), 40밧(아동)/ 욕조: 65밧(개인Bathing in the basin), 500밧(커플)/ 수영장: 100밧(성인), 50밧(아동) **전화** 087-659-1791

치앙마이 시내에서 약 30km 정도 동쪽에 있는 유황 온천이다. 태국인들에게는 휴가철에 찾는 휴양지로 유명하다. 곳곳에 온천수가 나와 리조트와 호텔이 많지만, 그중 산깜팽 온천은 여행자들도 부담 없이 찾아가 쉬다 올 수 있는 곳이다. 입장료 100밧으로 족욕탕, 개인 전용탕, 수영장, 마사지 숍 등 다양한 시설을 사용할 수 있다. 기다란 족욕장은 상류 지역으로 갈수록 물이 깨끗하고 뜨거운 편이라 가장 인기가 많으니 미리 자리를 잡는 것이 좋다. 온천욕을 하다 출출하면 뜨거운 유황 물에 삶은 계란을 먹는 것도 온천 여행의 별미다. 아이들을 위한 야외 온천 수영장부터 실내 온천 수영장 및 커플 전용탕 등 추가 이용료로 사용할 수 있는 다양한 서비스도 있다. 수건은 20밧을 내면 빌릴 수 있지만, 나머지 물건은 온천 내 상점에서 구입해야 하니 개인 샤워용품은 미리 준비해 가도록 하자.

우산 장인들이 손수 제작한 태국 전통 우산을 만날 수 있는 곳

보상 우산 마을 Bor sang Umbrella Village บ้านหัตถกรรมบ่อสร้าง [반 핫타깜 버 쌍]

주소 111/2 moo 3, Tambon Tonpao Sankamphaeng, Muang Chiang Mai **위치** ❶ 타 패 게이트에서 택시로 30분 내외 ❷ 와로롯 마켓 옆 세븐일레븐을 끼고 삥강 방면으로 우회전 후 도보 1분 후 흰색 썽태우 탑승(30밧, 약 30분 소요, 18.79102, 99.00155) ❸ 오는 법: 우산 제작 센터(Umbrella Making Center)에서 나와 왼쪽 사거리 대각선 경찰서 방면으로 건넌 후 끄룽타이 은행(Krungthai Bank) 맞은편 정류장에서 썽태우 탑승(18.76438, 99.08044) **시간** 08:30~17:00(우산 제작 센터) **홈페이지** www.handmade-umbrella.com

태국에서 장인들이 많기로 유명한 보상 지역. '우산 마을'이라는 별명을 가지고 있는 것처럼 대나무 대와 종이로 만들어진 화려한 우산이 이 지역의 특산품이다. 태국 전역에서 보이는 종이 우산은 거의 100% 이곳에서 만들어졌다고 할 수 있을 정도로 전통 우산에 있어서는 이곳을 빼놓고 말할 수 없다. 마을 초입에 위치한 우산 제작 센터Umbrella Making Center는 그중에서도 여행자들에게 가장 인기가 많은 곳으로, 우산 만들기 체험부터 만들어지는 과정을 지켜보거나 만들어진 우산을 구입할 수 있는 대표적인 우산 센터다. 매년 조금씩 바뀌지만 1월 셋째 주 주말 3일간 열리는 보상 우산 축제Bor Sang Umbrella Festival는 치앙마이에서도 유명하니 시간이 된다면 꼭 방문해 보자. 이 외에도 보상 마을을 관통하는 대로를 거닐다 보면 각종 수공예품들과 은 세공 제품들이 현지인 가격으로 거래되니 관심 있는 여행자들은 둘러봐도 좋다.

Tip. 보너스 스폿 – 시욘 마켓 Sri Yon Market ตลาดศรียนต [딸랏 싸리얀]

치앙마이 도심에서 20km나 떨어진 보상 마을은 다른 지역에 비해 저렴한 치앙마이 물가보다도 더 저렴한 진짜 현지인 물가를 체험할 수 있는 시장이 열린다. 낮 시간에는 입구에 위치한 음식점과 카페만 영업을 하지만 오후 6시 이후부터는 각종 옷이나 악세서리 등을 살 수 있는 매대가 선다. 치앙마이 시내까지 돌아갈 수 있는 교통편이 있는 여행자라면 현지인들이 이용하는 시장을 경험해볼 수 있는 좋은 기회이니 방문해보는 것을 추천한다.

태국 최고봉에서 만나는 자연과 역사

도이 인타논 국립 공원

Doi Inthanon National Park อุทยานแห่งชาติดอยอินทนนท์ [웃타얀 행찻 더이 인타논]

주소 119 Ban Luang, Chom Thong **위치** 타 패 게이트에서 택시로 2시간 30분 내외 **요금** 1,500밧~(투어 프로그램, 코스별로 상이), 300밧(개인 입장; 폭포 입장료 포함) **전화** 053-286-729

란나 왕국의 마지막 왕 이름을 따서 만든 태국의 최고봉 도이 인타논Inthanon Mt.. 해발 2,565m의 '인타논' 산을 중심으로 만들어진 '도이 인타논 국립 공원'은 태국인들이 새해 첫 해돋이를 보러 가거나 휴가 때 방문하는 인기 여행지 중 하나다. 높은 고도 덕분에 1년 내내 서늘한 기후여서 긴팔 티셔츠나 얇은 카디건이 필요하다. 산 정상에 있는 군 레이더 기지 때문에 포장도로가 꼭대기까지 깔려 있어 차로도 쉽게 정상까지 이동이 가능하다. 도이 인타논 정상에는 푸미폰 아둔야뎃 전 국왕과 왕비의 60주년 생일을 기념해 지은 2개의 체디Chedi와 정원이 있다. 왕실에서 직접 설립하고 운영하는 로열 프로젝트의 일환으로 공원의 상태나 주변 편의 시설 상태는 매우 좋다. 거리도 멀고 워낙 큰 국립 공원이기 때문에 단기 여행자들은 투어 프로그램을 추천한다.

Tip. 투어 프로그램 일정 (※여행사마다 세부 사항 차이 있음)

오전 8시 호텔 픽업 → 오전 8시 30분 출발 → 오전 11시 ~ 오후 3시 전 국왕과 왕비 파고다 방문 & 폭포 & 소수민족 마을 & 점심식사 → 오후 5시 호텔 도착

700년간 땅 속으로 사라졌던 잊혀진 수도

위앙 꿈 깜 Wiang Kum Kam เวียงกุมกาม [위양꿈깜]

주소 149 2 Somphot Chiang Mai 700 Pi Rd, Tha Wang Tan, Saraphi **위치** 타 패 게이트에서 택시로 20분 내외 **시간** 08:00~17:00 **요금** 무료 입장, 300밧(마차; 성인 2명 기준) **전화** 053-140-322

란나 왕국의 첫 수도였던 치앙라이에서 버마의 침공을 받고 남쪽에 있는 도시 치앙마이로 천도하기 전에 세워졌던 옛 수도의 터다. 현재의 치앙마이Chiang Mai로 수도를 옮기기 전에 치앙마이 남쪽 지역인 이곳에 원래 수도의 터를 닦았으나 삥강의 저지대에 위치했던 탓에 홍수로 인해 수도가 파괴돼 위앙 꿈 깜의 위치와 기록은 서서히 잊혀 갔다고 한다. 하지만 1984년 또 한 번의 커다란 홍수가 발생하고 700년간 진흙 속에 묻혀 있던 옛 도시의 표면이 드러나기 시작해 사람들에게 알려지기 시작했다. 치앙마이와 비슷하게 직사각형의 성벽으로 구성돼 있는 이 유적에서 현재까지 30개 이상의 체디Chedi가 발굴됐다. 발굴된 유적 중 왓 체디 리암Wat Chedi Liem은 실제로 승려들이 거주하고 있는 유일한 사원이자 많은 현지인들이 찾는 곳이다. 체디 주변에 조그마한 시장이 열려 언제나 북적거린다. 홍수로 사라진 옛 성터 위에는 700년 동안 주민들이 집을 짓고 살아와서 유적과 집이 공존하는 독특한 풍경이 이곳의 매력이다.

태국 사람들이 사랑하는 멋진 전망의 사원

왓 프라탓 도이 캄 Wat Phra That Doi Kham วัดพระธาตุดอยคำ [왓 프라 탓 더이 캄]

주소 Mae Hia, Mueang Chiang Mai **위치** 타 패 게이트에서 택시로 30분 내외 **시간** 06:00~18:00(운영 시간 변동될 수 있음)

현지인들에게는 왓 도이수텝보다 더 사랑받는 전망 좋은 사원이다. 과거 이 지역에 사람을 잡아먹는 두 명의 거인이 살았는데 부처가 이들을 설득해서 불교로 개종시키고 자신의 머리카락을 주었다고 하는 전설이 내려오는 곳이다. 이 머리카락은 황금산 정상에 위치한 이 사원에 보관하고 있다고 해서 '부처의 사리가 안치된Phra That 황금Kham 산Doi에 있는 사원Wat'이라는 이름을 갖게 됐다고 한다. 태국 사람들에게는 소원을 이루어주는 곳으로 더욱 유명해서 사원 곳곳에 복권을 파는 좌판을 볼 수 있다. 도이수텝Doi Suthep 만큼 뷰 포인트로 유명한 사원이며 치앙마이 시내를 한눈에 담을 수 있다. 주차장에서 사원으로 이어지는 300개의 계단을 오르고 나면 전망대를 만나게 되는데 정상에 서 있는 거대한 부처상과 17m 좌불상의 크기에 다시 한 번 놀란다. 사원 앞쪽에는 복권 좌판뿐만 아니라 음식이나 기념품들을 파는 상점들이 길게 늘어서 있어 간단한 식사나 쇼핑도 즐길 수 있다.

야행성 동물들과 함께하는 독특한 사파리

나이트 사파리 Night Safari Zoo

주소 33, Nong Kwai, Hang Dong **위치** 타 패 게이트에서 택시로 30분 내외 **시간** 11:00~21:00 **요금** 재규어 트레일: 100밧(성인), 50밧(1m 이하의 아동)/ 낮 & 밤 사파리: 800밧(성인), 400밧(아동)/ 한국 에이전시로 인터넷 예매(픽업 포함 시 가격 상승): 약 500밧(성인), 약 300밧(아동) **홈페이지** www.chiangmainightsafari.com **전화** 053-999-000

싱가포르와 중국 광저우 이후 세계에서 세 번째로 만들어진 치앙마이 나이트 사파리. 이곳 나이트 사파리는 야행성 동물의 활동적인 모습을 볼 수 있다는 점에서 큰 인기를 끌고 있다. '사바나 사파리Savanna Safari', '프레데터 프라울Predator Prowl' '재규어 트레일Jaguar Trail' 3개의 존Zone에 150여 종, 2,000여 마리의 야생동물이 살고 있는 대규모 동물원이다. 도보로 이동해 작은 몸집의 동물을 구경하는 재규어 트레일은 오전 11시부터 이용 가능하고, 사파리 투어는 오후 2시 30분부터 4시까지, 나이트 사파리는 오후 5시 30분부터 9시까지 운영한다. 사파리 투어의 경우 영어 가이드가 제공되는 시간을 골라 탑승하는 것을 추천한다. 매일 3회(15:30, 17:30, 19:40) 나이트 사파리의 최고 명물인 백호들의 호랑이 쇼가 진행되는데 남녀노소 할 것 없이 인기가 많은 편이니 놓치지 말자.

Tip. 사전 예약 시 할인

현장 구매 시 800밧이지만 여행사나 온라인 에이전시(인터넷으로 '치앙마이 나이트 사파리' 검색)를 통하면 반값에 예약 가능하니 방문 전에 꼭 사전 예약을 하고 방문하는 것을 추천한다.

숲속에서 만나는 평화로운 카페

반 수안 까 페 Baan Suan Ka Fe

주소 170 Moo 3, Tambon Mae Hia, Muang Chiang Mai **위치** 타 패 게이트에서 택시로 30분 내외 **시간** 08:00~17:00 **가격** 45밧~(커피) **홈페이지** www.facebook.com/bansuancafe **전화** 084-821-7357

나이트 사파리와 라짜프륵 왕립 공원에 들르는 일정이라면 한 번쯤 방문해 봐도 좋은 숲속 카페다. 왕립 공원 근처 작은 산길을 따라 조금만 올라가다보면 만날 수 있는 이곳은, 입구부터 개울이 흐르는 숲속이라 뜨거운 햇빛을 가려 주어 외부보다 훨씬 시원한 편이다. 카페 곳곳에 그네와 해먹이 있어 아이들과 함께 방문하기도 좋다. 이 카페뿐만 아니라 주변에 분위기 있는 레스토랑 겸 카페가 많으니 꼭 이곳이 아니더라도 마음에 드는 카페를 방문해도 좋다. 그리고 이곳의 메뉴판에는 흡사 한국의 김밥천국처럼 수많은 메뉴가 있어서, 남녀노소 모두가 원하는 메뉴를 먹을 수 있기 때문에 가족 여행객에게 특히 적합하다. 카페 옆 좁은 샛길을 따라 올라가면 마사지 숍이 있는데 시설도 깔끔하고 가격도 합리적인 편이니 참고하자.

인공 절벽으로 만들어진 태국식 미니 그랜드 캐니언

그랜드 캐니언 워터 파크 Grand Canyon Water Park

주소 202 moo 3 Phrae Rd, Tambon Nam Phrae, Muang Chiangmai **위치** 타 패 게이트에서 택시로 35분 내외 **시간** 10:00~19:00 **요금** 700밧(종일권, 성인) / 50밧(라커) **홈페이지** www.facebook.com/Grandcanyonwaterpark **전화** 052-010-565

바다가 없는 치앙마이에서 수영에 대한 갈증을 풀어 줄 수 있는 색다른 워터파크. 원래 공사 현장에서 쓸 암석을 채취하기 위한 채석장이었는데, 돌을 파낸 곳에 생긴 구덩이에 빗물이 고여 작은 호수가 생긴 것에서 착안해 만들어졌다고 한다. 진짜 그랜드 캐니언보다는 훨씬 작지만 생각보다 넓은 부지와 탁 트인 풍광으로 다른 워터 파크와는 확연한 차별점을 보여 준다. 수영을 할 수 있는 수영장 외에도 짚라인이나 다이빙 포인트도 인기가 많은 편이다. 깊은 곳은 수심 20m 정도여서 들어가기 전 구명조끼는 필수다. 높은 다이빙 포인트와 깊은 수심 때문에 매년 안전사고가 끊이지 않기 때문에 다른 곳보다 더 조심히 물놀이를 즐길 필요가 있다.

넓은 규모의 다목적 왕립 공원

라짜프륵 왕립 공원 Royal Park Rajapruek อุทยานหลวงราชพฤกษ์ [우타얀 루엉 라차프륵]

주소 334, Mae Hia, Mueang Chiang Mai **위치** 타 패 게이트에서 택시로 30분 내외 **시간** 08:00~18:00 **요금** 200밧(성인), 150밧(아동) **홈페이지** www.royalparkrajapruek.org **전화** 053-114-110

태국의 국화 라짜프륵Rajapruek의 이름을 따서 만든 왕립 공원이다. 서거한 푸미폰 아둔야뎃 왕의 왕위 계승 60주년을 기념해서 만들어졌다. 공원, 식물원, 왕실 별장 등 다양한 용도로 사용되는 이곳은 넓은 부지에 깔끔한 주변 환경과 다채로운 꽃들을 만날 수 있어 가족이나 연인끼리 나들이하기 좋은 코스다. 다만, 입장료가 비싼 편이고 여행자 입장에서는 어드벤처나 특별한 구경거리가 별로 없어 강력 추천하진 않는다. 대부분의 볼거리가 야외에 있어 태양이 뜨거운 낮 시간보다는 아침이나 늦은 오후에 방문하는 것을 추천한다. 부지 자체가 넓어서 도보로 이동하기보다는 15분 간격으로 운영되는 무료 트램이나 자전거 대여(60밧), 골프 카트 대여(1,000밧)를 이용해 둘러보는 것을 추천한다.

일본 영화 〈수영장〉에서 나왔던 바로 그 숙소

호시하나 빌리지 Hoshihana Village

주소 246 moo 3 Tambon Nam Phrae, Muang Chiangmai **위치** 타 패 게이트에서 택시로 35분 내외 **시간** 15:00~22:00(체크인), 12:00(체크아웃) **요금** 5,000밧~ / 600밧(공항 픽업) **홈페이지** www.resorthoshihana.com **전화** 063-158-4126

영화 〈수영장〉의 촬영 장소로 독특한 디자인과 자연 친화적인 운영 방식 때문에 인기를 끌고 있는 호텔이다. 처음에는 일본 여행자나 영화 팬들이 하나둘 방문하기 시작하다가 입소문을 타서 이제 한국 팬들과 여행자들도 자주 찾는 명소로 자리매김했다. 치앙마이 시내와는 떨어져 있기 때문에 문명의 손길을 느끼기는 어렵지만, 도시의 삶에 지친 여행자들에게 이제는 경험하기 힘든 고요함과 차분함을 제공한다. 모든 방에 에어컨이 있진 않지만 높은 천장과 환기가 잘 되는 진흙 벽 덕분에 24시간 내내 일정한 온도를 유지한다. 꽤 넓은 부지에 숙소가 드문드문 배치돼 있고 나머지는 전부 정원이어서 풀 부킹이어도 언제나 차분한 분위기를 유지한다. 정갈한 음식과 흠 잡을 데 없는 서비스로 어떤 숙소보다도 높은 만족도를 선사해 주는 숙소다. 수익금의 일부는 에이즈 감염 어린이를 위한 고아원에 기부하고 있어 주변보다 조금 비싼 숙박비는 감수하자.

트레킹하면서 만나는 10개의 폭포
매사폭포 Mae SA Waterfall น้ำตกแม่สา [남똑 매싸]

주소 Namtok Mae SA, Tambon Mae Raem, Muang Chiang Mai **위치** 타 패 게이트에서 택시로 40분 내외
시간 08:30~16:30 **요금** 100밧(성인), 무료(아동)

치앙마이 사람들에게는 더위를 피해 물놀이를 즐기는 인기 스폿이다. 산 정상에서 지상으로 흐르는 10개의 계단식 폭포를 감상할 수 있는 폭포다. 1번부터 10번 폭포의 경치는 우리가 생각하는 낙차 큰 폭포와는 거리가 있지만 트레킹할 수 있는 길이 잘 조성돼 있어 태국 북부 산림을 즐기기에는 더할 나위 없다. 중간중간에 폭포를 조망할 수 있는 전망대나 휴식을 취할 수 있는 벤치와 테이블도 마련돼 있고, 특이하게 고양이가 많이 살고 있어 지루할 틈이 없다. 폭포 입구 안쪽에는 캠핑장이 운영 중이기 때문에 숲속에서 하룻밤을 보낼 수도 있다. 입구에서 약 150m 떨어진 3번 주차장 앞에는 식당과 매점이 있어 올라가기 전 간단한 음료나 간식을 살 수 있으니 탈수를 대비해 마실 음료를 하나 챙겨 가는 것을 추천한다.

치앙마이의 대관령이라 하는 곳
몬챔 Moncham ม่อนแจ่ม [먼 쨈]

주소 Mae Raem, Mae Rim **위치** 타 패 게이트에서 택시로 1시간 30분 내외 **시간** 07:00~20:00

매림 지역 몽 농 호이 마을Mong Nong Hoi village 꼭대기에 위치한 고원이다. 과거에는 아편 농장이었지만 왕실 프로젝트의 일환으로 이제는 고랭지 작물을 재배하는 친환경 농장으로 다시 태어났다. 높은 고도 덕분에 무더운 여름에도 시원한 온도를 365일 내내 유지하기 때문에 더위에 지친 여행자들에게 꼭 추천하는 장소다. 다만 몬챔 지역은 기후가 불안정해서 안개가 자주 끼고 비가 자주 내리는 편이라 태국의 건기인 10월부터 2월 사이에 방문하는 것이 가장 좋다. 북부의 산을 원 없이 감상할 수 있는 다양한 뷰 포인트가 많아서 인생 샷을 건지러 방문하는 여행자에게 언제나 기대 이상의 배경을 제공해서 '태국의 대관령'이라는 별명이 있을 정도다. 뷰 포인트 주변 곳곳에 방갈로와 테이블들이 널려 있어 마음에 드는 장소를 잡은 후에 레스토랑 겸 식당에서 간식이나 식사를 주문해서 먹을 수 있다. 산꼭대기에 있어 가격은 조금 비싼 편이지만 음식 맛도 괜찮고 양도 많은 편이다.

매림에서 즐길 수 있는 모든 액티비티 백화점

X 센터 치앙마이 X Centre Chiang Mai

주소 816 moo 1, Mae Rim Sameong Rd. Tambon Mae Raem, Muang Chiang Mai **위치** 타 패 게이트에서 택시로 40분 내외 **시간** 09:00~18:00 **요금** 2,200밧(번지점프), 800밧~(고카트, 15분), 1,100밧(미니 ATV) **홈페이지** www.chiangmaixcentre.com **전화** 053-297-700

산악 레저가 유명한 치앙마이에서 가장 접근성이 좋은 곳 중 하나로, 치앙마이의 자연과 익스트림 스포츠를 동시에 즐길 수 있다. 50m 높이에서 뛰는 번지점프부터 실내카트, 오프로드 ATV, 페인트 볼, 트레일 바이크 등 다양한 시설과 장비를 갖추고 있어 현지인들과 서양 여행자들에게 인기 있는 스폿이다. 한국에서는 시도할 기회가 적은 산악 자전거나 슈퍼 버기카 등 다양한 탈것도 안전교육 후에 체험할 수 있으니 이 기회에 익스트림 스포츠를 즐겨 보자.

코끼리와 여행자가 모두 행복한 코끼리 보호소

코끼리 자연 공원 Elephant Nature Park

주소 1 Rachamankha Rd, Tambon Phra Sing, Muang Chiang Mai(사무실) **위치** 사무실: 타 패 게이트를 등지고 왼쪽 문 므앙 로드(Moon Muang Rd) 따라 300m 직진 후 운하 다리가 있는 사거리에서 오른쪽/ 공원: 숙소 픽업 차량 탑승 후 약 1시간 **시간** 07:00~17:00 **요금** 반일, 종일: 2,500밧~(성인), 1,250밧(아동) **홈페이지** www.elephantnaturepark.org **전화** 053-272-855

ⓒ태국관광청

코끼리 등에 안장을 채우고 뾰족한 쇠꼬챙이로 찌르면서 정글을 뚫고 지나가는 과거 코끼리 트레킹과는 달리 학대당한 코끼리나 구조된 코끼리를 보살피며 코끼리들과 함께 수영하고 산책하며 진정한 교감을 나눌 수 있는 곳이다. 비인도적이고, 동물 학대를 했던 과거의 코끼리 농장에 대항해 의식 있는 현지인들과 여행자들이 그런 곳들을 보이콧하자 그 결과로 생겨난 코끼리 보호소다. 이곳에서 생긴 수익금은 코끼리 보호에 쓰이기 때문에 과거 코끼리 트레킹보다 조금 더 비싸지만 행복한 코끼리들과 함께 서로를 이해할 수 있는 뜻깊은 경험을 선사해 준다. 반일 코스부터 1박 2일 코스 등 10가지 넘는 코스가 있어 일정과 취향에 맞게 선택할 수 있으니 사무실에 방문해 상담을 받거나 홈페이지를 참고하자. 종일 코스의 경우 오전 7시 40분에 시작해서 오후 5시 30분에 끝나기 때문에 저녁 일정을 제외하고는 비워놓는 것이 좋다. 예약은 방문, 홈페이지, 전화 등 다양한 방법이 있으니 상황에 맞게 선택하자.

코코넛나무로 둘러싸인 감성 넘치는 벼룩시장
바파오 벼룩시장 Ba Pao Flea Market

주소 94 Soi Ban Tong 2 Mu 3, Fa Ham, Mueang Chiang Mai District, Chiang Mai **위치** 타 패 게이트에서 택시로 16분 **시간** 08:00~14:00(토·일) **전화** 083-529-3299

코코넛 농장이었던 곳을 벼룩시장으로 개방해서 치앙마이의 이색 벼룩시장으로 자리매김하고 있다. 주로 코코넛 마켓이라고 불리며 인생 사진 명소로 입소문이 나고 있다. 토요일과 일요일 오전 8시에서 오후 2시까지 영업하는데, 이른 오전에는 러스틱 마켓이나 JJ 마켓같이 오전 일찍 오픈하는 마켓을 방문했다가 10시쯤 이곳을 방문하는 것을 추천한다. 높은 코코넛나무가 펼쳐져 있어 그늘 아래에서 시원하게 코코넛 주스를 마실 수 있고, 간단한 간식들도 팔아서 요기하기 좋다. 코코넛 마켓답게 코코넛을 이용한 간식과 기념품이 많으며 그 외에도 의류나 농산물을 판다. 입구를 포함한 곳곳에 인증샷을 찍기 좋은 곳이 많으니 코코넛 나무를 배경으로 삼아 멋진 사진을 찍어 보자.

걸어서 폭포를 올라가는 놀라운 액티비티
부아텅 폭포 Bua Tong Waterfall

주소 Mae Ho Phra, Mae Taeng District, Chiang Mai **위치** 타 패 게이트에서 택시로 1시간 **시간** 08:00~17:00 **전화** 093-139-3556

‘끈적이는 폭포’라는 뜻의 부아텅 폭포는 석회암 재질로 이루어져 있어, 폭포를 거슬러 올라가는 전 세계 어디서도 할 수 없는 놀라운 경험을 할 수 있다. 밧줄을 잡고 폭포를 가로질러 올라가는 모습을 보면 마치 스파이더맨이 된 듯한 모습을 볼 수 있지만 놀랍게도 초보자도 정말 쉽게 올라갈 수 있다. 총 4단으로 구성되어 있어 폭포옆 계단을 쭉 따라 내려간 이후 역주행하여 폭포를 걸어 올라오면 된다. 국립 공원으로 들어오는 입구 쪽에 사물함이 있어 물에 젖으면 안 되는 물건과 귀중품을 보관할 수 있지만, 사물함이 약간 허술하고 관리가 잘 되지 않는 것 같아 보이니 방수 가방을 지참하여 물건을 수납하는 것을 추천한다. 공원 안에는 팟타이와 같은 간단한 볶음 요리와 음료를 판매하고 있는 식당이 있고, 통통한 새우가 가득 들어간 슈림프 팟타이가 특히 일품이니 물놀이 이후 간단한 요기가 필요하다면 이곳을 방문해 보자.

치앙라이

Chiang Rai

태국 최북단에 위치한 여유롭고 평화로운 도시

망라이 왕이 세운 란나 왕국의 첫 번째 수도이자 비옥한 땅과 풍부한 자원 때문에 인접국의 침략을 끊임없이 받았던 치앙라이. 점점 도시화되는 치앙마이와 비교했을 때 치앙라이는 아직 옛 모습을 간직하며 자연과 역사가 어우러진 여유 있는 분위기로 여행자들을 유혹한다. 치앙마이의 삥강과 마찬가지로 시내를 관통하는 콕강 주변에 아름다운 카페, 레스토랑이 많아 카페 투어의 새로운 메카로 떠오르고 있다. 세상 어디에서도 찾아보지 못할 독특한 비주얼을 가진 왓 롱 쿤(화이트 템플)과 태국의 3대 맥주 브랜드 중 하나인 싱하 그룹에서 만든 싱하 파크 그리고 규모와 가격 면에서 치앙마이에 뒤지지 않는 야시장까지 다양한 매력을 품고 있다. 한 번쯤 인생의 속도를 늦춰 보고 싶은 여행자라면 필히 이곳을 방문해 보자.

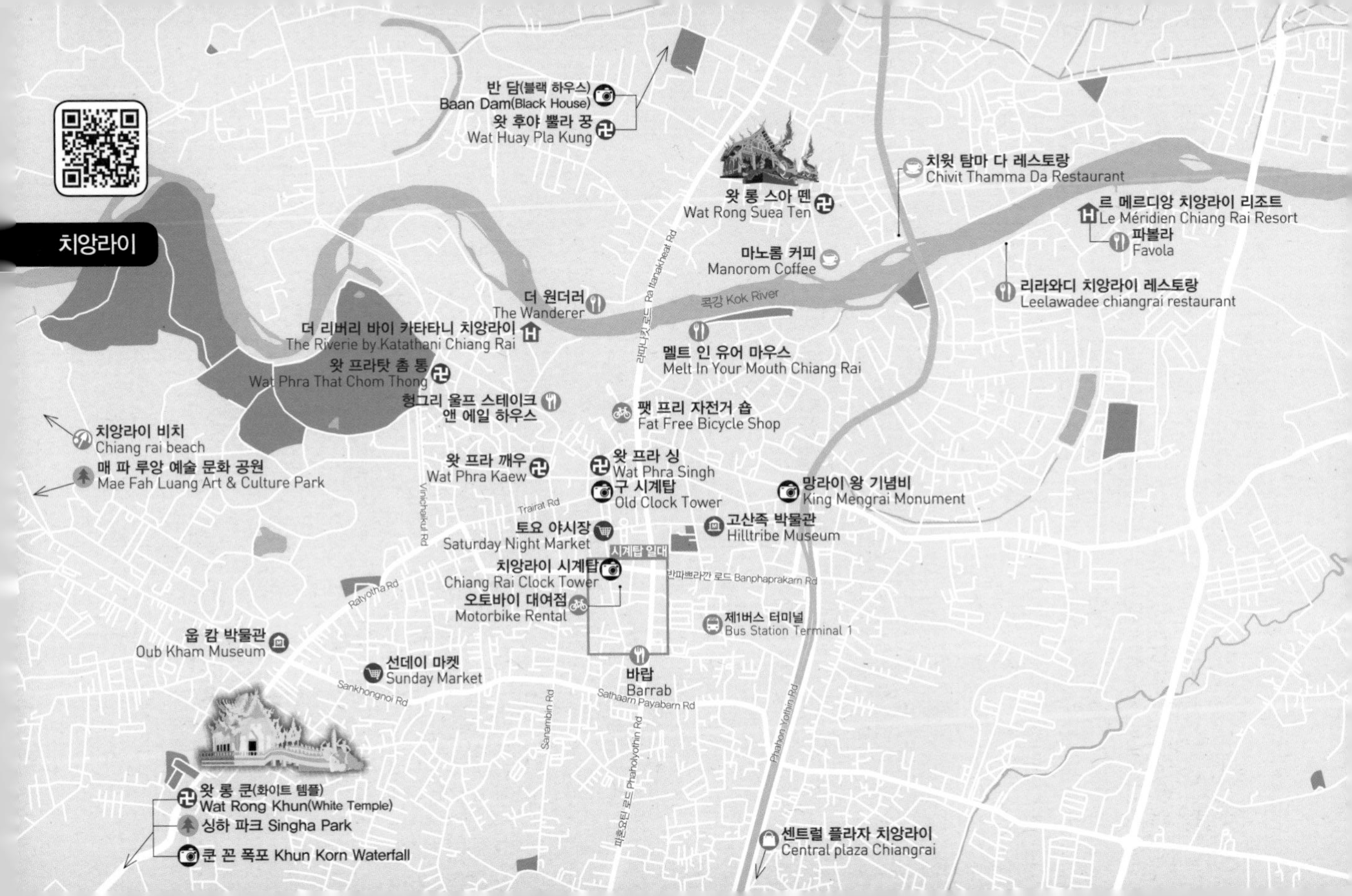
치앙라이
반 담(블랙 하우스)
Baan Dam(Black House)
왓 후야 뿔라 꿍
Wat Huay Pla Kung
왓 롱 스아 뗀
Wat Rong Suea Ten
치윗 탐마 다 레스토랑
Chivit Thamma Da Restaurant
르 메르디앙 치앙라이 리조트
Le Méridien Chiang Rai Resort
파볼라
Favola
마노롬 커피
Manorom Coffee
리라와디 치앙라이 레스토랑
Leelawadee chiangrai restaurant
콕강 Kok River
더 원더러
The Wanderer
더 리버리 바이 카타타니 치앙라이
The Riverie by Katathani Chiang Rai
왓 프라탓 촘 통
Wat Phra That Chom Thong
멜트 인 유어 마우스
Melt In Your Mouth Chiang Rai
헝그리 울프 스테이크 앤 에일 하우스
팻 프리 자전거 숍
Fat Free Bicycle Shop
치앙라이 비치
Chiang rai beach
매 파 루앙 예술 문화 공원
Mae Fah Luang Art & Culture Park
왓 프라 깨우
Wat Phra Kaew
왓 프라 싱
Wat Phra Singh
구 시계탑
Old Clock Tower
망라이 왕 기념비
King Mengrai Monument
라따나킷 로드 Rattanakheat Rd
Vinichaikul Rd
Trairat Rd
토요 야시장
Saturday Night Market
고산족 박물관
Hilltribe Museum
시계탑 일대
치앙라이 시계탑
Chiang Rai Clock Tower
반파쁘라깐 로드 Banphaprakarn Rd
Ratyotha Rd
오토바이 대여점
Motorbike Rental
제1버스 터미널
Bus Station Terminal 1
윱 캄 박물관
Oub Kham Museum
선데이 마켓
Sunday Market
바랍
Barrab
Sankhongnoi Rd
Sathaarn Payabarn Rd
Sanambin Rd
파혼요틴 로드 Phaholyothin Rd
Phahon Yothin Rd
왓 롱 쿤(화이트 템플)
Wat Rong Khun(White Temple)
싱하 파크 Singha Park
쿤 꼰 폭포 Khun Korn Waterfall
센트럴 플라자 치앙라이
Central plaza Chiangrai

교통편 치앙마이보다 작은 규모의 도시이기 때문에 교통편이 열악한 편이다. 이곳을 방문하는 여행자들의 대부분이 오토바이나 자전거를 대여하는데, 다른 지역에 비해 가격도 저렴하다. 탈것이 익숙하지 않은 여행자는 우버나 그랩 혹은 툭툭Tuk Tuk을 이용하는 것이 일반적이다. 우버나 그랩은 치앙마이에 비해 운전자가 상대적으로 적어 호출 후 웨이팅을 감수해야 한다. 툭툭 또한 얼마 없는데 다른 지역과 마찬가지로 흥정의 달인이 아닌 이상 제값을 내고 목적지에 도착하기란 거의 불가능하다. 급한 경우가 아니면 툭툭은 최대한 타지 않는 것이 좋다. 시내에 있는 구경거리는 전부 야시장 주변으로 퍼져 있기 때문에 숙소는 야시장 주변으로 잡는 것을 추천한다.

동선 팁 치앙라이의 모든 위치 정보는 반파쁘라깐 로드Banphaprakarn Rd와 쩻욧 로드Jetyod Rd가 교차하는 사거리 한가운데 황금 시계탑을 기준으로 잡으면 된다. 맛집과 관광지 대부분이 시계탑을 중심으로 퍼져 있으니 언제나 시계탑을 기준으로 방향을 잡자. 시계탑 근처에 여행자들을 위한 편의 시설이 가장 많이 몰려 있고 숙소 또한 가장 많다. 다만, 번잡한 것을 싫어하거나 교통수단이 있는 여행자라면 콕강 주변의 숙소가 가격이나 풍경 면에서 더욱 경쟁력 있음을 참고하자.

Best Course

시내 일정

마노롬 커피
↓ 도보 10분
왓 롱 스아 뗀
↓ 택시 8분
왓 프라 싱
↓ 도보 4분
왓 프라 깨우
↓ 도보 13분
포 자이 레스토랑
↓ 택시 10분
센트럴 플라자
↓ 택시 10분
나이트 바자

시내 및 외곽 일정

치윗 탐마 다 레스토랑
↓ 도보 6분
왓 롱 스아 뗀
↓ 자동차 22분
왓 롱 쿤
↓ 자동차 10분
싱하 파크
↓ 자동차 20분
헝그리 울프 스테이크 앤 에일 하우스
↓ 자동차 10분
나이트 바자

치앙라이 여행의 랜드마크이자 등대

치앙라이 시계탑 Chiang Rai Clock Tower

주소 Clock Tower Chiang Rai, Tambon Wiang, Muang Chiang Rai **위치** 반파쁘라깐 로드(Banphaprakarn Rd)와 쩻욧 로드(Jetyod Rd)가 교차하는 사거리 **시간** 19:00, 20:00, 21:00(약 10분간 빛과 소리 공연)

화이트 템플을 지은 태국의 유명한 건축가이자 불교 화가인 찰름차이 코싯피팟Chalermchai Khositpipat의 작품으로 반파쁘라깐 로드Banphaprakarn Rd와 쩻욧 로드Jetyod Rd가 만나는 사거리에 위치한 시계탑이다. 지금은 서거한 전 국왕 푸미폰 아둔야뎃 즉위 60주년을 기념해 지어진 이 시계탑은 화이트 템플과 같이 하늘을 찌를 듯한 삐죽한 장식과 디테일함이 살아 있는 비슷한 외관이 특징이다. 매일 저녁 7, 8, 9시 정각에 10분간 '빛과 소리'라는 주제로 아름다운 음악과 함께 시계탑의 조명색이 바뀌기 때문에 그 시간에 한 번쯤 방문해 보는 것도 좋다. 시계탑 남쪽에는 나이트 바자가 있고, 북쪽으로는 유명한 절들이 있기 때문에 하루에도 몇 번씩 지나치는 교통의 요충지 역할을 하고 있다.

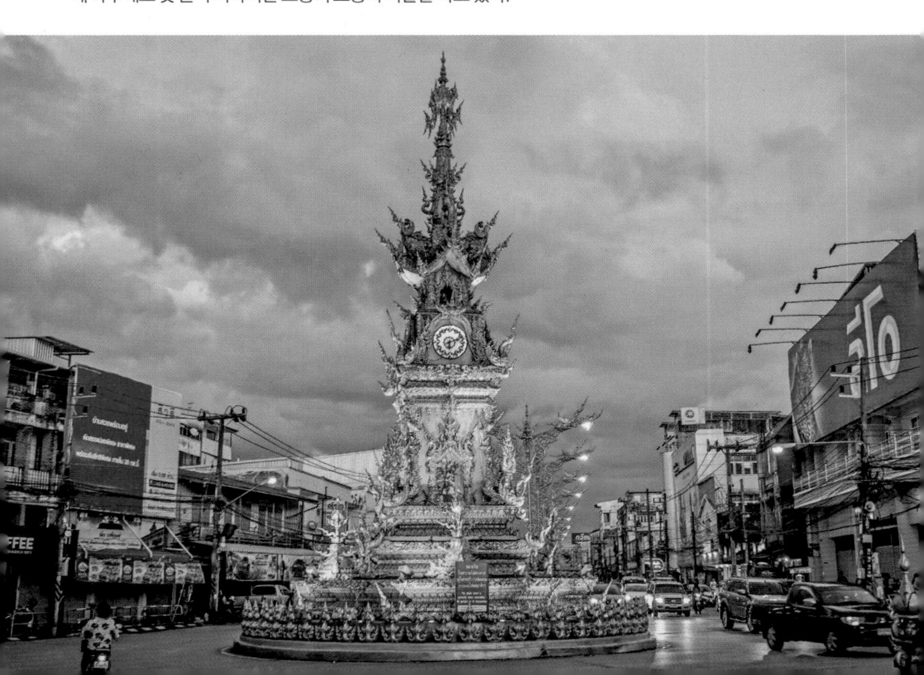

치앙라이의 대표 북부 요리 전문점

바랍 Barrab

주소 897 60 Phahonyothin Rd, Wiang, Mueang Chiang Rai District, Chiang Rai **위치** 치앙라이 시계탑에서 쩻욧 로드(Jetyod Rd) 따라 이동 후 서울 식당 맞은편 길에 위치 **시간** 11:00~20:00 **휴무** 수, 일요일 **가격** 80밧(깽 항 레이), 50밧(카오 소이) **전화** 094-812-6670

치앙라이 맛집 리스트에서 항상 상위권을 차지하는 곳이다. 현지인들의 맛집이라기보다 여행자들의 맛집으로 잘 알려져 있다. 향신료가 덜 들어가고 맛이 전체적으로 부드러워서 태국 음식이 처음인 여행자에게도 잘 맞는다. 깽 항 레이 카레(80밧)와 카오 소이(50밧), 태국식 소시지 사이 끄록(70밧)이 이 집의 인기 뉴다. 여행자들이 자주 들르는 곳이기 때문에 직원들의 고객 응대나 영어 실력이 괜찮아서 원활한 식사가 가능하다. 대부분의 메뉴는 채식으로 가능하기 때문에 고기가 싫은 여행자는 주문 전에 말해 두자. 성수기 저녁 시간에는 웨이팅이 필요하다.

시계탑 근처 스쿠터 렌탈 숍

오토바이 대여점 Motorbike Rental

주소 인근 1025/13 Jetyod Rd, Tambon Wiang, Muang Chiang Rai **위치** 치앙라이 시계탑 주변으로 다수 영업 중 **시간** 08:00~20:00 **요금** 150밧~(50cc), 200밧~(125cc) **전화** 085-869-2236

치앙라이는 대중교통이 잘 발달돼 있지 않지만 그만큼 교통 체증도 없어서 오토바이를 타고 돌아다니기 좋은 도시로 알려져 있다. 시계탑 근처와 쩻욧 로드 주변으로 많은 오토바이 대여점이 있는데, 연식, 모델, 배기량, 시즌에 따라 영향을 받지만 대략 150밧에서 250밧 정도의 가격대로 형성돼 있다고 보면 된다. 장거리 코스가 거의 없는 치앙라이에서는 일반적으로 50cc에서 150cc 스쿠터를 가장 많이 빌리는 편이니 스쿠터 경험이 얼마 없는 여행자는 최대한 낮은 배기량의 스쿠터를 먼저 하루 정도 타 보고 결정하는 것을 추천한다. 자전거 대여와 다르게 한 대당 가격이 큰 오토바이는 보증금을 받지 않고 여권을 받기 때문에 여권을 꼭 지참해야 하고, 혹시 모를 사기를 방지하기 위해서는 스크래치나 구동계, 브레이크 쪽에 이상이 없는지 주인과 함께 점검하고 렌트하는 것을 잊지 말자.

가볍고 저렴하게 즐기는 국수 한 끼

포 자이 레스토랑 Por Jai Restaurant พอใจ [포 짜이]

주소 1023, 3 Jetyod Rd, Tambon Wiang, Mueang Chiang Rai District, Chiang Rai **위치** 치앙라이 시계탑에서 쩻욧 로드(Jetyod Rd) 따라 도보 2분 후 오른쪽 **시간** 08:00~16:00 **가격** 40밧(카오 소이 외 국수류) **전화** 053-712-935

현지인들이 즐겨 찾는 쌀국수 전문점이다. 대부분의 국수 가격이 40밧으로 저렴하게 한 끼를 해결할 수 있다는 점이 가장 큰 장점이다. 카오 소이Khao Soi / Egg Noodles with Chicken, Coconut Milk와 태국의 대표적인 쌀국수인 꾸아이 띠아오가 대표 메뉴로, 입소문을 듣고 간단한 현지식 브런치를 먹으러 온 여행자들도 많은 편이다. 국수 중에서 돼지고기와 함께 선지가 들어간 카오 라오 무Khao Lao Moo는 한국에서 선지를 좋아했던 여행자라면 도전해 볼 만하다. 오전 8시부터 영업을 시작하기 때문에 이른 아침에 식사하려는 여행자들에게 특히 추천한다.

태국 전역에 있는 피자 체인점

더 피자 컴퍼니 The Pizza Company

주소 Wiang, Mueang Chiang Rai District, Chiang Rai **위치** 치앙라이 시계탑에서 반파쁘라깐 로드(Banphaprakarn Rd) 따라 야마하 스쿠터 매장(YAMAHA) 방면으로 250m 직진 후 혼다 스쿠터 매장(HONDA) 끼고 오른쪽 대로(Phaholyothin Rd)로 도보 3분 후 오른쪽 **시간** 10:00~22:00(일~목), 10:00~24:30(금, 토) **가격** 379밧~(피자), 139밧~(파스타) **홈페이지** 1112.com **전화** 1112(배달)

태국 전역에서 만날 수 있는 로컬 피자 브랜드로, 저렴한 가격대에 피자를 즐길 수 있다. 시내에 이렇다 할 패스트 푸드점이 없기 때문에 깔끔한 분위기에 맛도 보통 이상인 이 피자집은 언제나 여행자와 젊은 현지인들로 붐빈다. 우리나라 피자 체인점과 마찬가지로 피자뿐만 아니라 파스타나 윙도 취급하고 전화나 애플리케이션으로 배달도 가능하다. 거의 매일 할인 이벤트를 진행하고 있으니 한국에서 먹던 익숙한 피자 맛이 그리운 여행자에게 추천한다.

북부 지역에서 두 번째 규모의 야시장

치앙라이 나이트 바자 Chiang Rai Night Bazaar

주소 Tambon Wiang, Mueang Chiang Rai District, Chiang Rai **위치** 치앙라이 시계탑에서 반파쁘라깐 로드(Banphaprakarn Rd) 따라 야마하 스쿠터 매장(YAMAHA) 방면으로 250m 직진 후 혼다 스쿠터 매장(HONDA) 끼고 오른쪽 대로(Phaholyothin Rd)로 도보 2분 후 왼쪽 **시간** 18:00~23:00

저녁 무렵 여는 시장으로, 치앙마이 나이트 바자보다 작은 규모지만 북부 지역에서 두 번째로 꼽히는 대형 야시장이다. 고산족들이 직접 만든 견직물이나 장식품 등 질이 좋고 값이 저렴한 물건이 많이 있어 여행자들에게는 진정한 쇼핑 천국으로 알려져 있다. 치앙라이의 가장 큰 먹거리 시장이기도 한 이곳은 상가 주변으로 푸드 코트 및 길거리 음식점도 많이 들어와 있다. 각 부스마다 튀김, 꼬치, 밥, 국수, 솜땀, 맥주 등 다양한 메뉴를 선보인다. 이곳은 음식을 주문하고 마음에 드는 광장의 테이블에 앉아서 식사하는 시스템이다. 광장 한쪽 면에 마련된 무대에서 펼쳐지는 전통 공연은 무료인데다가 꽤 볼 만한 편이다. 매주 금요일의 나이트 바자가 가장 사람이 많고, 토요 야시장과 일요 야시장이 열리는 토요일과 일요일에는 방문객과 상인들이 전부 빠져서 휑하기 때문에 해당 야시장을 가거나 간단한 쇼핑만 하는 것을 추천한다.

터미널 근처 깔끔한 고양이 카페

캣 앤 어 컵 카페 CAT 'n' A CUP Cat Cafe

주소 596/7 Phaholyothin Rd, Tambon Wiang, Muang Chiang Rai **위치** 치앙라이 시계탑에서 반파쁘라깐 로드(Banphaprakarn Rd) 따라 야마하 스쿠터 매장(YAMAHA) 방면으로 250m 직진 후 혼다 스쿠터 매장(HONDA) 끼고 오른쪽 대로(Phaholyothin Rd)로 도보 3분 후 왼쪽 **시간** 11:30~21:00 **가격** 60밧~(음료) **홈페이지** www.facebook.com/catnacup **전화** 088-251-3706

나이트 바자와 올드 버스 터미널 인근에 위치한 고양이 카페다. 20마리가 넘는 고양이가 손님들을 기다리고 있다. 신발을 벗고 들어가는 좌식 형태며 카페에서는 무료 와이파이 이용과 휴대 전화 충전이 가능하다. 만약 고양이털 알레르기가 있거나 고양이털이 옷에 묻는 것이 싫다면 카운터 쪽 테이블에서 통유리 너머로 고양이를 관찰할 수도 있다. 고양이 카페인지라 음료의 종류는 다양하지 않지만 다른 카페와 비교했을 때 맛과 모양이 좋은 편이고 가격도 비싸지 않아 가볍게 들러 볼 만하다. 치앙마이로 가는 버스를 탈 수 있는 올드 버스 터미널 근처에 있어 숙소 체크아웃 후에 시원한 에어컨을 쐬며 커피 한잔하기 좋은 곳이다.

스칸디나비아식 빵을 먹을 수 있는 착한 빵집

반 치빗 마이 베이커리 Baan Chivit Mai Bakery ร้าน บ้านชีวิตใหม่เบเกอรี่ [반 치윗 마이 베꺼리]

주소 167-168 Prasopsuk Rd, Tambon Wiang, Muang Chiang Rai **위치** 치앙라이 시계탑에서 반파쁘라깐 로드(Banphaprakarn Rd) 따라 야마하 스쿠터 매장(YAMAHA) 방면으로 250m 직진 후 혼다 스쿠터 매장(HONDA) 끼고 오른쪽 대로(Phaholyothin Rd)로 도보 4분 후 캣 앤 어 컵 카페(CAT 'n' A CUP Cat Cafe)를 지나 왼쪽 도로(Prasopsuk Rd) 따라 도보 1분 후 오른쪽 **시간** 08:00~15:30 **휴무** 월, 일요일 **가격** 50밧~(커피) **홈페이지** www.bcmthai.com/the-bakery **전화** 053-712-357

'새 생명 집Baan Chivit Mai'이라는 이름의 아동 구호 단체에서 운영하는 베이커리이다. 스웨덴에서 제빵 기술을 익힌 두 소녀가 만든 베이커리로 스칸디나비아식 시나몬 번과 케이크 브라우니가 인기 메뉴다. 아동 구호 단체에서 운영하는 만큼 수익금의 일부가 아이들을 위해 사용되고 구호 단체에 있는 아이들이 직업 카페에서 아르바이트 겸 트레이닝을 받을 수 있어 더욱 의미 있는 곳이다. 최근 스웨덴식 미트볼을 포함한 다양한 태국, 서양 음식도 취급해서 식사를 위해 찾아오는 손님도 많아지는 추세다. 올드 버스 터미널에서 도보 3분 거리에 있기 때문에 버스를 기다리면서 커피를 마시거나 식사하기 좋다.

이탈리안 셰프가 만드는 진짜 이탈리안 피자

셰프 사사 Chef Sasa

주소 882 884 Phaholyothin Rd, Tambon Wiang, Mueang Chiang Rai District, Chiang Rai **위치** 치앙라이 시계탑에서 반파쁘라깐 로드(Banphaprakarn Rd) 따라 야마하 스쿠터 매장(YAMAHA) 방면으로 250m 직진 후 혼다 스쿠터 매장(HONDA) 끼고 오른쪽 대로(Phaholyothin Rd)로 도보 4분 후 왼쪽 **시간** 14:00~21:30 **휴무** 일요일 **가격** 220밧~(피자), 230밧~(파스타) **홈페이지** www.facebook.com/Chef.sasa57 **전화** 084-837-3389

나이트 바자로 들어가는 파혼요틴 로드Phahonyothin Rd에 위치한 피자 전문점으로, 태국 여자와 결혼한 이탈리안 셰프가 운영한다. 얼마 떨어져 있지 않은 태국 피자 체인점 더 피자 컴퍼니와는 추구하는 피자 스타일이나 분위기가 많이 다른 편으로 이곳은 조금 더 여행자나 현지인들이 부담 없이 찾는 분위기의 피자집이다. 수타 피자만이 가지고 있는 도우의 쫀득함과 투박한 토핑에서 그 매력을 찾을 수 있다. 가격은 중반대로 마르게리타(220밧), 카프리초사(300밧) 피자가 인기 있다. 이탈리안 레스토랑답게 파스타도 잘하는 편이니 피자와 함께 시켜도 좋다.

치앙라이 여행이 시작하는 곳

제1 버스 터미널 Bus Station Terminal 1

주소 Tambon Wiang, Mueang Chiang Rai District, Chiang Rai **위치** 치앙라이 시계탑에서 반파쁘라깐 로드(Banphaprakarn Rd) 따라 야마하 스쿠터 매장(YAMAHA) 방면으로 250m 직진 후 혼다 스쿠터 매장(HONDA) 끼고 오른쪽 대로(Phaholyothin Rd)로 직진 후 더 피자 컴퍼니(The Pizza Company) 맞은편 골목으로 들어가 사거리에서 1시 방향 건물 **요금** 305밧(치앙마이행 그린버스 VIP/에어컨, 화장실, 간식 포함) ※시간대별로 금액상이함

2017년 11월 말에 완공돼 정상 운영 중이다. 지난 몇 년 간 나이트 바자에서 도보 5분 거리에 있는 임시 공터에서 간이 매표소를 가지고 운영을 해왔지만 화장실이나 레스토랑, 대기실이 없어 여행자 입장에서는 매우 불편했던 것이 사실이다. 시내에서 남쪽으로 10km 정도 떨어진 현지인 거주 지역에 제2 버스 터미널이 있어 장거리 버스는 전부 그쪽에서 탑승했지만, 이제 제1 버스 터미널에서도 가능해졌다. 치앙마이를 오가는 그린버스는 이제 임시 버스 터미널이 아닌 제1 버스 터미널에서 표를 사고 버스를 탈 수 있으니 헷갈리지 말자.

야시장 앞에 있는 깔끔하고 분위기 있는 마사지 숍

시암 란나 마사지 앤 웰니스 Siam Lanna Massage & Wellness

주소 874 875 Phaholyothin Rd, Tambon Wiang, Mueang Chiang Rai District, Chiang Rai **위치** 치앙라이 시계탑에서 반파쁘라깐 로드(Banphaprakarn Rd) 따라 야마하 스쿠터 매장(YAMAHA) 방면으로 250m 직진 후 혼다 스쿠터 매장(HONDA) 끼고 오른쪽 대로(Phaholyothin Rd)로 도보 3분 후 오른쪽 **시간** 10:00~22:00 **가격** 200밧(타이마사지, 1시간), 200밧(발마사지, 1시간) **홈페이지** www.facebook.com/948088668556966 **전화** 064-673-7239

나이트 바자 초입에 위치한 깔끔한 마사지 숍이다. 치앙라이 시내에서는 고급 숍으로 통해서 여행자들이 자주 찾는 곳 중 하나다. 청결한 내부와 인테리어 때문에 특히 서양 여성 여행자들이 많이 찾는다. 위치도 시내 한가운데에 있어 주말에는 예약이 필요할 정도다. 가장 기본인 타이 마사지가 인기고, 1시간 30분에서 2시간가량의 마사지+허브볼 패키지도 650밧에 진행하는 프로모션을 자주하니 방문 전에 홈페이지를 확인해 보자. 치앙라이의 일반 마사지 숍보다 가격은 조금 높은 편이지만 시설과 서비스를 고려했을 때 가성비가 괜찮다는 평이 많으니 한 번쯤 들러 보자.

부처의 7주간의 깨달음을 나타낸 7개의 탑

왓 쩻 욧 Wat Jed Yod วัดเจ็ดยอด [왓 쩻엿]

주소 인근 897 Jed Yod Rd Soi 3, Tambon Wiang, Muang Chiang Rai **위치** 치앙라이 시계탑에서 쩻욧 로드(Jetyod Rd) 따라 도보 5분 후 오른쪽 **시간** 06:00~18:00 **요금** 무료입장 **전화** 053-650-804

란나 왕국 시절에 지어진 사원이다. 버마가 침공한 후 600년간 버려졌다가 1843년에 다시 복원됐다. 중앙에 있는 높은 체디(탑)를 6개의 탑이 에워싸고 있는데, 부처가 부다가야buddhagaya의 정원에서 7주간 지낸 후 보리수 밑에서 깨달음을 얻은 것을 상징한다. 짜끄리 왕조Chakri Dynasty의 두 왕이 방문한 사원이고 지금은 서거한 푸미폰 아둔야뎃 전 국왕이 이곳의 스님에게 승복을 준 곳이기도 하여 치앙라이 사람들에게는 중요한 의미를 가지고 있는 사원이다. 사원 옆을 가로지르는 쩻욧 로드Jet Yod Rd도 이 사원의 이름을 따서 지었고 주변에 여행자를 위한 식당과 술집이 많아 방문한 김에 들러 봐도 좋다.

한식과 삼겹살이 생각나는 여행자들을 위한 곳

서울 식당 Seoul Restaurant

주소 Wiang, Mueang Chiang Rai District, Chiang Rai **위치** 치앙라이 시계탑에서 쩻욧 로드(Jetyod Rd) 따라 도보 5분 후 왓 쩻 똠 욧(Wat jed Yod) 맞은편 건물 **시간** 11:00~21:30 **가격** 120밧(라면), 200밧(삼겹살 1인분), 150밧~(찌개류) **전화** 053-752-300

왓 쩻 욧 사원 바로 옆에 위치한 한식당이다. 치앙마이와 치앙라이를 찾은 패키지여행 손님들의 전속 식당이기도 해서 저녁 시간에는 정신이 없지만, 푸짐한 양과 맛으로 한식이 그리운 한국 여행자들에게 사랑받는 곳이다. 5가지 이상의 정갈한 밑반찬이 기본으로 나오고 찌개류도 한국에 있는 식당들과 비교해도 맛이 떨어지지 않는다. 찌개류와 라면이 인기가 많고 이 외에도 제육볶음이나 비빔밥 등 다양한 메뉴가 준비돼 있다. 특히 저렴한 가격과 좋은 퀄리티를 자랑하는 이 집의 삼겹살을 추천한다.

화려한 색감과 독특한 양식의 사원

왓 밍 무앙 Wat Ming Muang วัดมิ่งเมือง [왓 밍므엉]

주소 인근 196/19 Trirath Rd, Tambon Wiang, Muang Chiang Rai **위치** 치앙라이 시계탑에서 반파쁘라깐 로드(Banphaprakarn Rd) 따라 도보 4분 후 오른쪽 **시간** 06:00~18:00 **요금** 무료입장 **전화** 054-521-118

치앙라이를 세운 망라이 왕의 어머니를 위한 사원이자 란나 왕국이 세워지기 전부터 소수 민족에게는 유서 깊은 사원이다. 치앙라이가 란나 왕국의 수도로 정해진 이후 왕국과 역사를 함께한 사원이라 치앙라이 사람들에게 더 각별한 사원으로 여겨진다. 과거에는 웅크린 코끼리 사원Wat Chang Moob이라고 불렸고, 이후 1970년에 태국 왕실에서 공식적인 불교 사원으로 등록하면서 '행운의 도시 사원'이라는 뜻을 가진 왓 밍 무앙Wat Ming Muang으로 이름이 바뀌었다. 과거에는 미얀마와 중국 등지에서 활동했던 타이 야이Tai Yai족의 사원이기도 해서 미얀마의 정령신앙과 란나 양식이 결합된 독특한 색감과 건물 양식을 볼 수 있다.

전형적인 란나 양식으로 지어진 사원

왓 프라 싱 Wat Phra Singh วัดพระสิงห์วรมหาวิหาร [왓 프라 씽]

주소 2415 Ruangnakron Rd, Tambon Wiang, Muang Chiang Rai **위치** 치앙라이 시계탑에서 숙사팃 로드(Suksathit Rd) 따라 직진 후 삼거리에서 왼쪽 웃따라낏 로드(Uttarakit Rd)로 가다 첫 번째 삼거리에서 오른쪽 로드(Pakdeenarong Rd)로 도보 2분 **시간** 06:00~18:30 **요금** 무료 입장

전설에 나오는 '신성한 사자Singha의 사원'이라는 뜻을 가진 곳이다. 1385년에 지어졌으며, 치앙라이에서 가장 오래된 사원으로 알려져 있다. 태국의 유명한 맥주 브랜드로 알려진 사자 동상 프라 싱Phra Singh이 본당에 있었으나 현재는 치앙마이 올드 시티에 있는 같은 이름의 사원으로 옮겨졌고, 지금 남아 있는 것은 모조품이라고 한다. 전형적인 란나 스타일로 지어진 절이고 입장료도 없기 때문에 바로 맞은편에 위치한 왓 프라 깨우Wat Phra Kaew와 함께 둘러보기 좋은 사원이다.

방콕의 에메랄드 불상이 발견된 원조 사원

왓 프라 깨우 Wat Phra Kaew วัดพระแก้ว [왓 프라깨우]

주소 19 Moo 1, Tambon Wiang, Muang Chiang Rai **위치** 치앙라이 시계탑에서 반파쁘라깐 로드(Banphaprakarn Rd) 따라 250m 직진 후 왓 밍 무앙(Wat Ming Muang)을 왼쪽에 두고 오른쪽 대로(Trirath Rd) 따라 도보 8분 후 왼쪽 **시간** 08:30~15:30 **요금** 무료 입장 **전화** 053-711-385

에메랄드로 만들어진 불상이 안치됐던 사원으로 유명한 곳이다. 란나 왕국 시절에 지어졌으며, 처음 건립 당시에는 이름이 '대나무가 울창한 사원'이라는 뜻인 왓 빠 이아Wat Pa Yia였다고 한다. 스리랑카 혹은 캄보디아에서 선물 형식으로 태국에 넘어왔다고 전해지는 에메랄드 부처상Phra Kaew Morakot은 이 사원에 보관됐고, 당시 란나 왕국의 왕에 의해 그 사실이 숨겨져 있었다고 한다. 그러나 1434년 번개를 동반한 태풍에 사원이 손상됐고 초록색 옥으로 만들어진 이 불상이 발견돼 사람들이 에메랄드 불상이라 부르기 시작했다고 한다. 이후 불상은 태국과 라오스 지역을 떠돌다가 1784년 방콕에 있는 같은 이름의 사원으로 옮겨져 현재 방콕의 사원 관광에서 필수 코스로 꼽히고 있다. 치앙라이에는 현재 모조품이 안치돼 있다.

치앙라이 유일의 자전거 대여점

팻 프리 자전거 숍 Fat Free Bicycle Shop

주소 448/2 Klangwieng Rd, Muang District, Muang Chiang Mai **위치** 치앙라이 시계탑에서 반파쁘라깐 로드(Banphaprakarn Rd) 따라 야마하 스쿠터 매장(YAMAHA) 방면으로 250m 직진 후 혼다 스쿠터 매장(HONDA) 맞은편 왼쪽 대로(Rattanakheat Rd)로 도보 8분 후 좌측 **시간** 09:00~18:00 **요금** 100밧~(시티 바이크, 1일), 200밧(산악자전거, 1일) **홈페이지** www.facebook.com/fatfreebikeshop **전화** 080-287-9422

오토바이를 대여하지 못하는 여행자들을 위한 자전거 렌탈 숍. 오토바이 면허를 소지하기 힘든 단기 여행자들에게 벌금의 위험이 있는 오토바이 렌탈은 추천하지 못하지만 치앙라이 시내를 둘러보기에는 자전거도 괜찮은 대안이 될 수 있다. 특히 치앙라이는 도로 곳곳에 자전거 도로가 따로 만들어져있을 정도로 자전거에 관대한 도시이기 때문에 시내 구석구석 돌아보거나 강변 카페를 다녀오기 좋은 편. 특히 치앙마이에 비해서 그랩이나 우버 차량이 얼마 돌아다니지 않아서 자전거의 장점은 더 커진다. 오토바이 렌탈 숍이나 호텔에서도 종종 빌려주지만 신체 사이즈나 용도에 맞는 자전거를 빌리기 힘든 여행자는 치앙라이에서 유일한 자전거 렌탈 숍인 이곳을 이용해 보자.

현지인들을 위한 야시장과 길거리 음식이 있는 곳

구 시계탑 Old Clock Tower

주소 Suk Sathit, Tambon Wiang, Mueang Chiang Rai District, Chiang Rai **위치** 치앙라이 시계탑에서 숙사팃 로드(Suksathit Rd) 따라 400m 직진 후 정면

치앙라이 사거리에 치앙라이 시계탑이 지어지기 이전부터 있었던 시계탑으로 특별한 의미는 없지만 토요일에는 토요 야시장이 서는 지점 한가운데에 서 있다. 야시장이 서지 않는 나머지 요일에는 오후 5시부터 오후 10시가량까지 야식을 파는데 저녁 식사를 주로 밖에서 사 먹는 문화 때문에 많은 현지인을 만날 수 있는 곳이다. 각종 구이류나 태국 현지인들이 먹는 로컬 음식을 저렴한 가격에 판매하기 때문에 출출할 때 부담없이 들르기 좋은 장소다.

토요일 구 시계탑에서 열리는 활기찬 야시장

토요 야시장 Saturday Night Market

주소 สุขสถิต Tambon Wiang, Mueang Chiang Rai District, Chiang Rai **위치** 치앙라이 시계탑에서 숙사팃 로드(Suksathit Rd)를 따라 400m 직진 후 구 시계탑 주변 **시간** 18:00~23:00(토요일)

매주 토요일 저녁 타날라이 로드Thanalai Rd부터 구 시계탑 양옆 도로까지 열리는 야시장이다. 정해진 장소에서 진행되는 나이트 바자와는 다르게 거리 곳곳에서 열리는 토요 야시장은 음식과 상품 매대가 몰려 있어 더욱 북적인다. 이곳에는 나이트 바자에서 전문적으로 물건을 파는 상인들뿐만 아니라 토요일이나 일요일에만 열리는 마켓에서 물건을 파는 일반인들도 많아서 흥정만 잘하면 더욱 싼 가격에 좋은 제품을 구매할 수도 있다. 각종 의류, 고산족 수공예품, 기념품, 액세서리 등을 살 수 있고 음식이나 음료 등 다양한 선택들이 여행자들을 기다리고 있다. 오후 5시부터 장이 서기 시작해서 오후 7~9시 사이가 가장 붐비니 그 전후로 방문하는 것을 추천한다.

치앙라이 전경을 한눈에 볼 수 있는 사원

왓 프라탓 촘 통 Wat Phra That Chom Thong วัดพระธาตุจอมทอง [왓 프라 탓 쩜 텅]

주소 ArjAmnuay Rd, Tambon Rop Wiang, Mueang Chiang Rai District, Chiang Rai **위치** 치앙마이 시계탑에서 택시로 8분 내외 **시간** 06:00~17:00 **요금** 무료 입장

란나 왕국을 세운 망라이 왕Mangrai이 이곳에 올라 치앙라이를 둘러보고 수도로 결정했다는 전설이 전해지는 유서 깊은 사원이다. 치앙라이 시내와 주변 경관을 둘러볼 수 있는 고지대에 위치해 있기 때문에 고층 건물이 거의 없는 치앙라이에서 몇 안 되는 뷰 포인트로도 알려져 있다. 하지만 고지대에 있음에도 불구하고 전망대라고 할 수 있는 지역이 적고 시야가 나무에 가려져 크게 추천하진 않는다. 사원 근처에 있는 계단식 타원형 구조물 위에 설치된 기둥들은 치앙라이 725주년과 전 국왕 푸미폰 아둔야뎃의 60살 생일을 기념으로 지어졌다. 시내에서 거리가 꽤 있는 편이고, 규모 자체도 작은 사원이기 때문에 꼭 방문할 필요는 없다.

느끼하고 기름진 스테이크와 맥주가 함께하는 곳

헝그리 울프 스테이크 앤 에일 하우스 Hungry Wolf's Steak & Ale-House

주소 1131, Kraisorasit Rd, Tambon Wiang, Chiang Rai **위치** ❶ 치앙라이 시계탑에서 반파쁘라깐 로드(Banphaprakarn Rd) 따라 250m 직진 후 왓 밍 무앙(Wat Ming Muang)을 왼쪽에 두고 오른쪽 대로(Trirath Rd) 따라 도보 12분 후 오른쪽 ❷ 치앙라이 시계탑에서 택시로 8분 내외 **시간** 11:30~21:30 **가격** 650밧~(스테이크), 235밧~(버거류) *세금 별도 **홈페이지** www.facebook.com/hungrywolfs **전화** 053-711-091

호주인과 미국인이 운영하는 햄버거와 스테이크를 먹을 수 있는 레스토랑이다. 태국 음식에 지친 여행자들이나 보다 푸짐한 고열량의 음식이 당기는 여행자들에게 유명하다. 현대적인 건물 외관과 서부 스타일의 인테리어로 옛것의 냄새가 많이 남아 있는 치앙라이에서 세련된 감각을 느껴 볼 수 있다. 치앙마이나 다른 대도시보다 저렴한 치앙라이 물가를 생각했을 때 이곳 단품 메뉴 가격은 상당한 편으로 한국과 비교했을 때도 저렴하진 않다. 숯을 써서 직화구이로 구운 스테이크류가 유명하고 그중에서도 토마호크 스테이크(100g당), 두껍고 기름진 패티 3장이 올라간 헝그리 울프Hungry Wolf 버거가 이곳의 시그니처 메뉴다. 다양한 종류의 수제 맥주도 있으니 오늘 밤은 만찬을 즐겨 보자.

고산족 문화를 엿볼 수 있는 작은 박물관

고산족 박물관 Hilltribe Museum

주소 อาคารสมาคมพัฒนาประชากรและชุมชนจังหวัดเชียงราย Thanalai, Mueang Chiang Rai District, Chiang Rai **위치** 치앙라이 시계탑에서 숙사팃 로드(Suksathit Rd Rd) 따라 200m 직진 후 정부 저축 은행(Government Savings Bank) 지나기 전 오른쪽 대로(Thanalai Rd) 따라 도보 6분 후 왼쪽 **시간** 08:30~17:00 **휴무** 토요일 **요금** 50밧(입장료) **홈페이지** www.pdacr.org **전화** 053-719-167

태국 북부 지역에서 거주하는 고산족에 대한 자료들을 전시하고 있는 박물관이다. 아카Akha, 몽Hmong, 카렌Karen, 라후Lahu, 리수Lisu, 야오Yao족의 문화와 의복, 전통에 대해서 알아볼 수 있고 현재 고산족이 처해진 위기와 어떻게 그들을 도울 수 있는지에 대해서도 배울 수 있다. 시내와 떨어져 있는 치앙마이 고산족 박물관에 비해 규모는 작은 편이지만 가격도 저렴하고 시계탑에서 10분 거리에 있기 때문에 산책 삼아 가볍게 다녀올 수 있다. 같은 건물 1층에는 에이즈 예방에 힘쓰는 레스토랑으로 유명한 '캐비지 & 콘돔'이라는 레스토랑이 있으니 구경 삼아 방문해 보는 것도 추천한다.

란나왕국의 수도 치앙라이를 세운 멩라이 왕을 기리는 기념비

망라이 왕 기념비

King Mangrai Monument อนุสาวรีย์พญามังรายมหาราช [아누싸우리 파야망라이마하랏]

주소 ถนน ห้าแยก Tambon Wiang, Mueang Chiang Rai District, Chiang Rai **위치** ❶ 치앙라이 시계탑에서 반파쁘라깐 로드(Banphaprakarn Rd) 따라 야마하 스쿠터 매장(YAMAHA) 방면으로 도보 20분 후 왼쪽 ❷ 치앙라이 시계탑에서 택시로 8분 내외 **요금** 무료 입장 **전화** 053-717-433

1262년 란나 왕국의 첫 번째 수도로 치앙라이를 결정한 망라이 왕을 기리는 기념비다. 치앙라이 시계탑에서 약 도보 15분 정도 떨어진 사거리에 위치한 이 동상은 태국 북부 지역 사람들에게는 치앙라이 필수 방문 장소 중 하나로 꼽힐 정도로 많은 사랑을 받고 있다. 여행자 입장에서는 굳이 방문하지 않아도 될 만한 장소지만 근처에 있다면 구경 삼아 한 번 방문해 봐도 좋다.

화이트 템플에 이은 코발트색 블루 템플

왓 롱 스아 뗀 Wat Rong Suea Ten วัดร่องเสือเต้น [왓 렁 쓰어뗀]

주소 306 Tambon Rim Kok, Amphoe Mueang Chiang Rai **위치** 치앙라이 시계탑에서 택시로 약 10분 내외
요금 무료 입장 **전화** 082-026-9038

파란색으로 뒤덮인 개성 넘치는 사원이다. 과거에 이 지역 삥강 주변에서 호랑이 두 마리가 강을 뛰어넘으면서 놀았다고 전해지는 전설에 따라 '춤추는 호랑이 사원'이라는 이름을 갖게 됐다고 한다. 지금의 개성 넘치는 모습과 다르게 과거에는 이 지역 주민들이 방문하는 사원으로서 기능을 했으나 약 100년간 버려진 탓에 사라질 위기에 처했고, 다행히 지역 주민들의 노력으로 2005년부터 다시 건설되기 시작해 2016년에 본당이 완성됐다. 치앙라이의 대표 관광 명소가 된 왓 롱 쿤Wat Rong Khun을 만든 찰름차이 코싯피팟Chalermchai Kositpipat의 제자가 만들었으며, 일반적인 사원에는 잘 사용되지 않는 코발트블루를 과감하게 사용한 절이다. 디테일과 장식 또한 화이트 템플과 비슷하면서도 독특한 개성을 가져 치앙라이의 또 다른 볼거리로 급부상 중이다. 최근에 이 사원은 치앙라이 패키지여행 코스에 추가돼 낮 시간 동안에는 엄청난 수의 관광객이 몰리는데, 사원 주변 공사도 한창이라 더운 날씨에 방문하면 낭패를 볼 수도 있다. 사람이 너무 많다면 주변 강변 카페에서 여유를 즐기다가 느긋하게 구경하는 것을 추천한다.

트립 어드바이저 1위에 등극한 로맨틱 강변 레스토랑

치윗 탐마 다 레스토랑 Chivit Thamma Da Restaurant

주소 179 Moo 2, Tambon Rim Kok, Muang Chiang Rai **위치** ❶ 치앙라이 시계탑에서 택시로 10분 내외 ❷ 왓 롱 스아 뗀에서 반롱세뗀 소이 5(Bannrongseartean Soi 5) 따라 콕강 방면으로 300m 직진 후 반롱세뗀 소이 3(Bannrongseartean Soi 3)로 도보 1분 **시간** 09:00~22:00 **가격** 120밧~(커피류), 200밧~(식사류) **홈페이지** www.chivitthammada.com **전화** 081-984-2925

치앙라이 강변 레스토랑 중 여행자들에게 가장 많이 알려진 곳으로, 주변 경관과 인테리어, 음식들이 훌륭한 카페 겸 레스토랑이다. 브런치, 애프터눈 티, 저녁 식사 등 어느 시간에 방문해도 괜찮을 정도로 다양한 레퍼토리가 준비돼 있다. 1층 바에서는 주류와 음료를 주문할 수 있고 2층에는 당구장과 서재가 있는데 고풍스러운 디자인을 배경으로 많은 손님이 인증 샷 찍는 것을 볼 수 있다. 날씨가 좋을 때는 2층 야외 테라스에서 핑 강을 바라보며 여유를 즐기기 좋다. 예쁜 플레이팅과 괜찮은 맛을 자랑하지만 한국 물가와 맞먹는 가격과 너무 혼잡한 점이 있다는 것을 참고하자. 조금 한산한 시간에 방문한다거나 구경만 하고 주위의 다른 카페를 찾아가는 것도 나쁘지 않다.

현지인들의 넘버원 맛집

멜트 인 유어 마우스 Melt In Your Mouth Chiang Rai

주소 268 Moo 21 Kho Loi Rd, Tambon Wiang, Muang Chiang Rai **위치** 치앙라이 시계탑에서 반파쁘라깐 로드(Banphaprakarn Rd) 따라 야마하 스쿠터 매장(YAMAHA) 방면으로 250m 직진 후 혼다 스쿠터(HONDA) 매장 맞은편 왼쪽 라따나켓 로드(Rattanakheat Rd) 따라 900m 직진 후 오른쪽 골목(Boonyarit Rd)으로 도보 3분 후 PS 게스트 하우스(PS Guest house) 다음 골목에서 좌회전 **시간** 09:00~19:00 **가격** 80밧~(커피), 185밧~(팬케이크), 185밧~(파스타) **홈페이지** www.facebook.com/meltinyourmouthchiangrai **전화** 052-020-549

태국 사람들의 핫 플레이스로 유명한 강변 카페 겸 레스토랑이다. 치윗 탐마 다 레스토랑만큼 한국 여행자들이 사랑하는 레스토랑이기도 하다. 특히 내부 인테리어가 아름다워 여성 여행자들이 치앙라이를 방문할 때 꼭 방문하는 장소이기도 하다. 통유리로 돼 있는 내부는 자연광 덕분에 더욱 산뜻한 분위기를 만들어 주고 회전형 계단을 따라 2층으로 올라가면 콕강을 바라볼 수 있는 야외 전망대와 로맨틱한 테이블 세트가 기다리고 있다. 오전 9시에 오픈하는데, 아침 햇살이 비출 때가 가장 아름답고 사진도 가장 잘 찍힌다고 하니 부지런한 여행자들에게는 아침 식사 겸 사진 촬영을 위해 방문하는 것을 추천한다. 태국, 서양식, 음료, 주류, 디저트 등 다양한 메뉴가 예쁜 플레이팅과 함께 준비돼 있다. 독특한 비주얼과 맛을 자랑하는 멜트Melt 시리즈 초콜릿 드링크류는 이 집의 시그니처 메뉴니 먹어 보자. 매주 금요일과 토요일 저녁에는 라이브 공연이 열리니 로맨틱한 밤을 원하는 여행자는 시간을 맞추어 찾아가 보자.

강변 푸른 잔디밭에서 즐기는 우아한 티타임

마노롬 커피 Manorom Coffee

주소 499/2 Moo 2, Tambon Wiang, Muang Chiang Rai **위치** ❶ 치앙라이 시계탑에서 택시로 10분 내외 ❷ 왓 롱 스아 뗀 정문에서 반롱세뗀 소이 5(Bannrongseartean Soi 5) 따라 왼쪽으로 100m 직진 후 매콕 로드(Maekok Rd) 따라 왼쪽으로 150m 직진 후 마노롬 커피 간판이 보이면 좌측 산책로를 따라 도보 6분 후 정면 **시간** 09:00~20:00 **가격** 255밧~(올데이 브런치), 96밧~(커피) **홈페이지** www.facebook.com/manoromcoffee **전화** 092-373-7666

강변 카페 중 가장 넓은 부지를 차지하고 있는 여유로운 카페 겸 레스토랑이다. 치앙마이의 삥강에 있는 나카라 자딘Nakara Jardin과 비슷한 분위기로 넓은 잔디밭 정원과 로맨틱한 하얀색 벤치, 테이블이 이곳의 특징이다. 카페임에도 불구하고 태국 북부식 전통 음식도 취급하는데 로컬 레스토랑에서 먹을 수 있는 음식이 아닌 호텔식 맛과 플레이팅으로 호평받고 있다. 깊은 맛이 인상적인 깽 항 레이Traditional Savory Curry with Pork(186밧)가 향이 강하지 않고 부드러워 태국 음식이 익숙하지 않은 여행자에게도 잘 맞는다. 이 외에도 파스타나 피자 등 서양식과 디저트류 등 다양한 메뉴들이 준비돼 있으니 상황에 맞게 주문해 보자. 이곳은 실내 좌석은 거의 없고 야외 좌석 중심이기 때문에 너무 더운 날 방문하는 것은 추천하지 않는다. 블루 템플과는 도보로 10분 이내 거리에 있어서 식사 전후로 블루 템플을 다녀오는 것도 좋다.

콕강 상류에 위치한 분위기 끝판왕 레스토랑

리라와디 치앙라이 레스토랑

Leelawadee chiangrai restaurant

주소 58 Kwae Wai Rd, Tambon Wiang, Muang Chiang Rai **위치** 치앙라이 시계탑에서 택시로 10분 내외 **시간** 16:30~23:30 **가격** 85밧~(칵테일), 120밧~(스낵류) **홈페이지** www.leelawadeechiangrai.com/(태국어) **전화** 053-600-000

콕강 상류 지역 르 메르디앙 호텔 근처의 고급 강변 레스토랑이다. 현지인들에게 특히 인기 있는 맛집이다. 음식 맛이 기본 이상이고 무엇보다 노을이 질 때부터 저녁 시간의 로맨틱한 분위기로 연인들의 데이트 장소로 손꼽힌다. 총 400석의 테이블로 넓은 부지를 가지고 있어 여유로운 식사가 가능하고 성수기(12~2월)에는 매일 저녁 라이브 공연이 열린다. 태국 음식, 북부 음식, 일식, 중식, 서양식 등 다양한 음식을 취급하니 취향에 맞게 주문해 보자. 식사를 마친 후에는 레스토랑과 강변 사이에 조성된 산책로를 걸으면서 분위기 있는 시간을 보내는 것도 좋다.

환상적인 강변 뷰와 함께 즐기는 이탈리안 음식

파볼라 Favola

주소 221/2 Moo 20 Kwae Wai Rd, Tambon Wiang, Muang Chiang Rai **위치** 치앙라이 시계탑에서 택시로 10분 내외 **시간** 11:00~22:00 **가격** 390밧~(파스타), 390밧~(피자) **홈페이지** www.lemeridienchiangrai.com **전화** 053-603-333

르 메르디앙 호텔의 조식 레스토랑이자 점심과 저녁에는 이탈리안 레스토랑으로 변하는 치앙라이 인기 레스토랑이다. 모든 르 메르디앙 호텔에는 파볼라 이탈리안 레스토랑이 있는데 프랑스의 유명 셰프 장 조르주Jean George가 모든 메뉴를 지도 첨삭하고 있어 입맛이 까다로운 여행자들도 충분히 만족시킬 만한 이탈리안 음식을 선사한다. 특히 강변 주변 레스토랑보다 여유 있는 좌석 배치로 조금 가까이에서 콕강Kok River을 즐기면서 식사할 수 있고, 치앙라이에 몇 안 되는 특급 호텔 레스토랑답게 서비스 또한 흠 잡을 데 없어 연인과 함께 로맨틱한 밤을 즐기기 좋다. 식사를 마친 후에는 바로 옆에 있는 칠 바Chill Bar에서 간단한 안주와 함께 칵테일을 즐길 수 있다.

녹색으로 가득 찬 숲속의 정원 카페
더 원더러 The Wanderer

주소 537/1 Moo 4, Tambon Rim Kok, Muang Chiang Rai **위치** 치앙라이 시계탑에서 택시로 10분 내외 **시간** 08:30~17:00 **가격** 85밧~(커피), 120밧~(조식) **홈페이지** www.facebook.com/thewanderercafe **전화** 063-932-3956

넓은 부지에 나무와 식물들로 우거져 있어 마치 미로 속에 들어와 있는 듯한 느낌을 주는 자연 친화적인 유기농 카페 겸 레스토랑이다. 테이블이 대부분 야외에 있기 때문에 에어컨은 없지만 우거진 나무들과 연못 덕분에 뜨거운 한낮에 가도 덥다는 느낌은 받지 않는다. 자연 친화적인 인테리어답게 음식과 메뉴들도 대부분 유기농 재료를 사용해서 건강까지 생각하는 여행자에게 제격이다. 방콕의 유명 셰프를 초빙해 음식 맛 또한 일품이다. 이곳에서 맛볼 수 있는 과일화채와 솜 땀Som Tam이 섞인 듯한 솜 춘Som Chun은 흔하게 먹을 수 있는 음식이 아니니 한 번 먹어 보자. 유기농 재료와 멋진 분위기 때문에 가격대는 조금 있는 편이니 참고하자.

치앙마이에 밀리지 않는 대형 백화점
센트럴 플라자 치앙라이 Central plaza Chiangrai

주소 99/9 Moo 13, Tambon Rop Wiang, Muang Chiang Rai **위치** 치앙라이 시계탑에서 택시로 10분 내외 **시간** 10:30~21:00(평일), 10:00~21:00(주말) **홈페이지** www.centralplaza.co.th **전화** 052-020-999

센트럴 그룹에서 만든 백화점이다. 시내에서 약 3km 떨어져 있어 부담 없이 찾아갈 수 있다. 큰 기대를 하지 않고 방문한 여행자들이 많이 놀랄 만큼 규모와 시설 면에서 치앙마이 센트럴 페스티벌 백화점과 크게 차이가 나지 않는다. G층에는 대형 식료품 마켓인 탑스 마켓이 있어 식료품이나 과일 등을 사기 좋고, 1층은 국제적인 브랜드와 스타벅스나 맥도날드를 비롯한 우리에게도 익숙한 체인점이 영업 중이다. 2층은 태국에서 유명세를 타고 있는 각종 레스토랑 체인점과 함께 푸드 코트가 있는데 1인당 약 100~200밧만 충전해도 식사와 음료 그리고 디저트까지 푸짐하게 먹을 수 있다. 시내에서 3km라 걸어갈 순 있지만 보행자에게 친절하지 않은 태국의 도로 시스템 상 그랩이나 우버를 타고 방문하는 것을 추천한다.

현지인과 여행자를 동시에 만족시키는 야시장

선데이 마켓 Sunday Market

주소 일대 4/6 Sankhongnoi Soi 6, Tambon Rop Wiang, Muang Chiang Rai **위치** 치앙라이 시계탑에서 쩻욧 로드(Jetyod Rd) 따라 650m 직진 후 오른쪽 대로(Sankhongnoi Rd)로 도보 약 10분 후 그 일대 **시간** 16:00~23:30(매주 일요일)

매주 일요일마다 열리는 야시장으로, 치앙마이의 선데이 마켓과 비교할 순 없지만 저렴한 가격과 다양한 아이템으로 인기가 많은 곳이다. 치앙라이 시계탑을 기준으로 현지인 거주 지역은 주로 남쪽에 분포돼 있는데 이곳 선데이 마켓은 시내와 현지인 거주 지역 사이에 있어 특히 현지인들 비율이 많다. 덕분에 생필품이나 캐주얼한 의류 또한 많이 팔아 발품을 팔다 보면 저렴하고 질 좋은 티셔츠나 청바지를 구매할 수도 있다. 현지인들이 많이 찾는 야시장이기 때문에 오후 6시부터는 스쿠터도 주차하기 힘든 주차 지옥으로 변하니 거리가 멀지 않다면 걸어오는 것을 추천한다.

란나 왕국의 진귀한 유물을 만날 수 있는 박물관

웁캄 박물관 Oub Kham Museum พิพิธภัณฑ์อูบคำ [피피타판 웁캄]

주소 81/1 Nahkhai Rd, Tambon Rop Wiang, Muang Chiang Rai **위치** 치앙라이 시계탑에서 택시로 8분 내외 **시간** 08:00~17:30 **요금** 300밧 **전화** 053-713-349

밥 그릇을 뜻하는 '웁Oub'과 금을 뜻하는 '캄Kham'이 합쳐진 독특한 이름의 개인 박물관이다. 왕족이 사용하던 황금 밥그릇이 실제로 전시돼 있는데 뛰어난 세공 기술과 태국 전통 양식의 형태를 볼 수 있다. 이 외에도 왕족이 사용하던 의자나 가마, 불상, 의복 등 짜임새 있게 배치돼 박물관을 좋아하는 여행자라면 한 번쯤 들러 볼 만한 가치가 있다. 다른 관광지에 비해 입장료가 상당한 편이다. 박물관을 둘러 볼 때 큐레이터가 설명을 해주고(영어) 투어가 끝난 후에는 차를 한 잔씩 주니 꼭 마시고 오자.

여행자에게는 박물관, 현지인에게는 공원으로 사용되는 장소

매 파 루앙 예술 문화 공원 Mae Fah Luang Art & Culture Park

주소 313 Moo 7 Pangew Road, Tambon Rop Wiang, Muang Chiang Rai **위치** 치앙라이 시계탑에서 택시로 15분 내외 **시간** 08:30~16:30 **요금** 200밧(입장료) **홈페이지** www.maefahluang.org **전화** 053-716-6057

매 파 루앙 재단에서 운영하는 박물관 겸 공원이다. 꽃과 식물로 가득 찬 아름다운 정원과 공원 한가운데에 위치한 고풍스러운 목조 건물 호 깨우Haw Kaew와 호 캄Haw Kham을 만날 수 있다. 태국에서 가장 많은 란나 왕국의 유물이 있다고 알려져 있는 이 박물관은 주말이면 아이들과 함께 찾는 태국 가족들로 꽤 붐빈다. 다목적 홀로 사용되는 호 캄은 금으로 치장된 사원 양식의 타워로 란나 시대에 지어졌다고 알려진 람빵 지역의 왓 퐁사눅Wat Pongsanuk을 모티브로 만들어 졌다고 한다. 공원과 박물관인 동시에 교육을 제대로 받지 못하는 고산족 아이들의 교육을 담당하고 있는 학교로서의 역할도 수행하고 있다. 아이들과 함께 온 여행자들에게 교육 목적으로 방문하는 것은 추천하지만 마땅한 대중교통 수단이 없기 때문에 택시나 자가용을 이용해야 한다는 점은 알아 두자.

콕강과 가장 가까운 시간을 보낼 수 있는 곳

치앙라이 비치 Chiang rai beach

주소 Rop Wiang Sub-district, Mueang Chiang Rai District, Chiang Rai **위치** 치앙라이 시계탑에서 택시로 15분 내외 **요금** 무료 입장

치앙라이 시내를 관통하는 콕강에서 여유로운 시간을 보낼 수 있는 쉼터다. 비치라는 이름이 민망할 정도로 강에서 수영하고 있는 사람은 많지 않지만 강변이 공원으로 조성돼 있어서 산책을 하거나 소풍을 오기에 적합하다. 강 주변으로 거리 음식을 파는 이동식 노점 등이 있어 간단한 끼니를 해결할 수 있다. 일부러 찾아갈 필요는 없지만 장기 여행자거나 스쿠터를 빌려서 이동이 자유로운 여행자라면 한번 방문해 보자.

어디에서도 볼 수 없는 아름다움을 가진 백색 사원

왓 롱 쿤(화이트 템플) Wat Rong Khun(White Temple) วัดร่องขุ่น [왓 렁 쿤]

주소 Pa O Don Chai, Mueang Chiang Rai District, Chiang Rai **위치** ❶ 치앙라이 시계탑에서 택시로 25분 내외 ❷ 제1 버스 터미널에서 파란색 미니 버스(20밧) 탑승 후 30분 ❸ 오는 법: 내린 곳 맞은편 버스 정류장에서 파란색 미니 버스(20밧) 탑승 후 30분 **시간** 08:00~17:00 **가격** 100밧(외국인) **홈페이지** www.watrongkhun.org **전화** 053-673-967

사원 전체가 흰색으로 지어져 화이트 템플White Temple이라고도 불리는 왓 롱 쿤. 치앙라이 출신 아티스트 찰름차이 코싯피팟Chalermchai Khositpipat이 설계하고 10억 원이 넘는 자비를 투자해 짓기 시작한 사원으로 치앙라이 관광 필수 방문 스폿이다. 사원의 본당은 부처의 순수함을 상징하는 흰색과 부처의 지혜를 상징하는 반짝이는 유리로 꾸며졌고, 본당으로 향하는 다리는 극락으로 향하는 길인 동시에 윤회를 상징한다고 한다. 불교신자나 예술에 관심이 많은 여행자라면 부처의 가르침과 상징으로 가득 차 있는 이 사원에서 다양한 의미를 발견하는 것 또한 이곳만의 묘미다. 본당 외에도 사원 주변으로는 찰름차이의 기괴하면서도 아름다운 작품들이 곳곳에 전시돼 있으니 구석구석 둘러볼 것을 추천한다. 넓은 평지에 사원이 있고 태양을 피할 만한 나무나 구조물이 없어 매우 더울 수 있으니 챙이 넓은 모자를 챙겨 가는 것을 추천한다.

싱하 그룹에서 만든 초대형 공원

싱하 파크 Singha Park สิงห์ปาร์ค [씽 빡]

주소 99 Moo 1, Tambon Mae Kon, Muang Chiang Rai **위치** 치앙라이 시계탑에서 택시로 20분 내외 **시간** 08:00~18:00 **가격** 프로그램에 따라 다름(홈페이지 참고) **홈페이지** www.singhapark.com **전화** 091-576-0374

태국의 대표적인 맥주 싱하를 만드는 분 럿 브루어리Boon Rawd Brewery에서 만든 시민 개방형 공원이다. 365일 온화한 날씨와 비옥한 토양으로 사계절 내내 꽃과 식물들로 가득 차 있어 현지인들과 여행자들이 꼭 들러 보는 스팟 중 하나다. 싱하 맥주를 기대하고 방문하는 여행자에게는 아쉽지만 맥주 브루어리는 없다. 하지만 약 380만 평에 이르는 부지에 농장, 동물원, 호수, 산책로, 짚 라인Zip Line, 글램핑장 등 다양한 액티비티 체험 장소가 준비돼 있다. 아이들과 함께할 수 있는 팜 투어는 농장에서 과일과 채소를 따고 동물들에게 먹이를 줄 수 있는 체험을 할 수 있어 아이와 함께 온 여행자들에게 추천한다. 산책로 또한 매우 깔끔하고 주변 환경을 잘 조성해놨기 때문에 자전거 하이킹 또한 해 볼 만한 옵션이다. 그늘이 많지 않기 때문에 한낮에 방문하기보다는 오후 4시경에 방문해서 선선한 날씨에 산책을 하고 공원 내에 있는 부 비롬 레스토랑 Bhu Bhirom Restaurant에서 식사를 하는 것을 추천한다.

하이킹과 함께 즐기는 70m 폭포

쿤 꼰 폭포 Khun Korn Waterfall น้ำตกขุนกรณ์ [남똑 쿤 껀]

주소 หลวงหมายเลข 1208 Mae Kon, Mueang Chiang Rai District, Chiang Rai **위치** 치앙라이 시계탑에서 택시로 40분 내외 **시간** 08:00~16:30 **요금** 무료 **전화** 053-726-368

시내에서 약 30km 정도 떨어진 산림 공원에 위치한 폭포다. 높이 70m로 치앙라이 주에서 가장 높은 폭포다. 여행자나 현지인들이 주말이면 더위를 피하기 위해 방문한다. 싱하 파크와 멀지 않은 위치라 주로 화이트 템플과 싱하 파크를 방문할 때 둘러본다면 동선 상으로 딱 맞는 편이다. 입구부터 약 1.4km를 숲길을 따라 걸어야 하기 때문에 슬리퍼를 신고 오면 조금 힘들 수 있다. 이곳을 오가는 교통편이 딱히 없기 때문에 자동차나 스쿠터를 빌리지 않은 여행자에게는 추천하지 않는다. 또한 어둠이 빨리 오는 숲속에 있기 때문에 마지막 입장 시간이 오후 4시다. 되도록 일찍 방문하도록 하자.

태국에서도 손꼽히는 거대한 좌불상

왓 후아 쁠라 꿍 Wat Huay Pla Kung วัดห้วยปลากั้ง [후어이 쁠라깡]

주소 553 Moo 3, Tambon Rim Kok, Muang Chiang Rai **위치** 치앙라이 시계탑에서 택시로 20분 내외 **시간** 07:00~18:00(좌불상), 07:00~21:30(9층 탑사) **가격** 40밧(좌불상 입장료) **홈페이지** www.wathyuaplakang.org **전화** 053-150-274

치앙라이 시내에서 약 7km 북서쪽에 위치한 거대한 사원으로, 9층 탑사9 Storey Temple라고도 불린다. 태국의 부처보다는 중국의 부처를 닮은 이 좌불상은 다른 좌불상과는 달리 여자 부처로, 크기와 독특함 덕분에 중국 관광객들이 소원을 빌기 위해 많이 방문한다. 좌불상 내부에는 엘리베이터가 있어서 입장료를 지불하고 25층에 올라가 전망을 즐길 수 있는데, 주변 산이나 건물보다 훨씬 높아서 전망이 괜찮으니 올라가 보자. 그 옆에 있는 9층 탑사는 각 층마다 다양한 부처의 상을 볼 수 있는데 그중 거대한 향나무를 통째로 깎은 관음보살이 가장 인기다. 주차장 출구에서 좌불상으로 이동하는 셔틀버스가 운행 중이고 주차장 뒤쪽 식당에서는 기부금을 받고 무료로 식사를 제공하는데 기부금을 내지 않아도 식사는 할 수 있다고 한다. 다만, 어느 정도의 성의 표시는 서로에 대한 예의이니 형편에 맞게 내도록 하자.

죽음과 예술이 만나는 곳

반 담(블랙 하우스) Baan Dam(Black House)

주소 333 Moo 13, Tambon Nang Lae, Muang Chiang Rai **위치** 치앙라이 시계탑에서 택시로 20분 내외 **시간** 09:00~17:00 **요금** 80밧(12세 이상), 무료(12세 이하) **전화** 053-776-333

화이트 템플을 만든 찰름차이 코싯피팟Chalermchai Khositpipat의 제자이자 유명한 예술가 타완 두차니 Thawan Duchanee가 '죽음'과 '아름다움'을 주제로 만든 집이다. 동물들의 박제된 가죽, 뼈, 이빨을 통해서 관람객으로 하여금 아름다움과 악함 등과 같은 원초적인 감정을 이끌어내는 것으로 유명하다. 타완 두차니는 이곳에서 지옥을 예술적 형태로 표현하려 했는데 이는 지옥과 현세를 거쳐 천국을 형상화한 화이트 템플과는 정반대의 이미지를 추구하고 있다고 평가받는다. 태국 북부 전통 예술과 현대 예술이 만난 작품으로 좋은 평가를 받고 있지만, 동물들의 죽은 사체나 흔적들이 주변 곳곳에 배치돼 있고 다소 민망한 작품도 있어 무서운 것을 싫어하거나 어린 아이들과 함께 온 여행자에게는 굳이 추천하진 않는다.

빠이

Pai

태국의 숨은 핫 플레이스

산세가 험한 태국 북부 지역에서도 깊은 산골짜기에 숨어 있는 작은 마을이기에 많은 이들에게 알려지진 않았지만 한번 이 마을에 들어가면 빠져나올 수 없다고 해서 여행자들의 블랙홀로 알려진 태국의 숨은 진주 같은 곳이다. '이곳의 특산물은 자아와 자유'라는 누군가의 농담처럼 '꼭 가봐야 할 여행지' 같은 곳은 없지만 이른 아침의 고요함과 시야를 가득 채우는 열대 우림 그리고 가격과 감성을 모두 만족시키는 마을이기도 하다. 이곳에서 만나는 여행자들 또한 대체로 느긋하고 자유로운 분위기이기 때문에 외국인 친구를 만들고 싶은 솔로 여행자들에게 특히 추천할 만한 곳이다. 대중교통이 없는 마을의 특성상 스쿠터를 꼭 빌려야 하는데 다행히 면허증을 단속하는 경찰은 거의 없으니 50cc의 작은 스쿠터라도 빌려서 하릴없이 동네를 돌아다녀 보자.

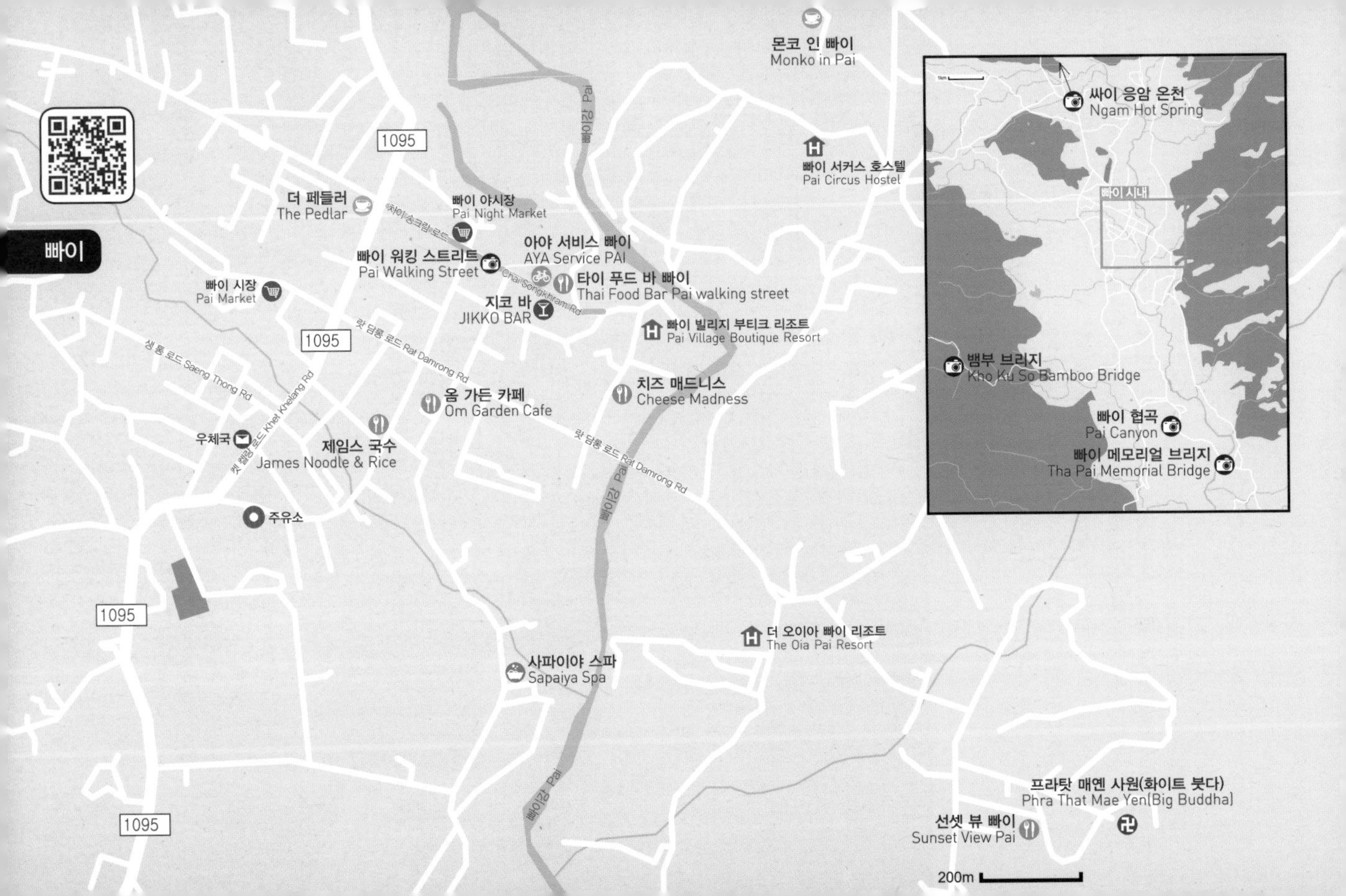

빠이
1095
더 페들러
The Pedlar
빠이 야시장
Pai Night Market
차이 송크람 로드
아야 서비스 빠이
AYA Service PAI
빠이 워킹 스트리트
Pai Walking Street
타이 푸드 바 빠이
Thai Food Bar Pai walking street
Chai Songkhram Rd
빠이 시장
Pai Market
지코 바
JIKKO BAR
빠이 빌리지 부티크 리조트
Pai Village Boutique Resort
랏 담롱 로드 Rat Damrong Rd
생 통 로드 Saeng Thong Rd
켓 켈랑 로드 Khet Khelang Rd
치즈 매드니스
Cheese Madness
옴 가든 카페
Om Garden Cafe
우체국
제임스 국수
James Noodle & Rice
주유소
빠이강 Pai
몬코 인 빠이
Monko in Pai
빠이 서커스 호스텔
Pai Circus Hostel
더 오이아 빠이 리조트
The Oia Pai Resort
사파이야 스파
Sapaiya Spa
싸이 응암 온천
Ngam Hot Spring
빠이 시내
뱀부 브리지
Kho Ku So Bamboo Bridge
빠이 협곡
Pai Canyon
빠이 메모리얼 브리지
Tha Pai Memorial Bridge
프라탓 매옌 사원(화이트 붓다)
Phra That Mae Yen(Big Buddha)
선셋 뷰 빠이
Sunset View Pai
200m

교통편 공항은 물론이거니와 특별히 세워진 버스 터미널도 없는 빠이는 승합차(약 150~250밧)로 방문하는 것이 가장 합리적인 방법이다. 주변에서 보이는 여행사 혹은 제2 버스 터미널이나 온라인으로 승합차를 예약하는 것이 제일 좋다. 버스의 경우 값이 저렴하지만 좌석이 많이 불편하고 시간이 오래 걸리기 때문에 추천하지 않는다. 가장 비싼 방법은 택시인데 다른 사람과 합승을 한다고 해도 매우 비싸기 때문에 어쩔 수 없는 상황이 아니라면 추천하지 않는다. 어쩔 수 없는 상황이란 주로 빠이에서 치앙마이로 돌아올 때 발생하는데 치앙마이로 돌아가는 승합차가 하루에 4~5차례뿐이라 전날 예약이 다 찬다면 울며 겨자 먹기로 택시를 타야 한다. 가능하면 치앙마이 복귀 2일 전에는 승합차를 예약해야 불상사를 피할 수 있다.

동선 팁 빠이에 도착하자마자 십중팔구는 워킹 스트리트에 떨어지게 된다. 빠이 워킹 스트리트를 중심으로 많은 카페, 레스토랑, 숙소가 자리 잡고 있으니 일정이 여유롭지 않은 여행자나 뚜벅이 여행자라면 워킹 스트리트 중심부에서 너무 멀리 떨어져 있는 곳에 숙소를 잡지 말자.
만약 스쿠터를 빌린 여행자라면 오전과 오후에는 도시 중심에서 조금 떨어진 사원이나 관광 스폿을 가 보는 것을 추천한다. 다만 외부로 나갈수록 식당이 적으니 반나절 이상 외부 일정이 있다면 간단한 샌드위치나 도시락을 챙기도록 하자.

Best Course

스쿠터 여행 하루 코스

옴 카페
(조식)
↓
스쿠터 25분
뱀부 브리지
↓
스쿠터 20분
빠이 협곡

↓
스쿠터 15분
치즈 매드니스
↓
스쿠터 8분
프라탓 매옌 사원
↓
스쿠터 2분
선셋 뷰 빠이
↓
스쿠터 5분
타이 푸드 바
↓
스쿠터 10분 이내
숙소
(스쿠터 주차)
↓
도보 10분 이내
지코 바

자유로운 히피족과 예술인들의 성지

빠이 워킹 스트리트 Pai Walking Street

주소 Chai Songkhram Rd, Pai District, Mae Hong Son

전 세계 배낭여행자들의 성지라 불리우는 빠이의 감성을 제대로 보여 주는 중심 거리이다. 평화롭고 고요한 아침 풍경과 활기차고 자유로운 저녁 분위기를 가진 빠이의 중심부라고 할 수 있다. 다른 야시장에 비교하면 규모가 훨씬 작지만 비슷한 느낌의 가게가 단 한 곳도 없을 정도로 모든 가게가 개성을 뽐내며 각기 다른 분위기를 보여 준다. 히피가 가장 많은 도시로 손꼽히는 빠이에서는 이런저런 예술 활동을 하는 사람을 심심치 않게 볼 수 있다. 타투 숍, 직접 디자인한 작품을 파는 노점 그리고 곳곳에서 벌어지는 버스킹까지, 자유로운 예술가의 도시를 엿보고 싶다면 꼭 들러야 하는 곳이다. 태국의 전통 간식 로띠부터 멕시코의 부리또, 인도의 커리와 난, 중국의 딤섬까지 각국 음식이 총집합되어 있어 배고픈 여행자라면 이곳에서 일정을 시작하는 것을 추천한다. 빠이 여행의 시작과 마지막이 모두 이곳에서 이루어진다고 해도 과언이 아닐 정도로 맛집과 관광 인프라가 모여 있으니 빠이에 온다면 이곳 위치부터 확인해 두자.

아름다운 경관을 볼 수 있는 협곡

빠이 협곡 Pai Canyon

주소 Mae Hi, Pai District, Mae Hong Son **위치** 빠이 시내에서 차로 30분 거리 **시간** 24시간 **전화** 086-113-7373

빗물 침식으로 형성된 절벽 능선을 즐길 수 있는 협곡으로 일출과 일몰 때 아름다운 풍경을 자랑한다. 지질 구성이 다양하여 위치마다 다른 토양의 색깔을 감상할 수 있는 것도 이곳을 즐기는 하나의 포인트이다. 협곡 위를 따라 3.5km 트레킹 길이 있는데, 안전 장치가 없어 미끄러질 수 있으니 슬리퍼와 샌들같이 미끄러운 신발보다는 운동화를 신기를 추천한다. 대중교통이 없는 빠이에서 이동 수단은 오토바이와 여행사 투어 상품뿐인데, 오토바이 운전이 서툴다면 여행사의 반일 코스(1인당 300~500밧)를 이용하는 것이 좋다. 일몰 때 특히 사람이 많으니 만약 일몰을 감상한 후에는 조금 서둘러 주차장으로 향하도록 하자. 시내로 이동하는 길이 오프로드라 약간 미끄럽고, 방문객들이 몰리는 시간대에는 빠져나가기가 복잡하기 때문이다. 입구에 위치한 공중 화장실은 컨디션이 매우 안 좋고 유료이므로 일정 전에 화장실을 해결하고 오는 것이 좋다.

자연 속에서 즐길 수 있는 노천 온천

싸이 응암 온천 Ngam Hot Spring

주소 412, Wiang Tai, Pai District, Mae Hong Son **위치** 빠이 시내 워킹 스트리트에서 차량으로 30분 거리 **시간** 08:00~17:00 **요금** 성인 200밧, 아동 100밧, 주차료 20밧

빠이 시내에서 차를 타고 30분 이동하면 만날 수 있는 숲 속 한가운데의 온천이다. 사실 온천이라 불리기엔 미지근한 온도라서, 따뜻한 온천을 즐긴다는 생각보다는 자연으로 둘러싸인 따뜻한 물에서 물장구친다는 느낌 정도로 방문하면 좋다. 단기 여행자보다는 장기 여행자끼리 단체로 방문하는 경우가 많고, 친구들과 함께 놀기 적합해서 일행이 많다면 한 번쯤 방문해 보는 것을 추천한다. 목적지까지 가는 길목 곳곳에 오르막과 흙길이 있기 때문에 125cc 이상의 오토바이를 렌탈해야 한다. 화장실과 샤워실을 같이 운영하고 있어서, 타월과 세면도구를 챙겨 간다면 온천욕 후 간단한 샤워를 할 수 있다. 주변에 뭔가 사 먹을 곳이 없으니 길게 즐기고 싶다면 간단한 샌드위치와 음료를 시내에서 미리 구매하는 것을 추천한다. 비가 올 때는 공지 없이 폐쇄하기도 하니, 비가 온다면 방문을 미루는 것이 좋다.

웅장한 화이트 불상을 만날수 있는 곳

프라탓 매옌 사원(화이트 붓다) Phra That Mae Yen(Big Buddha)

주소 Mae Hi, Pai District, Mae Hong Son **위치** 빠이 시내 워킹 스트리트에서 동쪽으로 차량으로 10분 거리 **시간** 06:00~18:00

빠이 동쪽 최상단에 위치한 사원으로 마을 입구에서 353개의 계단을 올라가면 거대한 하얀 불상을 만날 수 있다. 빠이 시내를 한눈에 내려다볼 수 있는 높이에 세워진 20m짜리 거대한 불상은 멀리서도 그 존재감을 드러내고 있어, 빠이의 랜드마크 중 하나라고 불리기에 손색없다. 적지 않은 수의 계단이 부담스럽지만 힘들 때마다 뒤를 돌아보면 탁 트인 전경에 힘든 것도 금방 잊을 수 있을 만큼 멋진 뷰를 자랑한다. 태국의 사원은 짧은 반바지를 입고 들어갈 수 없어 '사롱'이라는 긴 천을 대여(20밧)해 준다(상황에 따라 그냥 통과시켜 주기도 한다). 날씨가 더워 긴바지를 입고 가기 싫다면 렌탈 서비스를 이용하는 것도 좋은 방법이다. 올라가는 길에는 그늘이 없으니 모자를 가져가는 것도 잊지 말자.

과거의 흔적을 기억할 수 있는 다리

빠이 메모리얼 브리지 Tha Pai Memorial Bridge

주소 Mae Hi, Pai District, Mae Hong Son **위치** 빠이 시내 워킹 스트리트에서 차량으로 20분 거리

제2차 세계 대전 때 일본이 미얀마(당시 버마) 침략을 위한 물자 운송을 하려고 세운 이 다리는, 이후 파괴되었다가 현지인들의 교통 편의를 위해 재건되었다. 다리 앞에는 당시의 상황을 생생하게 느낄 수 있는 사진들이 간판에 걸려 있고, 중간중간 포토 스폿으로 꾸며 둔 공간들을 볼 수 있다. 날씨 좋은 날 다리 위에서 찍으면 멋진 인생샷을 남길 수 있다. 사진을 다 찍었다면 밑에 내려와서 빠이강을 구경하는 것을 추천한다. 빠이 현지 주민들이 나와서 빨래하는 모습부터 어린이들의 물놀이까지 다양한 현지의 모습을 감상할 수 있다.

대나무로 엮인 구름 위를 걷는 느낌의 자연 관광지

뱀부 브리지 Kho Ku So Bamboo Bridge

주소 Unnamed Road Tambon, Thung Yao, Pai District, Mae Hong Son **위치** 빠이 시내 워킹 스트리트에서 차량으로 20분 거리 **시간** 24시간 **요금** 성인 30밧

관광객을 끌어들이기 위해 마을 사람들이 힘을 합쳐 만든 평화로운 관광지이자 포토 스폿이다. 산과 들로 둘러싸인 빠이이지만 막상 자연을 배경으로 하여 찍기엔 스폿이 다소 적은 편인데, 이곳을 방문한다면 인생샷 몇 장은 가져갈 수 있다. 대나무로 엮은 길을 따라 가다 보면 고즈넉한 산과 들을 배경으로 다양한 포토 스폿과 간단한 기념품 숍, 카페가 있다. 오전 11시 이후에는 패키지 프로그램으로 방문하는 관광객들이 많아 조금 붐비니 가급적 오전 일찍 방문하자. 오토바이로 방문할 경우, 산 중턱에 있는 마을이라 급커브나 오프로드가 중간중간 있어서 방심하다가는 사고로 이어질 수 있어 특별히 조심하도록 한다. 언제 방문해도 아름다운 장소이지만, 논밭이 푸른 10~11월에 방문하면 향긋한 풀 내음을 맡으며 거닐 수 있으니 되도록 우기에 오는 것을 추천한다.

빠이 중심부에 있는 렌탈과 투어의 중심지

아야 서비스 빠이 AYA Service PAI

주소 8F43 22/1, Moo 3, Chalsongkram Rd., ปาย, Mae Hong Son **위치** 빠이 시내 중심부 **시간** 07:00~22:00 **전화** 053-699-888

치앙마이에서 빠이로 이동할 때 가장 대표적인 방법은, 여행사를 통해 밴을 빌려 이동하는 것이다. 이때 밴의 도착지는 대부분 아야 서비스 빠이 근처이다. 대중교통이 없고 택시나 그랩의 이용이 어려운 빠이에서는 스쿠터 대여가 필수에 가까워서 렌탈 숍 근처에서 내려주는 것이다. 아야 서비스 빠이를 추천하는 이유는 빠이에서 유일하게 보험 가입이 가능한 렌탈 숍이기 때문이다. 렌탈한 오토바이가 파손되면 최대 180만원까지 비용이 청구될 수 있는데, 여기서는 하루 80밧부터 250밧까지 다양한 보험 상품에 가입할 수 있다. 또한 자동차와 자전거 렌탈, 심지어 항공권의 구매까지 가능하며 1일 관광 상품도 판매하고 있다. 고지대에 위치해 있는 빠이 특성상 경사가 가파른 곳을 방문하게 되는 경우가 많은데, 오토바이 운전이 서툰 여행객은 사고가 날 가능성도 있으니 오토바이 렌탈보다는 1일 또는 반일 관광 상품을 이용하는 것을 권장한다. 빠이의 유명한 관광지를 한나절 만에 돌아볼 수 있고, 요금도 300밧부터 800밧까지 다양한 편이다.

에어컨이 시원하게 나오는 모던한 브런치 카페

더 페들러 The Pedlar

주소 38 Ketkhelarng Road Pai, Pai District, Mae Hong Son **위치** 빠이 시내 워킹 스트리트에서 도보 5분 **시간** 08:00~21:00 **휴무** 수요일 **전화** 082-242-6569

아메리카노와 유러피안 스타일의 브런치를 제공하는 깔끔한 현대식 카페이다. 잔잔한 배경 음악과 넓은 자리, 그리고 여러 곳에 설치된 콘센트 덕분에 노트북을 사용하기 용이하다. 이곳에 방문하게 된다면 아침부터 브런치를 먹으며 일을 하는 디지털 노마드들을 쉽게 만나볼 수 있다. 빠이에는 에어컨이 설치되지 않은 카페가 많은데, 무더운 날 시원한 곳에서 커피를 마시고 싶다면 단연코 이곳을 추천하고 싶다. 브런치 메뉴는 전반적으로 깔끔하며 글로벌한 맛을 자랑하지만, 빠이의 저렴한 물가에 적응한 여행자라면 메뉴가 조금 비싸게 느껴질 수 있다. 예쁘게 포장된 다양한 카페 굿즈도 판매하고 있으니 빠이에 방문했다는 기념품을 사고 싶다면 이곳의 굿즈를 눈여겨 살펴보자.

치즈 덕후에 의한, 치즈 덕후를 위한 토스트 전문점

치즈 매드니스 Cheese Madness

주소 79 2 Wiang Tai, Pai District, Mae Hong Son **위치** 빠이 시내 워킹 스트리트에서 도보 7분 **시간** 12:00~23:00 **휴무** 월요일 **전화** 099-230-6599

이름 그대로 치즈에 미친 사람을 위한 토스트 가게이다. 기본 치즈 토스트도 훌륭하지만, 더블로 치즈를 추가해 먹으면 정말 입에서 치즈가 터지는 그리지한 맛의 천국을 느낄 수 있다. 치즈의 종류 또한 다양하고 20가지의 추가적인 부재료는 내 입맛에 딱 맞는 치즈 토스트를 즐길 수 있도록 만들어 준다. 미국이나 유럽의 치즈 토스트 맛을 완벽하게 재현했으며 또 다양한 와인을 글래스와 보틀로 판매하여 페어링해서 즐길 수 있다. 한 가지 주의할 점은, 치즈와 와인을 번갈아 먹다 보면 그 조합의 하모니에 취하는 것을 못 느낄 수 있다는 점이니 과음하지 않도록 하자.

다양한 메뉴와 많은 양을 자랑하는 유러피안이 사랑하는 조식 카페

옴 가든 카페 Om Garden Cafe

주소 79 2 60 4 Rat Damrong Rd, Wiang Tai, Pai District, Mae Hong Son **위치** 빠이 시내 워킹 스트리트에서 도보 10분 **시간** 08:30~17:00 **휴무** 월요일 **전화** 082-451-5930

길가의 작은 문을 통해 들어오면 작은 문과 대비되는 넓은 공간이 놀라움을 선사한다. 에어컨은 없지만 나무들로 가려진 넓은 공간은 시원하고 쾌적하며, 목조 건물 내부는 빠이스러움으로 가득하다. 카운터 바로 밑의 칠판에 수많은 메뉴가 빼곡히 적혀 있고, 양이 정말 많아 인원수보다 적게 메뉴를 시켜도 충분히 배부르게 즐길 수 있다. 다만 간이 약간 심심하게 조리되어 나오는 편인데, 그럴 땐 테이블에 비치되어 있는 소금과 케첩을 사용하여 입맛에 맞게 소스를 추가하여 먹으면 된다. 음식 서빙 속도가 빠른 편이고, 플레이팅된 음식이 정갈하며, 서양인이 많이 방문하는 레스토랑답게 직원들은 영어를 매우 잘하여 의사소통에 불편함이 없다는 점은 특히 한국인 여행자들이 좋아할 만한 포인트이다. 빠이에서 서양 음식을 판매하는 식당 중에는 가끔 가격이 터무니없이 비싼 곳도 있는데, 이곳은 맛과 양을 생각했을 때 가격이 정말 저렴해서 빠이에서 오래 머문다면 가장 자주 조식을 먹으러 방문하는 곳이 되지 않을까 싶다. 맛과 양, 서비스와 가격까지 모든 것이 만족스러운 곳이다.

아름다운 논과 산 경치를 자랑하는 뷰 맛집 카페

몬코 인 빠이 Monko in Pai

주소 109 group 1, Wiang Nuea, Pai District, Mae Hong Son **위치** 빠이 시내 워킹 스트리트에서 차량으로 10분 거리 **시간** 10:00~19:00 **휴무** 수요일

2개의 동로 이루어져 있는데, 하나는 카운터와 주방이 있으며 에어컨이 빵빵하게 나오는 실내 동, 또 하나는 빠이의 경치를 즐길수 있는 외부 동이다. 꽤 높은 곳에 위치하여 찾아가기 조금 힘들지만, 위에 올라가 뷰를 내려다보면 그 수고스러움을 잊게 할 아름다운 뷰가 펼쳐져 있다. 빠이의 대표적인 뷰 맛집 카페이자 가장 현대적인 인테리어와 자연의 조화를 잘 이룬 카페이다. 어느 곳에서 찍어도 인생샷을 남길 수 있으며, 노을 질 때가 가장 아름다우니 일몰 때 찾아가는 것이 좋다. 다만 영업 시간이 짧으니 음료를 테이크아웃해서 외부에서 마시며 여유 있게 감상하는 것을 추천한다. 메뉴로는 초콜릿 베이스의 논카페인 음료를 추천하고 싶은데, 한국의 초코에몽과 같이 찐한 초코 맛이 일품이다.

빠이 최고의 국숫집

제임스 국수 James Noodle & Rice

주소 Pai, Pai District, Mae Hong Son **위치** 빠이 시내 워킹 스트리트에서 도보 5분 거리 **시간** 12:30~21:00

유독 한국인들이 사랑하는 빠이의 국수집이다. 작은 상점인 데다 간판이 태국어로 되어 있어 찾기 어려울 수도 있는데, 이럴 때는 빨간색 코카콜라 간판을 찾아 들어가면 바로 제임스 국수를 만날 수 있다. 한국의 감자탕을 맑게 한 버전인 뼛국(끄라둑), 그리고 닭고기를 부드럽게 삶아 된장 맛이 나는 소스를 곁들여 먹는 닭고기 덮밥(까오만 까이)이 유명하다. 한국 음식이 생각날 때 이 구수하고 짭쪼름한 국물을 먹으면 잠시 향수를 잊게 해 준다. 민트와 숙주를 원하는 대로 가져다 먹을 수 있으니 이 점을 기억하고 방문하도록 하자.

치앙마이 내 트립 어드바이저 선정 1등 스파 마사지

사파이야 스파 Sapaiya Spa

주소 412, Wiang Tai, Pai District, Mae Hong Son **위치** 빠이 시내 워킹 스트리트에서 도보 10분 거리 **시간** 10:00~21:00 **전화** 081-236-6644

빠이 유일한 고급 마사지 숍이다. 혈자리를 눌러 주는 방식에서 전문적으로 양성된 마사지사라는 것을 바로 알아차릴 수 있다. 또한 직접 재배한 유기농 재료를 사용하여 만든 허브볼로 정성스럽게 마사지해 준다. 허브볼은 굿즈로 판매하니 원한다면 구매가 가능하다. 가성비를 생각한다면 90분 타이 마사지 코스를 가장 추천한다. 태국은 마사지로 유명한 국가인 만큼 어느 마사지 숍을 방문하든지 수준급의 마사지를 받을 수 있지만, 이곳은 트립어드바이저에서 항상 상위에 랭크될 정도로 놀라운 마사지 솜씨를 자랑한다. 빠이를 다시 방문하고 싶다는 생각이 들 정도의 명소이니 마사지를 즐기는 사람이라면 꼭 방문해 보기를 추천한다. 픽업·드롭 서비스를 제공하기 때문에 전화로 미리 예약하면 편안하게 이용할 수 있다.

일몰과 함께 즐기는 맛있는 타이 푸드

선셋 뷰 빠이 Sunset View Pai

주소 Mae Hi, Pai District, Mae Hong Son **위치** 빠이 시내 워킹 스트리트에서 차량으로 10분 거리 **시간** 09:30~19:00 **전화** 087-042-4203

화이트 붓다를 본 후 시내로 내려오다 보면 5분 거리 이내에 선셋 뷰 파이를 만날 수 있다. 빠이의 고지대에 위치한 이곳은 빠이에 있는 레스토랑 중 가장 멋진 전경을 자랑한다. 어느 테이블에 앉든지 빠이 시내를 내려다볼 수 있으며, 맥주 한 잔과 함께 일몰을 감상할 수 있다. 맥주 안주로 삼기 좋은 짭짤한 메뉴들이 다양하게 있는데, 다만 양이 다소 적다고 느낄 수 있다. 그러니 이곳을 방문하여 배가 차게 먹고 싶다면 다른 메뉴보다는 팟타이를 추천한다. 일몰 시간이 되어 가면 손님들이 몰리기 때문에 원하는 자리를 선점하기 위해서는 6시 이전에 방문하는 것을 권장한다.

최고의 팟타이를 만날수 있는 푸드 트럭

타이 푸드 바 빠이 Thai Food Bar Pai walking street

주소 Chai Songkhram Rd, Wiang Tai, Pai District, Mae Hong Son **위치** 빠이 시내 워킹 스트리트에서 도보 10분 **시간** 17:00~23:00 **전화** 081-034-6196

빠이의 나이트 마켓을 걷다 보면 범상치 않은 포스의 남자 사장님이 푸드 트럭에서 열심히 요리하고 있는 모습을 볼 수 있다. 맛있는 냄새와 힙한 노래가 들려오는 이 푸드 트럭에서 사장님이 흥겹게 웍을 흔들며 요리하는 모습을 구경하고 있으면, 주문하자마자 5분 이내로 뚝딱 맛있는 팟타이가 완성된다. 테이블에는 고춧가루가 있어 매운맛을 좋아하는 한국인의 취향을 제대로 저격한다. 태국의 대표 음식인 만큼 팟타이를 파는 곳이 많지만, 이곳의 팟타이는 단연코 일등이라 칭할 만큼 여러 감칠맛이 들어 있다. 항상 문전성시를 이루는 이곳에서 바로 먹어도 되지만, 자리가 여의치 않다면 테이크아웃하여 근처 바를 방문하여 맥주와 함께 먹는 것을 추천한다.

나이트 마켓 중심부의 핫한 라이브 바

지코 바 JIKKO BAR

주소 65 Hoom 3 Dad, Dad District, Mae Hong Son **위치** 빠이 시내 워킹 스트리트에서 도보 10분 **시간** 17:00~24:00 **전화** 089-112-5473

나이트 마켓 중심부에 위치한 라이브 바이다. 푸드 스트리트 바로 근처에 자리 잡고 있으며 다른 곳에서 사 온 음식도 매장 내에서 취식 가능하다. 가게 바로 앞에 다양한 바비큐를 구워 주는 노점상이 있으니 매장 내의 안주를 먹기보다는 노점상을 이용하는 것을 추천한다. 빠이 시내에서 크래프트 비어를 파는 곳이 많지 않은데 시원한 맥주가 당길 때 이곳을 방문하면 생생한 거품이 살아 있는 맥주를 즐길 수 있다. 맥주 3잔을 마시면 1잔이 공짜로 서비스되니, 맥주는 꼭 3잔 이상을 주문하도록 하자. 또한 다양한 세계 맥주가 즐비하여 한국에서 먹어 보지 못했던 다양한 맥주를 즐길 수 있다.

HOTEL
추천 숙소

즐거운 여행을 위해 숙소는 매우 중요하다. 호스텔, 게스트 하우스 등 저렴한 숙소부터 고급 호텔과 리조트까지 자신의 여행 스타일에 맞는 숙소 고르는 방법과 다양한 숙소를 알아본다.

여행에 있어 잠자리는 여행의 만족도를 좌우하는 중요한 요소다. 평상시와는 달리 휴식과 즐거움을 찾아 떠나는 시간인 만큼 숙소의 선택은 중요한데, 가격보다는 여행 콘셉트에 맞춘 숙소 타입을 정하는 것이 좋다. 치앙마이에는 다양한 형태의 숙소가 준비돼 있다. 가격도 시설도 모두 다르니 자신의 여행 스타일에 맞는 숙소를 선택하자.

유형별 숙소 종류

◎ 호스텔 1만 원 미만

배낭여행객, 개별 관광객에게 적합한 숙박 시설로 공동 샤워실, 취사장 등 다양한 편의 시설이 준비돼 있으며 가격도 저렴하다. 세계 각국의 여행자가 공동으로 시설을 이용하는 만큼 불편함도 있고 위치가 좋지 않은 단점이 있지만 여행 중 많은 사람과 교류하고 소통을 원하는 여행자에게는 최고의 숙박 시설로 손꼽힌다.

◎ 게스트 하우스 / 한인 민박 2~3만 원

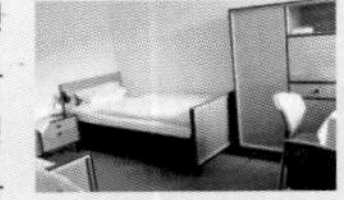

영어에 자신이 없는 여행자나 해외여행이 처음인 여행자라면 일단 한국어가 통하는 한인 민박이나 한인이 운영하는 게스트 하우스를 추천한다. 대부분 도미토리 형태와 개인실 형태의 방을 모두 갖추고 있어 인원에 따라 머무를 수 있다. 다른 한국 여행자들과 언어 장벽 없이 대화하며 정보를 수집할 수 있다는 장점도 있다.

◎ 호텔 4~7만 원

직장인과 여행자를 위한 비교적 저렴한 가격의 호텔로 관광지, 비즈니스 타운과 인접한 지리적 이점과 PC, 식사 제공 등 다양한 편의 시설이 준비돼 있다. 잘 때 예민하거나 단체 생활을 좋아하지 않는 여행자들이 선택할 수 있으며 저렴한 가격대로 치앙마이에는 제법 가성비 좋은 호텔이 여럿 있다.

◎ 고급 호텔 10만 원~

글로벌 브랜드 호텔을 비롯해 4~5성급 럭셔리 호텔이 여럿 있다. 시즌에 따라 요금 변동이 많긴 하지만 4성급 이상의 로컬 호텔의 경우 10만 원 수준으로 형성돼 있으며 글로벌 브랜드 호텔도 10만 원 중반 가격이면 이용 가능하다. 최근에는 아파트먼트·레지던스에 밀리지만 가족 단위 여행객이라면 고급 호텔만큼 편안하고 안락한 시설은 없다.

◎ 아파트먼트 / B&B / 콘도 숙박 일수에 따라 상이

주로 장기로 머물 경우에 사용되는 곳이지만 요즘에는 단기 여행자들에게도 편안한 숙박 시설로 인기를 얻고 있다. 호텔보다 넓은 크기에, 싱크대와 전자레인지 등 주방이 있어 간단한 요리를 해 먹을 수도 있다. 수영장이나 헬스장이 구비된 시설도 있으며 위치에 따라 다르지만 장기 여행자가 많은 치앙마이에는 꽤 가성비 좋은 아파트먼트와 콘도가 많은 곳으로 유명하다.

숙소 선택 요령

치앙마이 여행 숙소를 선택하는 데 있어서 여행 일정, 여행 스타일, 동반자, 여행 예산 등을 반드시 고려해서 선택해야 한다. 시설 선택에 있어 아래 표를 참고하자.

구분	추천 시설(추천 순)
배낭여행	호스텔 ➞ 호텔 ➞ 아파트먼트
가족 여행	B&B 독채 ➞ 호텔 ➞ 고급 호텔
커플 여행	호텔 ➞ 아파트먼트 ➞ 고급 호텔

숙소 예약 사이트

◎ **아고다** www.agoda.com

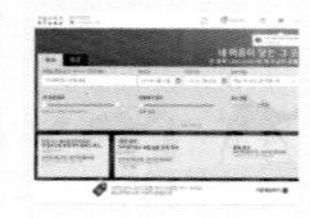

동남아 쪽에 특히 강세를 보이고 있는 '아고다'는 다른 숙소 큐레이션 서비스보다 많은 숙소 데이터 베이스를 가지고 있어 동남아 여행에 꼭 확인해 봐야 할 서비스. 치앙마이의 경우 아주 저렴한 민박집부터 가장 비싼 호텔까지 다양한 옵션들을 볼 수 있으니 숙소 선택에 참고하자.

◎ **트립어드바이저** www.tripadvisor.co.kr

전 세계 호텔 예약 대행 서비스는 물론 실제 해당 호텔을 이용해 본 소비자의 리뷰와 음식점, 관광 명소 등 각종 여행 정보를 얻을 수 있는 종합 여행 사이트다. 위에 소개한 사이트보다 가격적 매력은 다소 부족하지만 호텔을 선택하는 데 있어 많은 도움을 받을 수 있다.

◎ **호텔스닷컴** kr.hotels.com

호텔 쪽으로는 전 세계의 호텔을 커버하는 방대한 데이터 베이스를 가지고 있는 호텔스닷컴. 10박을 하면 1박을 공짜로 주는 프로모션과 다양한 할인 혜택이 있어, 호텔을 검색하는 여행자에게는 꼭 들려야 하는 서비스 중 하나다.

◎ **호텔스컴바인** www.hotelscombined.co.kr

어느 정도 숙소를 정했다면 이곳에서 최종 가격을 확인해 알뜰한 여행을 계획하자. 다양한 숙소 추천 서비스들의 가격을 비교해서 가장 저렴한 가격을 찾아 주기 때문에 숙소를 정한 상태에서 쓴다면 가격적으로 도움이 많이 된다. 다만, 이곳도 수수료를 포함한 가격을 보여 주니 무조건적으로 확실한 건 아니라는 것을 명심하자.

◎ **국내 여행사 전화 예약**

온라인 사용이 어렵거나 시간적 여유가 없는 여행자라면 국내 호텔 예약 전문 회사를 통해 전화 예약할 수 있다. 한 가지 기억할 것은 전화 예약 특성상 상담 직원에 따라 추천 호텔이 달라질 수 있으니 참고하자.

하나투어 1577-1233 **인터파크투어** 1588-3443 **여행박사** 02-6717-2700

가족과 함께하기 좋은 글로벌 호텔

르 메르디앙 치앙마이 Le MERIDIEN CHIANG MAI

주소 108 Chang Klan Road, Tambol Chang Klan, Muang Chiang Mai **위치** ❶ 타 패 게이트로 나와 오른쪽 꿋차산 로드(Kotchasarn Rd) 따라 300m 직진 후 옐로우 치앙마이(Yellow Chiang mai)를 지나 왼쪽 도로(Loikroh Rd)로 도보 9분 ❷ 타 패 게이트에서 택시로 8분 **홈페이지** www.lemeridienchiangmai.com/ko **전화** 053-253-666

아이를 동반한 가족 단위 여행이거나 연인과 함께하는 커플 족이라면 고려해 볼 만한 호텔이다. 치앙마이 여행 시 꼭 한 번은 들르는 필수 스폿인 나이트 바자 근처에 위치한 5성급 호텔로, 치앙마이 랜드마크인 도이수텝산 조망과 멋진 석양을 감상할 수 있는 뷰를 자랑한다. 글로벌 호텔 체인 그룹에서 운영하는 만큼 시설과 서비스 모두 상급이고 규모 면으론 약간 아쉽지만 야외 인피니티 풀과 괜찮은 조식, 룸 크기 또한 약 11평(388ft²)으로 넓고 쾌적해 매우 매력적이다.

님만해민 초입에 위치한 쇼핑하기 좋은 호텔

유 님만 치앙마이 U Nimman Chiang Mai

주소 1 Nimmanhaemin road, Tambon Suthep, Muang Chiang Mai **위치** 님만해민 초입에 위치한 마야 쇼핑센터 대각선 **홈페이지** www.uhotelsresorts.com/unimmanchiangmai/default-en.html **전화** 052-005-111

님만해민 초입 마야 쇼핑몰 대각선에 위치한 5성급 호텔이다. 로컬 호텔 브랜드 중에서는 나름 인지도 있는 그룹에서 운영한다. 특히 맛집과 분위기 좋은 카페가 밀집한 님만해민 초입에 있어 위치도 좋은 데다가 저렴한 가격대에 룸 컨디션까지 좋아 가성비 좋은 호텔로 유명하다. 고층 건물을 사용하는 다른 호텔과는 달리 빌라 형태의 저층 건물로, 루프톱에는 야외 수영장도 있다. 저녁과 주말에 근처 야시장이 열리며 쇼핑하고 짐을 보관하기에 유리하기 때문에, 편안하게 쇼핑하고 싶은 여행자에게 추천하고 싶은 숙소이다. 룸 컨디션은 물론 전반적으로 모던하면서 심플하고 현지에서는 2,500~3,000밧이라는 요금 프로모션도 종종 열리니 장기 여행자라면 관심 있게 살펴보자.

풀빌라 형태의 고급 리조트

137 필라스 하우스 137 pillars House

주소 2 Nawatgate Rd Soi 1, Tambon Wat Ket , Muang Chiang Mai **위치** 타 패 게이트에서 택시로 10분 **홈페이지** www.137pillarschiangmai.com/en/ **전화** 053-247-788

1800년 초반에 지어진 건물을 리모델링해 2011년 오픈한 부티크 호텔이다. 다소 한적한 곳에 있으면서 풀빌라 형태로 약 30개의 스위트룸으로 구성돼 프라이빗한 공간을 제공한다. 게다가 과거와 현재가 공존하는 듯한 인테리어와 모던하면서도 웅장하고 화려한 분위기 등 다양한 매력 포인트를 가지고 있다. 방마다 전용 풀은 물론 넓은 침대와 거실, 빅토리아풍의 욕조까지 있어 커플과 신혼부부에게 특히 인기다. 시즌에 따라 가격 변동 폭이 큰 곳이니 미리미리 온라인으로 가격을 비교해 보고 선택하자.

란나 왕국을 콘셉트로 한 자연 친화적 리조트

라티란나 리버사이드 스파 리조트 치앙마이

RatiLanna Riverside Spa Resort Chiang Mai

주소 33 Chang Klan Rd, Tambon Chang Khlan, Muang Chiang Mai **위치** 타 패 게이트에서 택시로 10분 내외 **홈페이지** www.ratilannachiangmai.com **전화** 053-999-333

과거 찬란했던 란나 왕국을 콘셉트로 꾸며진 5성급 리조트다. 티크 나무를 소재로 만든 란나 왕국 분위기의 문양과 실내 장식이 인상적이다. 또한 태국 북부 지역에서 만들어지는 각종 수공예품도 더해져 과거에 실제로 왕족이 머물던 별장에 온 느낌을 준다. 매일 저녁 열리는 바비큐 파티는 가성비 좋기로 유명하고, 야외 수영장은 물론 매우 유명한 스파도 있어 인기다. 호텔 주변에는 삥강이 흐르고 있고 녹지도 많아 힐링을 목적으로 치앙마이를 방문하는 여행자라면 적극 추천한다. 힐링 리조트로 유명해 상시 가격 변동폭이 크니 미리 알아보고 예약 후 이용하도록 하자.

태국 아티스트들이 참여한 인기 디자인 호텔

아트 마이? 갤러리 님만 호텔 Art Mai? Gallery Nimman Hotel

주소 21 Nimmanhaemin Rd Soi 3, Tambon Suthep, Muang Chiang Mai **위치** 마야 쇼핑센터에서 님만해민 로드(Nimmanhaemin Rd) 따라 230m 직진 후 아디다스 오리지널 매장 맞은편 골목(Soi3)으로 도보 2분 **홈페이지** www.artmaigalleryhotel.com **전화** 053-894-888

태국은 물론 말레이시아, 영국까지 여러 도시에 약 20여 개의 호텔 & 리조트를 보유하고 있는 컴퍼스 하스피탈리티 호스텔COMPASS HOSPITALITY HOTELS이 오픈한 부티크 호텔이다. 감각적인 디자인과 인테리어로 예술인들이 많이 모이는 치앙마이 분위기를 잘 살렸다. 실제 태국의 유명한 현대 미술가들이 참여한 것이 인상적인데, 총 7명의 미술가가 각 층과 방을 나눠 기획해 디자인이 모두 다르고 매우 감각적이다. 다른 호텔과 달리 상시 전시회가 열리고, 편집 숍들을 비롯해 예술을 키워드로 한 소품들도 많아 현대적이면서 실용적인 분위기를 추구하는 젊은 층에게 특히 인기가 좋다.

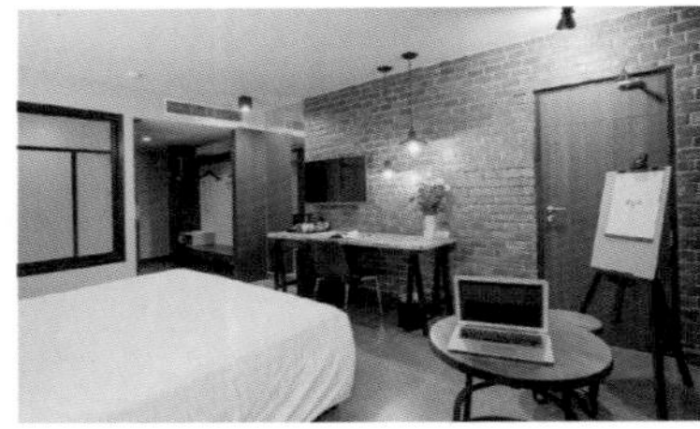

커플 여행이라면 고려해 볼만한 부티크 호텔

아키라 매너 치앙마이 Akyra Manor Chiang Mai

주소 22/2 Nimmanhaemin Rd Soi 9, Tambon Suthep, Muang Chiang Mai **위치** 마야 쇼핑센터에서 님만해민 로드(Nimmanhaemin Rd) 따라 400m 직진 후 스타벅스가 있는 왼쪽 골목(Soi9)으로 도보 4분 **홈페이지** www.theakyra.com **전화** 053-216-219

님만해민 소이 9에 위치한 럭셔리 부티크 호텔이다. 총 30개의 스위트룸을 갖췄고, 트렌디한 디자인의 인피니티 풀, 루프톱 카페, 레스토랑까지 호텔 투숙객을 위한 부대시설이 또한 잘 갖춰져 있다. 모든 객실이 스위트룸으로 되어 있어 여유로운 공간과 세련된 인테리어로 신혼부부와 커플들에게 인기가 많다. 조식이 디너 뷔페 수준으로 푸짐하게 나오기 때문에 아침을 든든히 먹고 하루를 시작할 수 있다는 것도 이곳의 장점이다. 님만해민과 연결되는 골목에 있어 접근성 또한 좋다. 무엇보다 가장 큰 매력은 많은 장점이 있음에도 가격대가 매우 착하다.

힐링이라는 단어가 어울리는 리버 뷰 리조트

아난타라 치앙마이 리조트 Anantara Chiang Mai Resort

주소 123 Charoen Prathet Rd, Tambon Chang Khlan, Muang Chiang Mai **위치** 타 패 게이트에서 택시로 10분 **홈페이지** www.chiang-mai.anantara.com **전화** 053-253-333

치앙마이 서쪽 삥강 바로 옆에 위치한 리조트다. 복잡한 도심을 피해 조용한 공간에서 휴식을 즐기고 싶은 여행자들에게는 최적의 리조트라 이야기할 수 있다. 넓은 녹지 공간과 테라스를 갖춘 쾌적한 룸 컨디션, 야외 수영장과 인기 스파가 준비돼 있으며, 1층 녹지 공간에는 가벼운 산책 코스도 있어 해 질 무렵 삥강 주변으로 아름다운 석양도 볼 수 있다. 더욱 매력적인 것은 태국 내 특급 호텔과 리조트를 운영하는 아난타라 그룹이 운영해 서비스 또한 수준급이다. 글만 보면 한적한 곳에 있을 것 같지만 걸어서 7분이면 치앙마이 명소인 나이트 바자를 갈 수 있을 정도로 위치도 괜찮다.

심플하면서 모던한 인테리어가 인상적인 4성급 호텔

호텔 데 아티스트 삥 실루엣 Hotel des Artists, Ping Silhouette

주소 181 Chareonraj Rd, Tambon Chang Moi, Muang Chiang Mai **위치** 타 패 게이트에서 택시로 8분 **홈페이지** www.hotelartists.com/pingsilhouette **전화** 053-249-999

카오 야이Kao Yai와 빠이Pai 흥행에 이어 치앙마이에도 문을 연 호텔 데스 아티스트의 세 번째 호텔이다. 호텔 이름에서 이미 느낄 수 있듯 예술적 디자인을 테마로 꾸민 인테리어가 인상적이다. 모던하면서도 독창적인 디자인으로 젊은 사람들의 마음을 사로 잡고 있다. 2016년에 문을 열었으니 치앙마이에서는 신설 호텔에 속한다. 다소 작은 규모지만 외관과 달리 정원, 카페, 수영장을 모두 갖추고 있어 매우 실용적인 곳이다. 호텔 곳곳에는 사진 찍기 괜찮은 분위기 좋은 공간도 여럿 있으니 참고하자. 위치는 올드 시티에서 삥강 건너편에 있고, 호텔 근처 리버 뷰 카페와 레스토랑이 여럿 있다.

올드 시티 중심에 위치한 멋스러운 도심 속 휴식 공간

타마린드 빌리지 호텔 치앙마이 Tamarind Village Hotel Chiang Mai

주소 50/1 Rachadamnoen Rd, Tambon Si Phum, Muang Chiang Mai **위치** 타 패 게이트에서 성곽 안쪽으로 이어지는 라차담느 로드(Rachadamnoen Rd)로 도보 3분 **홈페이지** www.tamarindvillage.com **전화** 053-418-896

치앙마이의 중심지인 '올드 시티' 성 안에 위치한 부티크 호텔이다. 고대 사원이 밀집한 곳에 자리잡고 있어 호텔 내부 정원에서도 200년 이상된 타마린드Tamarind 나무들을 볼 수 있다. 타마린드 나무가 심어진 정원을 중심으로 펼쳐진 건물은 신비로우면서도 평온한 분위기를 전한다. 티크 나무 재질로 꾸민 방과 북부 지역의 소수 민족들이 만든 특별한 패턴이 더해진 소품들이 인상적이다. 매우 유명한 호텔이라 사전 예약은 필수다. 비수기에는 비교적 저렴한 요금대로도 이용 가능하니 잘 비교해 보자.

치앙라이 호텔

스타일리시하고 모던한 치앙마이 인기 5성급 호텔

르 메르디앙 치앙라이 리조트 Le Meridien Chiang Rai Resort

주소 221 / 2 Moo 20 Kwaewai Rd, Tambon Robwieng, Chiang Rai **위치** 치앙라이 시계탑에서 택시로 15분 **홈페이지** www.lemeridienchiangrai.com **전화** 053-418-896

글로벌 호텔 그룹 SPG 계열 중에서도 상위 라인에 해당하는 르 메르디앙 호텔이다. 치앙마이와 비교했을 때 글로벌 호텔이 거의 없는 치앙라이에서 가장 큰 규모의 5성급 호텔이다. 란나 왕국 전통 양식으로 만들어진 독특한 외관과 현대식으로 꾸며진 실내 공간이 조화를 이루며, 콕강 주변에 위치해 경관도 훌륭하다. 시내와는 거리가 약간 떨어져 있긴 하지만 치앙라이의 자연을 느낄 수 있다는 메리트가 있다. 성수기를 피하면 10만 원 초반대로도 이용이 가능하니 미리 온라인에서 가격대를 잘 검색해 보자. 호텔에서 자동차로 1시간 정도 이동하면 라오스와 미얀마 국경이 만나는 '골든 트라이앵글'도 갈 수 있다.

다양한 부대시설과 리버 뷰를 자랑하는 고급 리조트

더 리버리 바이 카타타니 치앙라이

The Riverie by Katathani Chiang Rai

주소 1129 Kraisorasit Rd, Tambon Robwieng, Chiang Rai **위치** 치앙라이 시계탑에서 택시로 10분 **홈페이지** www.dusit.com/dusitthani/islandresortchiangrai/ **전화** 053-607-999

기존의 두싯 아일랜드를 인수하여 2018년에 재개장한 호텔이기 때문에 치앙라이 호텔 숙소 중 컨디션이 최상이라고 볼 수 있다. 5성급 호텔이 많은 치앙마이와는 다르게 치앙라이에는 5성급 호텔이 르 메르디앙 리조트와 이곳밖에 없는데, 특히 이곳은 거대한 규모를 자랑한다. '리버리'라는 이름에서 유추할 수 있듯이 강과 매우 가까이에 붙어 있어 이곳을 예약하게 된다면 리버뷰 룸을 추천한다. 또한 아이들을 위한 키즈 놀이터가 있어 가족 여행객에게도 추천할 만한 호텔이다.

치앙마이
CHIANG MAI
부록

태국어 여행 회화

태국어의 어순은 한국어와 같다. 다른 것이 있다면 5개의 성조와 장음, 단음을 구분해 말을 해야 한다. 같은 단어라도 성조와 장음, 단음에 따라 전혀 다른 단어가 되기 때문이다. 또한 말 뒤에 '캅' 이나 '카'를 붙이면 높임말이 되는데 말하는 사람이 남자면 '캅', 여자면 '카'를 붙이면 된다.

기본 표현

안녕하세요.	สวัสดีครับ(ค่ะ) 싸왓디 캅(카)
감사합니다.	ขอบคุณครับ(ค่ะ) 컵쿤 캅(카)
실례합니다, 죄송합니다.	ขอโทษครับ(ค่ะ) 커 톳 캅(카)
괜찮습니다.	ไม่เป็นไรครับ(ค่ะ) 마이 뺀 라이 캅(카)
왜	ทำไมครับ(ค่ะ) 탐마이 캅(카)
어디	ที่ไหนครับ(ค่ะ) 티 나이 캅(카)
언제	เมื่อไหร่ครับ(ค่ะ) 므어라이 캅(카)
무엇	อะไรครับ(ค่ะ) 아라이 캅(카)
열다	เปิด 쁘-읏
닫다	ปิด 삣
도와주세요.	ช่วยด้วย 추어이 두어이
몰라요.	ไม่รู้ 마이 루
할 줄 몰라요.	(ทำ)ไม่เป็น (탐) 마이 뺀

할 수 없어요.	ไม่ได้ 마이 다이
좀 적어 주세요.	ช่วยจดให้หน่อย 추어이 쫏 하이 너이
안녕히 주무세요.	ราตรีสวัสดิ์ครับ 라-뜨리- 싸왓 크랍

숫자

0	ศูนย์ 쑨	11	สิบเอ็ด 씹엣
1	หนึ่ง 능	12	สิบสอง 씹썽
2	สอง 썽	13	สิบสาม 씹쌈
3	สาม 쌈	20	ยี่สิบ 이씹
4	สี่ 씨	21	ยี่สิบเอ็ด 이씹엣
5	ห้า 하	22	ยี่สิบสอง 이씹썽
6	หก 혹	23	ยี่สิบสาม 이씹쌈
7	เจ็ด 쨋	30	สามสิบ 쌈씹
8	แปด 뺏	50	ห้าสิบ 하씹
9	เก้า 까오	100	ร้อย 러이
10	สิบ 씹	200	สองร้อย 성러이
		1,000	หนึ่งพัน 판

비행기 기내에서

주스 주세요.	ขอน้ำผลไม้ครับ(ค่ะ) 커-남 폰라마이 캅(카)
자리를 바꿔도 돼요?	เปลี่ยนที่นั่งได้มั้ยครับ(ค่ะ) 쁠리-얀티-낭다이마이 캅(카)
식사는 언제 나와요?	อาหารจะมาเมื่อไหร่ครับ(ค่ะ) 아-한-짜 마- 므-어라이 캅(카)
베개와 담요를 주세요.	ขอหมอนกับผ้าห่มครับ(ค่ะ) 커-먼-깝파-홈 캅(카)
물수건 주세요.	ขอผ้าเช็ดมือครับ(ค่ะ) 커-파-쳇 므-캅(카)

입국 심사

(국적)한국입니다.	ประเทศเกาหลีครับ(ค่ะ) 쁘라텟-까올리-캅(카)
(목적)관광입니다.	มาเที่ยวครับ(ค่ะ) 마-티-여우 캅(카)
휴가 왔어요.	มาหยุดพักแล้วครับ(ค่ะ) 마-윳 팍래-우 캅(카)

수하물 찾을 때

수화물 찾는 곳이 어디예요?	ที่รับสัมภาระอยู่ที่ไหนครับ(ค่ะ) 티- 랍쌈파-라유-티-나이 캅(카)
제 짐이 없어졌어요.	ของของผมหายครับ(ค่ะ) 컹-컹- 폼하-이 캅(카)
제 짐이 파손됐어요.	ของของผมเสียหายครับ(ค่ะ) 컹-컹- 폼씨-야 하-이 캅(카)

교통

말씀 좀 물을게요.	ขอถามหน่อยครับ(คะ) 커 타~ㅁ 너이 캅(카)
~가 어디입니까?	อยู่ที่ไหนครับ(คะ) ~유티나이 캅(카)
~에 갑시다.	ไปที่ - ครับ(คะ) 빠이 ~ 캅(카)
여기가 이 지도에서 어디예요?	ตรงนี้คือที่ไหนในแผนที่นี้ครับ(คะ) 뜨롱니- 크-티-나이나이팬-티-니-캅(카)

호텔에서

호텔	โรงแรม 롱램
게스트 하우스	เกสท์เฮาส์ 깻하우
빈방 있어요?	มีห้องว่างไหมครับ(คะ) 미 헝 왕 마이 캅(카)?
방 좀 보여 주세요.	ขอดูห้องหน่อยครับ(คะ) 커 하이 두 헝 너이 캅(카)
제 방을 청소해 주세요.	ช่วยทำความสะอาดห้องผมหน่อยครับ(คะ) 추-어이탐 쾀-싸앗-헝-폼 너-이 캅(카)
다른 방으로 바꿔 주세요.	ขอเปลี่ยนเป็นห้องอื่นครับ(คะ) 커-쁠리-얀뻰 헝- 은- 캅(카)
수건을 더 주세요.	ขอผ้าเช็ดตัวอีกครับ(คะ) 커-파-쳇 뚜-어익-캅(카)
변기가 고장 났어요.	โถส้วมเสียครับ(คะ) 토-쑤-엄씨-야 캅(카)
방이 너무 더워요.	ห้องร้อนมากครับ(คะ) 헝-런-막- 캅(카)

온수가 나오지 않아요.	ที่ทำน้ำอุ่นไม่ทำงานครับ(คะ) 티-탐남운마이 탐 응안- 캅(카)
방에 열쇠를 둔 채 문을 잠궜어요.	วางกุญแจไว้ในห้องแล้วล็อกประตูครับ(คะ) 왕-꾼째-와이 나이 헝-래-우 럭 쁘라뚜- 캅(카)
아침 식사는 언제 할 수 있어요?	สามารถทานอาหารเช้าได้เมื่อไหร่ครับ(คะ) 싸-맛-탄-아-한-차오다이므-어라이 캅(카)

쇼핑할 때

이건 얼마예요?	อันนี้เท่าไหร่ครับ(คะ) 안니-타오라이 캅(카)
이 가격이 할인 가격이에요?	ราคานี้เป็นราคาลดเหรอครับ(คะ) 라-카-니- 뻰라-카-롯러-캅(카)
비싸요.	แพงจังครับ(คะ) 팽--짱 캅(카)
좀 깎아 주세요.	ช่วยลดหน่อยนะครับ(คะ) 추-어이 롯 너-이 나 캅(카)
몇 퍼센트 할인해요?	ลดกี่เปอร์เซนต์ครับ(คะ) 롯 끼- 뻐-쎈- 캅(카)
덤으로 더 주세요.	ขอของแถมอีกครับ(คะ) 커-컹-탬-익-캅(카)
깎아 주시면 살게요.	ถ้าลดให้จะซื้อครับ(คะ) 타- 롯 하이 짜 쓰-캅(카)

음식(식당)

닭	ไก่ 까이
돼지	หมู 무
소	เนื้อวัว 우어
생선	ปลา 쁠라
메뉴 주세요.	ขอดูเมนูหน่อยครับ(ค่ะ) 커 두 메누 너이 캅(카)
얼마입니까?	เท่าไหร่ครับ(คะ) 타올라이 캅(카)
맛있습니다.	อร่อยครับ(ค่ะ) 아러이 캅(카)
계산해 주세요.	เช็คบิลครับ(ค่ะ) 첵 빈 캅(카)
맥주 주세요.	ขอเบียร์หน่อยครับ(ค่ะ) 커 비아 너이 캅(카)
물 주세요.	ขอน้ำหน่อยครับ(ค่ะ) 커 남 너이 캅(카)
얼음 주세요.	ขอน้ำแข็งหน่อยครับ(ค่ะ) 커 남캥 너이 캅(카)
팍치(고수) 넣지 마세요.	ไม่ใส่ผักชี 마이 싸이 팍치
봉지에 넣어 주세요.	ใส่ถุงหน่อยครับ(ค่ะ) 싸이 퉁 너이 캅(카)
화장실에 어디입니까	ห้องน้ำอยู่ที่ไหนครับ(คะ) 형남 유 티 나이 캅(카)
더 주세요.	ขออีกหน่อยได้ไหมครับ(คะ) 커 익 너이 다이 마이 캅(카)
식사하러 갈까요?	ไปกินข้าวไหม 빠이 깐카우 마이

맵지 않게 해 주세요.	ไม่เอาเผ็ด 마이 아오 펫
너무 매워요.	เผ็ดเกินไป 펫 껀 빠이
너무 싱거워요.	จืดเกินไป 껀 빠이
짜다	เค็ม 캠

기타 표현

경찰을 불러 주세요.	เรียกตำรวจให้ด้วยครับ(ค่ะ) 리-약 땀루-엇하이 두-어이 캅(카)
불이 났어요.	ไฟไหม้ครับ(ค่ะ) 화이마이 캅(카)
도와주세요. 가방을 잃어버렸어요.	ช่วยด้วยครับกระเป๋าหายครับ(ค่ะ) 추-어이 두-어이 크랍 끄라빠오하-이 캅(카)
분실물 취급소는 어디에 있어요?	ศูนย์รับแจ้งของหายอยู่ที่ไหนครับ(ค่ะ) 쑨-랍 쨍- 컹- 하-이유- 티-나이 캅(카)
미아 찾기 방송은 어디서 해요?	ประกาศหาเด็กหายประกาศที่ไหนเหรอครับ(ค่ะ) 쁘라깟- 하- 덱 하-이쁘라깟- 티-나이 러- 캅(카)
이 도시의 관광 명소는 어떤 것이 있어요?	เมืองนี้มีแหล่งท่องเที่ยวมีชื่อที่ไหนบ้างครับ(ค่ะ) 므-엉 니-미-랭-텅-티-여우 미- 츠-티-나이 방- 캅(카)
관광 안내소가 어디예요?	ศูนย์แนะนำแหล่งท่องเที่ยวอยู่ที่ไหนครับ(ค่ะ) 쑨-내남 랭-텅-티-여우유-티-나이 캅(카)
입장료가 얼마예요?	ค่าเข้าเท่าไหร่ครับ(ค่ะ) 카-카오타오라이 캅(카)

찾아보기

관광

식당

쇼핑

카페

마사지 & 스파

요가

나이트라이프

숙소

기타